U0113789

西北师范大学简牍研究院
中国历史研究院田澍工作室
甘肃简牍博物馆
西北师范大学历史文化学院
联合资助出版

本书系作者主持的国家社科基金项目“明清以来祁连山地区的用水机制与地方秩序研究”（项目编号：19BZS095）阶段性成果。

西北师范大学
简牍学与丝路文明研究丛书

水利·移民·环境
清代河西走廊灌溉农业研究

潘春辉◎著

中国社会科学出版社

图书在版编目(CIP)数据

水利·移民·环境：清代河西走廊灌溉农业研究／潘春辉著．—北京：中国社会科学出版社，2023.5

（西北师范大学简牍学与丝路文明研究丛书）

ISBN 978－7－5227－1992－4

Ⅰ．①水…　Ⅱ．①潘…　Ⅲ．①河西走廊—农田灌溉—研究—清代
Ⅳ．①S275

中国国家版本馆 CIP 数据核字（2023）第 097298 号

出 版 人　赵剑英
责任编辑　宋燕鹏
责任校对　石建国
责任印制　李寡寡

出　　版　中国社会科学出版社
社　　址　北京鼓楼西大街甲 158 号
邮　　编　100720
网　　址　http://www.csspw.cn
发 行 部　010－84083685
门 市 部　010－84029450
经　　销　新华书店及其他书店

印　　刷　北京明恒达印务有限公司
装　　订　廊坊市广阳区广增装订厂
版　　次　2023 年 5 月第 1 版
印　　次　2023 年 5 月第 1 次印刷

开　　本　710×1000　1/16
印　　张　19.75
插　　页　2
字　　数　295 千字
定　　价　108.00 元

凡购买中国社会科学出版社图书，如有质量问题请与本社营销中心联系调换
电话：010－84083683

序　　言

潘春辉同志的新著《水利·移民·环境：清代河西走廊灌溉农业研究》付梓了，可喜可贺！

这部著作是在其2009年完成的博士学位论文《清代河西走廊农业开发研究》的基础上，不断磨砻增华，并结合近十余年来对于水利社会史潜心研究之所获，精心完成的。

毋庸置疑，农牧业为古代社会最为主要的经济门类和传统生业形态，由此着手，可以较充分地反映出人类活动与自然环境之间相互联系、相互作用、相互影响、相互制约的关系，即人地关系——这一地理学、也是历史地理学中最核心、最根本的问题，故此对于古代社会农牧业的研究向为历史地理学界所重。这一研究领域内涵丰富而深邃，涵盖研究者对于研究区域地理环境、自然资源以及社会环境（包括区位条件、政治与军事形势、统治者的重视程度及其所实行的相关政策、城镇及主要居民点的建立和发展等）的准确体悟和解读，对于区内人口及劳动力资源、水利建设及其管理制度、土地开发利用的方式及规模、农牧业生产技术的运用、集约程度的高低、农牧业产品的结构及产出量等的系统分析和解构，以及对于人类活动与自然环境关系的反思、对于今天农牧业开发、可持续发展及生态文明建设的历史借鉴等等。

正是由于对于历史上农牧业开发、发展的研究，能够较为全方位、多视角地涉及历史地理学研究中的一些主要问题，可以从各个侧面较为系统地洞察历史上的人地关系，从而也可以较为全面地培养、检视历史地理学硕士、博士研究生的专业素质和学识水平，因而我指导的一批历史地理学硕士、博士研究生大多选择历史上某一区域、或某一时段、或某一门类的农牧业开发与发展作为学位论文选题。他们通过自己的辛勤探索和不懈努力，均取得了优良成绩，达到了培养的目的，我也为之颇感欣慰。潘春辉同志的博士学位论文即是其中的一篇优秀论文。

这部新著作者扬其博士学位论文之优长，又补入了有关水利社会的若干重要成果，其内容更为充实、特色更加突出。新著标题开宗明义点出“水利·移民·环境”三个方面，而这正是清代河西走廊灌溉农业中最具特色之所在，也是最值得探讨的中心问题。“本地，水是人血脉”，河西绿洲的形成及其土地资源的开发利用，主要受水资源的制约。水资源是维系绿洲文明的命脉，水资源的数量、调配状况及利用方式，是左右绿洲规模及其发展演变的最重要的因素，也是形塑“水利社会”的最根本的物质基础和表达样式。书中将“清代河西走廊的水资源利用与管理”列为醒目的一章，对于河西农业灌溉水源及水利的重要性、清代河西水利工程的修治与管护、分水制度与水资源管理体系、水事纠纷与社会应对、水利的发展与困境等问题，条分缕析，细针密缕，深挖彻究，富有新意。

人口及劳动力资源，乃生产力构成的三大基本要素之一，毫无疑问，拥有一定数量和必要的生产经验与劳动技能的劳动者亦是保障农业生产顺利进行的基本条件。考之史籍，河西走廊历史上的徙民实边始于公元前2世纪的西汉武帝时期。迨及清代河西再度大规模移徙兵民，区内民户大量增加，从而保证和促进了屯田与垦荒的进行。书中第二章即对于清代河西的人口与劳动力资源，分别就人口的数量与分布、民族构成、移民拓殖与劳动力资源的增加等方面逐一剖析，并以镇番县（今民勤县）为例，解剖“麻雀”，进行典型个案研究。

环境，或曰自然环境或生态环境，是人类社会生存发展以及从事生产等方面活动的不可少的场域及重要保障。史实表明，我国古代民众的环境意识源远流长，其源头可追溯到人类早期社会对自然界的依赖和敬畏。随着历史的演进和社会的发展，环境问题遂不断凸显起来。清代河西走廊伴随着大规模土地开发的进行，绿洲人口和耕地面积的大量增加，滥垦、滥牧、滥樵、滥用水资源等环境问题有增无减，人地关系方面的矛盾日趋尖锐起来，土地沙漠化过程再度接踵而来，并呈不断加剧之趋势。关注土地开发和农牧业生产过程中的环境问题，自然也就成为本书的又一重点。书中对于清代河西走廊生态环境变迁的表现及其原因、环境变迁对于农牧业发展的制约，以及清代的农业环保等，亦作了细致的阐释。

除以上水利、移民、环境三大重点内容外，书中对于清代河西屯田管理、垦荒的区域与政策、农作物的栽培技术与品种和产量等，亦进行了必要的、深入的探究，给人以诸多有益的启示。

学无止境，追求学问、攀登科学高峰的道路上只有进行时，没有完成时。衷心祝愿潘春辉同志百尺竿头，更上层楼，续展宏图，再赓新篇。

李并成

2022 年金秋

目　　录

图表目录

前言

一 问题的提出

河西走廊位于我国甘肃西北部，夹处在青藏高原北缘的祁连山山脉与蒙古高原南缘隆起的走廊北山之间，“边境绵亘数千里”，[①] 形成了一条长约1000千米、宽数十至百余千米的狭长地带。行政区划上属于今甘肃省张掖、酒泉、武威、金昌、嘉峪关五市及内蒙古阿拉善盟额济纳旗、阿拉善右旗二旗所辖。

河西走廊水资源短缺，天然降水及井泉之利不足，高山融雪及山区降水汇成之河流，是该区农业发展的主要水源，也是该区灌溉农业形成的自然基础。《甘肃通志稿》称：“以河西凉甘肃等处，夏常少雨，全仗积雪融流分渠导引溉田。”[②] 由于天然降水无法满足河西地区农业发展的需要，农业“非灌不殖”，因此该区农业仰赖水利灌溉，所谓“播种之多寡恒视灌溉之广狭以为衡”[③]。“水利者，固民生相依为命者也。”[④]

河西走廊历来是屏蔽关陇的门户和经营西域的孔道，“北界蒙古，西

① （民国）刘郁芬：《甘肃通志稿》民族八《实业》，《中国西北文献丛书》，兰州古籍书店1990年版，第568页。

② （民国）刘郁芬：《甘肃通志稿》民政三《水利》，第84页。

③ （道光五年）许协修，谢集成等纂：《镇番县志》卷四《水利考·蔡旗堡水利附》，《中国方志丛书》，（台北）成文出版社有限公司1970年版，第236页。

④ （民国）谢树森、谢广恩等编撰，李玉寿校订：《镇番遗事历鉴》卷一二，中华民国四年乙卯，香港天马图书公司2000年版，第499—500页。

昆新疆”，[①] 该区拥有重要军事地理位置，历代王朝皆重视对该地区的经营。清朝对河西走廊亦深为重视。自建立起，清王朝采取一系列措施恢复和发展该区的社会经济，如移民拓殖、鼓励垦荒、大兴屯田等，并且收到了预期的效果。清代河西走廊的人口获得增长，新修水利工程数目增加，土地耕种面积扩大，农业新品种开始种植，农业经济发展成效日益显著，“耕沙碛以为业”[②] 的局面得以改善。然而随着人口的不断膨胀、土地垦殖的日益扩大，一些制约农业发展的弊端与环境问题也开始出现，如土地的沙漠化、自然灾害的频繁发生等。这些都制约着河西灌溉农业的进一步发展。

本书以清代河西走廊灌溉农业为研究对象，将水资源利用、移民拓殖与环境变动深度融合，系统探讨清代河西地区农业经济发展的脉络，分析其主要推动力与短板，并进而讨论历史时期西北干旱地区水资源利用与土地垦殖的模式，及其在西部边疆发展史上的意义。本书分别从以下几方面内容展开：河西走廊灌溉农业的自然基础、政府的劝农政策与导向、移民与劳动力资源情况、水渠的兴修与水利事业的进步、水资源的管理与弊病、屯田与垦荒的发展、农田水利事业的成效、社会经济发展与环境的变动等问题。力图从水利、移民与环境三个层面理清清代河西走廊灌溉农业的发展历程，复原清代河西地区水资源利用与土地垦殖的历史全貌，揭示清代该地区农田水利事业发展的助推力与掣肘因素等问题，为探讨历史时期西北干旱地区的灌溉农业发展提供典型个案。

二 学术史回顾

河西走廊是各王朝经略边地的重要区域，对该地区的相关研究一直受到学界的关注，成果较为丰硕。目前学界缺乏将水利灌溉、移民拓殖

① （民国）刘郁芬：《甘肃通志稿》民族八《实业》，第568页。

② 《清圣祖实录》卷一八二，康熙三十六年闰三月辛卯，中华书局1985年影印本，第946页。

与环境变动三者融汇的系统研究，对清代河西地区灌溉农业的综合性讨论还不深入。下面分别进行回顾。

（一）清代河西走廊农田水利概论

学界专门论述清代河西走廊农田水利发展的概论性研究少，多数在有关西北开发史的研究中提及清代河西地区的情况。

1. 专著

如王致中、魏丽英《明清西北社会经济史研究》①，对明清时期及近代西北地区的人口、农业、水利、畜牧业、手工业、矿业、商业、工业等方面进行了全面探讨。前田正名《河西历史地理学研究》②，对7—11世纪河西地区民族、人口、交通、城镇、历史演进、经济发展等问题进行了探讨。邓振镛《河西气候与农业开发》③，从气候角度探讨了河西的农业发展概况。李并成《河西走廊历史地理》④，探讨了两汉时期河西走廊的行政军事建制嬗递情况，还通过实地踏查，考证了这些建制的城址位置，为探觅历史遗迹、复原历史面貌提供了大量有力的实物证据。吴廷桢、郭厚安主编《河西开发史研究》⑤，论述了历代对河西地区的开拓与发展状况，其中第十、十一、十二、十三章探讨了清代河西走廊的开发。李清凌《西北经济史》⑥，分远古春秋时期、魏晋十六国北朝、隋唐五代、宋夏金、元明清等五个时期，对西北的开发及经济状况进行了探讨。田澍主编《西北开发史研究》⑦，对古代河西走廊的地理特征、自然资源、民族分布、水利开发、商业发展、矿业开发及开发的特点、经验等问题进行了论述。此外郭厚安、陈守忠主编《甘肃古代史》⑧、齐陈骏

---

① 王致中、魏丽英：《明清西北社会经济史研究》，三秦出版社1989年版。

② ［日］前田正名：《河西历史地理学研究》，陈俊谋译，中国藏学出版社1993年版。

③ 邓振镛：《河西气候与农业开发》，气象出版社1993年版。

④ 李并成：《河西走廊历史地理》，甘肃人民出版社1995年版。

⑤ 吴廷桢、郭厚安主编：《河西开发史研究》，甘肃教育出版社1996年版。

⑥ 李清凌：《西北经济史》，人民出版社1997年版。

⑦ 田澍主编：《西北开发史研究》，中国社会科学出版社2007年版。

⑧ 郭厚安、陈守忠主编：《甘肃古代史》，甘肃人民出版社1989年版。

《河西史研究》[①]、张波《西北农牧史》[②]、魏永理《中国西北近代开发史》[③]、李清凌等主编《甘肃经济史》[④] 等，也对清代河西走廊的开发概况进行探究。

2. 论文

赵永复《历史时期河西走廊的农牧业变迁》[⑤]，将历史时期河西的农牧业发展分为两汉三国农业开发和稳定时期、两晋南北朝初唐农业衰退时期、中唐以前农业复兴时期、中唐西夏元农业再衰落时期、明清农业再度复兴和全面发展时期等几个阶段进行叙述。杜思平、李永平《考古所见河西走廊西部的农业发展》[⑥]，通过考古所见的石器、时代遗址、简牍、魏晋墓葬、敦煌遗书等材料，论述河西走廊西部的农业、牧业发展状况。杨谊时、石乃玉、史志林《考古发现所见河西走廊史前的农业双向传播》[⑦]，以考古发掘材料讨论了河西走廊史前小麦、大麦等作物的双向传播问题。高荣《河西走廊农业的远古印记》,[⑧] 讨论了河西走廊农业的起源问题。高小强《西汉时期河西走廊灌溉农业的开发及其对生态环境的影响》[⑨]，认为汉王朝通过移民实边、设置郡县、军事屯田等措施促进了河西地区的农业发展，但却造成环境的破坏。田澍《明代对河西走廊的开发》[⑩]，探讨了明代在河西走廊农田、水利、畜牧业、交通等方面的开发概况及成效。王伟翔、白宗太《左宗棠对甘肃农业的开发与建设》[⑪]，认为左宗棠所采取的屯田垦荒、治河修渠、改进耕作技术、提

---

① 齐陈骏：《河西史研究》，甘肃教育出版社 1989 年版。

② 张波：《西北农牧史》，陕西科学技术出版社 1989 年版。

③ 魏永理：《中国西北近代开发史》，甘肃人民出版社 1993 年版。

④ 李清凌等主编：《甘肃经济史》，兰州大学出版社 1996 年版。

⑤ 赵永复：《历史时期河西走廊的农牧业变迁》，《历史地理》第 4 辑，1986 年。

⑥ 杜思平、李永平：《考古所见河西走廊西部的农业发展》，《西北史地》1994 年第 1 期。

⑦ 杨谊时、石乃玉、史志林：《考古发现所见河西走廊史前的农业双向传播》，《敦煌学辑刊》2016 年第 2 期。

⑧ 高荣：《河西走廊农业的远古印记》，《甘肃日报》2020 年 11 月 23 日。

⑨ 高小强：《西汉时期河西走廊灌溉农业的开发及其对生态环境的影响》，《石河子大学学报》2010 年第 3 期。

⑩ 田澍：《明代对河西走廊的开发》，《光明日报》2000 年 4 月 21 日“历史周刊”。

⑪ 王伟翔、白宗太：《左宗棠对甘肃农业的开发与建设》，《开发研究》2002 年第 6 期。

高农业效益、完善农业结构、改善农业生产条件和生态环境等措施，促进了甘肃经济的开发和发展。白学锋、马啸《左宗棠与甘肃农业开发》[①]，探讨了左宗棠对甘肃农业开发与建设的措施与贡献。李清凌《元明清时期西北的经济开发》[②]，从重视基础设施的开发思路、追求实效的开发措施、经济开发的制约因素等三个方面，阐述元明清时期河西经济开发的状况。此外，魏明孔《历史上西部开发的高潮及经验教训》[③]，将清代的河西开发置于我国历史上西部开发的六次高潮之一的重要地位予以论述。党瑜《论历史时期西北地区农业经济的开发》[④]，指出历史时期河西地区农业经济的开发始于西汉，在唐代获得很大发展，清代河西走廊的农业经济有所萎缩。惠富平《明清时期西部经营与农业开发简论》[⑤]，认为明清两朝在河西地区设置军政机构、拓展驿路交通、移民屯垦等措施，促进了河西地区的经济发展。朱宏斌、郭向平《历史上西北地区农牧交互关系探析》[⑥]，对河西地区农牧之间关系的变化发展过程、农牧关系发展的层次与结构进行论述。史全生《晚清时期的西部开发》[⑦]，对晚清河西开发的原因、历史背景、开发的措施以及影响等做了论述。刘正刚、高扬《明嘉靖朝依“例”经略河西走廊研究》[⑧]，认为嘉靖朝对河西走廊因时出台的“例”，维护了边境稳定与安全，促进了地区经济发展。另，任重《从大西北农牧历史演变思考其开发战略》[⑨]、赵珍《近代西北开发的理论构想和实践反差评估》[⑩]、冯玉新《历史地理视

---

① 白学锋、马啸：《左宗棠与甘肃农业开发》，《甘肃高师学报》2002 年第 6 期。

② 李清凌：《元明清时期西北的经济开发》，《西北师大学报》2003 年第 6 期。

③ 魏明孔：《历史上西部开发的高潮及经验教训》，《中国经济史研究》2000 年第 3 期。

④ 党瑜：《论历史时期西北地区农业经济的开发》，《陕西师范大学学报》2001 年第 2 期。

⑤ 惠富平：《明清时期西部经营与农业开发简论》，《古今农业》2003 年第 3 期。

⑥ 朱宏斌、郭向平：《历史上西北地区农牧交互关系探析》，《内蒙古大学学报》2003 年第 1 期。

⑦ 史全生：《晚清时期的西部开发》，《历史档案》2004 年第 2 期。

⑧ 刘正刚、高扬：《明嘉靖朝依“例”经略河西走廊研究》，《中国边疆史地研究》2021 年第 5 期。

⑨ 任重：《从大西北农牧历史演变思考其开发战略》，《农业考古》2000 年第 3 期。

⑩ 赵珍：《近代西北开发的理论构想和实践反差评估》，《西北师大学报》2003 年第 1 期。

域下的西北农牧交错带刍议》[1] 等，也涉及清代河西的农田水利开发。

（二）清代河西走廊的民族与人口研究

河西走廊的农田水利发展是该地区诸多民族的共同事业，充足的劳动力是农垦事业的重要基础。学界对清代河西走廊人口与民族的研究已有一些成果。袁祖亮《丝绸之路人口问题研究》[2]，探讨了古今丝绸之路之人口问题，谈及清代河西走廊的人口。路伟东《清代陕甘人口专题研究》，[3] 以专题形式讨论了清以来陕甘地区人口、移民、民族及区域社会相关问题。闫天灵《明清时期河西走廊的寄住民族、寄住城堡与寄住政策》，[4] 认为明代及清初皆有民族相继寄住河西走廊，派生出一批寄住城堡。寄住政策的基本要义在于暂时内撤藩篱以重建藩篱。李清凌《元明清治理甘青少数民族地区的思想和实践》，[5] 从军事、政治、经济、教育和宗教等方面全面探讨了元明清时期治理甘青少数民族地区的思想和实践活动。章一平《河西历代人口简述》[6]，对历代河西人口迁徙、数量等问题作了论述。李万禄《从谱牒记载看明清两代民勤县的移民屯田》[7]，从家谱探讨了明清时期民勤县的屯田移民与人口的外迁等问题。李并成《民勤县近300余年来的人口增长与沙漠化过程——人口因素在沙漠化中的作用个案考察之一》[8]，认为清代在民勤县的移民屯垦活动，一方面带来了农业开发的兴盛，同时也导致水源不足、农田弃耕等问题，从而加速了该区的沙漠化过程。侯春燕《同治回民起义后西北地区人口迁移及

① 冯玉新：《历史地理视域下的西北农牧交错带刍议》，《干旱区资源与环境》2019 年第 5 期。

② 袁祖亮：《丝绸之路人口问题研究》，新疆人民出版社 1998 年版。

③ 路伟东：《清代陕甘人口专题研究》，上海书店出版社 2011 年版。

④ 闫天灵：《明清时期河西走廊的寄住民族、寄住城堡与寄住政策》，《中国边疆史地研究》2009 年第 4 期。

⑤ 李清凌：《元明清治理甘青少数民族地区的思想和实践》，中国科学文化出版社 2008 年版。

⑥ 章一平：《河西历代人口简述》，《西北人口》1981 年第 2 期。

⑦ 李万禄：《从谱牒记载看明清两代民勤县的移民屯田》，《档案》1987 年第 3 期。

⑧ 李并成：《民勤县近 300 余年来的人口增长与沙漠化过程——人口因素在沙漠化中的作用个案考察之一》，《西北人口》1990 年第 2 期。

影响》[1]，探讨了19世纪六、七十年代西北回民起义后西北的人口迁移及其影响。张力仁《地名与河西的民族分布》[2]，通过对河西走廊有关地名的追索，分析了河西走廊历史上民族演替及分布状况。马志荣《论元、明、清时期回族对西北农业的开发》[3]，认为回族在开发河西农业经济的过程中作出了重要贡献。杨志娟《清同治年间陕甘人口骤减原因探析》[4]，认为战乱以及频繁的灾荒是造成清同治年间西北及河西地区人口骤减的主要原因。彭清深《明清时期西北汉族族群的整合与西北大开发》[5]，认为明清时期政府从中原迁徙大量汉族人口到达西北及河西，促进了当地经济的发展。路伟东《农坊制度与雍正敦煌移民》[6]，从雍正敦煌移民政策的实施、移民的安置、农坊制度的建立、运作及坊的分布、变化等方面，对雍正年间敦煌移民及农坊制度进行了研究。路伟东《宣统人口普查"地理调查表"甘肃分村户口数据分析》[7]、《宣统甘肃"地理调查表"里的城乡与晚清北方城乡人口结构》[8]、《宣统甘肃1000人以上聚落分布与人口迁移的空间特征与规律——一项基于宣统"地理调查表"的研究》[9]等文章以宣统甘肃"地理调查表"为核心史料，讨论了甘肃城乡分村户口、人口结构及迁移等问题。潘春辉《从入迁到外流：清代镇番移民研究》[10]认为，清代前期国家经略西域，鼓励镇番民众迁入河西，随着西域平定，国家大规模迁出河西民众至新疆等地，清代

---

① 侯春燕：《同治回民起义后西北地区人口迁移及影响》，《山西大学学报》1997年第3期。

② 张力仁：《地名与河西的民族分布》，《中国历史地理论丛》1998年第1期。

③ 马志荣：《论元、明、清时期回族对西北农业的开发》，《兰州大学学报》2000年第6期。

④ 杨志娟：《清同治年间陕甘人口骤减原因探析》，《民族研究》2003年第2期。

⑤ 彭清深：《明清时期西北汉族族群的整合与西北大开发》，《湖南城市学院学报》2005年第3期。

⑥ 路伟东：《农坊制度与雍正敦煌移民》，《历史地理》第22辑，上海人民出版社2007年版。

⑦ 路伟东：《宣统人口普查"地理调查表"甘肃分村户口数据分析》，《历史地理》2011年第2期。

⑧ 路伟东：《宣统甘肃"地理调查表"里的城乡与晚清北方城乡人口结构》，《福建论坛》2019年第5期。

⑨ 路伟东：《宣统甘肃1 000人以上聚落分布与人口迁移的空间特征与规律——一项基于宣统"地理调查表"的研究》，《历史地理》2017年第4期。

⑩ 潘春辉：《从入迁到外流：清代镇番移民研究》，《历史档案》2013年第1期。

河西走廊的人口迁移与国家战略息息相关。总体看，学界对河西走廊人口与民族的研究多集中于人口与战争、人口与环境以及人口的迁移等方面，关于清代河西走廊农业社会的劳动力与人口资源状况讨论相对不足。

（三）清代河西走廊水资源利用与管理研究

目前学界在清代河西走廊水渠的修治、水资源分配及水利纠纷调处等方面成果较为丰硕，水利社会史的视角日益受到学界关注。

1. 水利开发与水渠修治

潘春辉《开发与环境：西北水利史研究》，对历史时期西北水利的发展历程做出总结，就河西走廊水资源利用与社会治理进行综合讨论。[①]唐景绅《明清时期河西的水利》[②]，对明清两代河西地区的水利概况、水利建设、水利管理等问题进行论述。王致中《河西走廊古代水利研究》[③]，对汉代至清末河西发展水利事业的基本史实进行梳理，对清代凉州、甘州、肃州水利的发展概况与管理制度、措施做了叙述。马啸《左宗棠对西北水利开发与建设的贡献》[④]、《左宗棠与甘肃水利建设》[⑤]，着重论述了左宗棠西北兴办水利的灌溉类型和兴工方式。李国仁、谢继忠《明清时期武威水利开发略论》[⑥]，从水利概况、水利开发及其业绩、水利管理、水利开发中存在的问题等方面，对明清时期武威、民勤水利开发进行探讨。宋巧燕、谢继忠《明清时期张掖的水利开发》[⑦]，对明清时期张掖的水利工程概况、水利管理、水利开发中存在的问题等做了分析。谢继忠《“金张掖”，“银武威”的由来考证》，[⑧] 认为明清时期河西走廊

---

① 潘春辉：《开发与环境：西北水利史研究》，甘肃文化出版社 2015 年版。

② 唐景绅：《明清河西水利》，《敦煌学辑刊》1982 年第 3 期。

③ 王致中：《河西走廊古代水利研究》，《甘肃社会科学》1996 年第 4 期。

④ 马啸：《左宗棠对西北水利开发与建设的贡献》，《求索》2003 年 2 期。

⑤ 马啸：《左宗棠与甘肃水利建设》，《西北民族大学学报》2003 年第 6 期。

⑥ 李国仁、谢继忠：《明清时期武威水利开发略论》，《社科纵横》2005 年第 6 期。

⑦ 宋巧燕、谢继忠：《明清时期张掖的水利开发》，《河西学院学报》2005 年第 1 期。

⑧ 谢继忠：《“金张掖”、“银武威”的由来考证——河西走廊水利社会史研究之三》，《安徽农业科学》2012 年第 15 期。

水利开发达到鼎盛，得到“金张掖”“银武威”的称号。潘威、蓝图《西北干旱区小流域水利现代化过程的初步思考——基于甘（肃）新（疆）地区若干样本的考察》[①]，认为甘肃、新疆小流域区域现代水利事业因水利制度上的封闭性受到阻碍，新中国成立后打破该地区对人口的制约与束缚，现代水利体系得以发展。张景平《丝绸之路东段传统水利技术初探——以近世河西走廊讨赖河流域为中心的研究》，[②] 对讨赖河流域的水资源利用格局、渠首渠道技术、水利管理与灌溉时间延长技术等传统水利技术进行讨论。张景平《河西走廊传统水资源开发中的人力成本下限管窥》，通过分析河西走廊传统灌溉活动所需要的人力成本，说明历史时期干旱区水资源开发过程中人力成本的下限。[③] 潘春辉《清代河西走廊水利开发积弊探析——以地方志资料为中心》[④]，指出清代河西走廊开发过程中存在水规不完善、水渠修治技术低、人为破坏严重和水源日稀等积弊。此外，魏静《浅析清代甘肃水利建设的若干特点》[⑤]、马正林《西北开发与水利》[⑥] 等成果，也涉及清代河西走廊的水利开发。总体看，学界对清代河西走廊水利修治等方面的成果多集中于传统水利开发的视角，仍缺乏细致的渠道修治技术、灌溉方式等的讨论。

2. 水资源的管理

近些年来学者日益关注河西走廊水利纠纷的调处问题。李并成《明清时期河西地区“水案”史料的梳理研究》[⑦]，对明清时期河西地区有关水利灌溉争讼方面的案件进行梳理和研究。王培华《清代河西走廊的水

---

① 潘威、蓝图：《西北干旱区小流域水利现代化过程的初步思考——基于甘（肃）新（疆）地区若干样本的考察》，《云南大学学报》2021 年第 3 期。

② 张景平：《丝绸之路东段传统水利技术初探——以近世河西走廊讨赖河流域为中心的研究》，《中国农史》2017 年第 2 期。

③ 张景平：《河西走廊传统水资源开发中的人力成本下限管窥》，《云南大学学报》2021 年第 3 期。

④ 潘春辉：《清代河西走廊水利开发积弊探析——以地方志资料为中心》，《中国地方志》2012 年第 3 期。

⑤ 魏静：《浅析清代甘肃水利建设的若干特点》，《开发研究》1999 年第 4 期。

⑥ 马正林：《西北开发与水利》，《陕西师大学报》1987 年第 3 期。

⑦ 李并成：《明清时期河西地区“水案”史料的梳理研究》，《西北师大学报》2002 年第 6 期。

利纷争及其原因——黑河、石羊河流域水利纠纷的个案考察》[①]，探讨了清代河西走廊争水的主要表现，并分析了争水矛盾产生的原因。王培华《清代河西走廊的水利纷争与水资源分配制度——黑河、石羊河流域的个案考察》[②]，对河西走廊地方政府制定的分水方法进行了考察。张景平、王忠静《干旱区近代水利危机中的技术、制度与国家介入》[③]，以讨赖河流域为例，讨论近代河西走廊水利危机萌芽、激化到解决的全过程，突出强调国家介入的重要性。李艳《近代河西走廊水案所造成的社会影响探析》，对近代河西走廊水案的影响进行讨论，指出水利纠纷造成水利意识多样化与社会关系复杂化。[④] 魏静《清代民勤地区的水利及水案研究》[⑤]，认为“按粮使水”“设立水老”等是清代民勤水利的特点。潘春辉《水事纠纷与政府应对——以清代河西走廊为中心》，[⑥] 以清代河西走廊为例，讨论清代基层地方政府应对水事纠纷的手段与特点。潘春辉《水官与清代河西走廊基层社会治理》[⑦]，对清代河西走廊水官的选任、职责及弊病等问题进行讨论，认为水官事关河西基层水利社会的治理。潘春辉《清代河西走廊水案中的官绅关系》，[⑧] 认为清代河西走廊水案调处中，官绅之间存在依附与对抗的双重关系，并直接影响国家在基层社会的有效治理。潘威、刘迪《民国时期甘肃民勤传统水利秩序的瓦解与“恢复”》，[⑨] 以民国民勤“渠坝”关系作为切入点，通过多起“水案”，

① 王培华：《清代河西走廊的水利纷争及其原因——黑河、石羊河流域水利纠纷的个案考察》，《清史研究》2004 年第 2 期。

② 王培华：《清代河西走廊的水利纷争与水资源分配制度——黑河、石羊河流域的个案考察》，《古今农业》2004 年第 2 期。

③ 张景平、王忠静：《干旱区近代水利危机中的技术、制度与国家介入——以河西走廊讨赖河流域为个案的研究》，《中国经济史研究》2016 年第 6 期。

④ 李艳：《近代河西走廊水案所造成的社会影响探析》，《边疆经济与文化》2009 年第 1 期。

⑤ 魏静：《清代民勤地区的水利及水案研究》，《天水师范学院学报》2013 年第 4 期。

⑥ 潘春辉：《水事纠纷与政府应对——以清代河西走廊为中心》，《西北师大学报》2015 年第 2 期。

⑦ 潘春辉：《水官与清代河西走廊基层社会治理》，《社会科学战线》2014 年第 1 期。

⑧ 潘春辉：《清代河西走廊水案中的官绅关系》，《历史教学》2017 年第 5 期。

⑨ 潘威、刘迪：《民国时期甘肃民勤传统水利秩序的瓦解与“恢复”》，《中国历史地理论丛》2021 年第 1 期。

复原民勤传统水利的转折过程，讨论现代国家水利体系在重塑地方水利秩序中的意义。

除去水案与水事纠纷问题外，学界对河西走廊水资源的分配、均水制度、水权交易以及水神信仰等问题亦不断展开探讨。王培华《清代河西走廊的水资源分配制度——黑河、石羊河流域水利制度的个案考察》[①]，从分水制度的建立、分水的技术方法、分水的制度原则等方面作了讨论。谢继忠《明清时期石羊河流域的水利开发和水利管理》，[②] 对明清时期石羊河流域的“红牌制度”、刻立石碑等管理特点进行探讨。王忠静、张景平、郑航《历史维度下河西走廊水资源利用管理探讨》，[③] 就历史时期河西走廊水资源利用与管理展开讨论，对现代环境规律、水利管理、科学发展等方面提出可行方案。崔云胜《对黑河均水制度的回顾与透视》，[④] 对黑河流域“均水制”的产生和内容作了充分回顾，总结河西开发水利的三个不同阶段特征。沈满洪、何灵巧《黑河流域新旧“均水制”的比较》，[⑤] 称新中国成立以来黑河分水方案为“新均水制”，与历史时期“均水制”进行比较。张景平、王忠静《中国干旱区水资源管理中的政府角色演进》，[⑥] 对河西走廊各个时期水利管理中的政府角色进行分析，探讨了政府在干旱区水资源管理中的主导地位。谢继忠《清代至民国时期黑河流域的水权交易及其特点》，[⑦] 通过新发现的高台、金塔契约文书，对黑河流域的水权交易展开研究，总结其交易特点。同时，谢继忠还运用武威、永昌契约文书，就石羊河流域水权交

---

① 王培华：《清代河西走廊的水资源分配制度——黑河、石羊河流域水利制度的个案考察》，《北京师范大学学报》2004 年第 3 期。

② 谢继忠：《明清时期石羊河流域的水利开发和水利管理——河西走廊水利社会史研究之六》，《边疆经济与文化》2014 年第 1 期。

③ 王忠静、张景平、郑航：《历史维度下河西走廊水资源利用管理探讨》，《南水北调与水利科技》2013 年第 1 期。

④ 崔云胜：《对黑河均水制度的回顾与透视》，《敦煌学辑刊》2003 年第 2 期。

⑤ 沈满洪、何灵巧：《黑河流域新旧“均水制”的比较》，《人民黄河》2004 年第 2 期。

⑥ 张景平、王忠静：《中国干旱区水资源管理中的政府角色演进——以河西走廊为中心的长时段考察》，《陕西师范大学学报》2020 年第 2 期。

⑦ 谢继忠：《清代至民国时期黑河流域的水权交易及其特点——以新发现的高台、金塔契约文书文中心》，《理论学刊》2019 年第 4 期。

易进行研究。[①] 张景平、王忠静《从龙王庙到水管所——明清以来河西走廊灌溉活动中的国家与信仰》，[②] 将河西走廊龙王庙的兴衰同国家意志结合起来，指出应从传统区域社会的内在特征及其特定现代化进程中探讨国家与民间信仰的关系。此外，杨国学《河西的水神崇拜意识》[③] 也涉及清代河西走廊的水神信仰。

此外，在水利文献等方面，张景平等《河西走廊水利史文献类编》，[④] 系统整理河西走廊水利史文献，收录方志、游记、考察报告等文献档案，为我们研究河西水利提供便利。潘威、卢香《清代以来祁连山前小流域"坝区社会"的形成与瓦解——以大靖为例》，[⑤] 以大靖渠为例，梳理明代至新中国成立后河西走廊"坝区社会"的发展过程。魏静《水利碑刻所反映出的内容特点及社会功能——以清代河西地区为中心的考察》[⑥]，文章对清代河西地区的水利碑刻进行考察与梳理，分析其内容特点与功用。潘春辉《明清以来河西走廊水利社会特点》，[⑦] 指出在自然因素与开发历程等因素影响下，河西走廊水利社会有别于"库域型""泉域型"社会，呈现出其自身的特点。

（四）清代河西走廊的土地垦殖

目前学界在河西走廊土地垦殖方面的成果主要集中于屯田领域。著作如王希隆《清代西北屯田研究》[⑧]，对清代康熙五十四年开始的西北兵

---

① 谢继忠：《民国时期石羊河流域水权交易的类型及其特点——以新发现的武威、永昌契约文书为中心》，《历史教学》2018年第9期。

② 张景平、王忠静：《从龙王庙到水管所——明清以来河西走廊灌溉活动中的国家与信仰》，《近代史研究》2016年第3期。

③ 杨国学：《河西的水神崇拜意识》，《丝绸之路》1999年第6期。

④ 张景平等：《河西走廊水利史文献类编》（讨赖河卷、黑河卷），科学出版社2016年、2020年版等。

⑤ 潘威、卢香：《清代以来祁连山前小流域"坝区社会"的形成与瓦解——以大靖为例》，《南京大学学报》2020年第6期。

⑥ 魏静：《水利碑刻所反映出的内容特点及社会功能——以清代河西地区为中心的考察》，《甘肃联合大学学报》2013年第6期。

⑦ 潘春辉：《明清河西走廊水利社会特点》，《新华文摘》2020年第24期。

⑧ 王希隆：《清代西北屯田研究》，兰州大学出版社1990年版。

屯、旗屯、犯屯、民屯、回屯等做了深入研究，并对清代在河西地区所设屯田进行了探讨。赵予征《丝绸之路屯垦研究》[1]，对清代河西走廊的屯田开垦地点及成效等进行了论述。赵俪生主编《古代西北屯田开发史》[2]，叙述了从汉代到清代屯田发展的全过程，对西北屯田史作了系统研究。论文如侍建华《甘肃农业历史发展概要（古代至清末）》[3]，对古代至清末甘肃及河西走廊的农业发展进行了概述。刘光华《历史上的河陇屯田》[4]，对中国历史上河陇地区几次大规模的屯田进行了论述。徐实《清前期河西柳林湖的屯田开发》[5]，探讨了柳林湖屯田的背景与条件、屯田的水利灌溉规模与形式、屯户、生产资料、屯租的组织管理等。杨才林《古代西北屯田开发述论》[6]，就古代西北及河西走廊屯田开发思想、屯田开发特点以及屯田作用作了论述。潘春辉《清代河西走廊农作物种植技术考述》,[7] 对清代河西地区农作物的种植技术进行讨论，如重视施肥、歇沙、土壤排碱等。此外梁新民《民勤绿洲历史上农业的三次开发》,[8] 也涉及清代民勤的屯垦等。总体看，学界对河西走廊农业垦殖的相关研究仍以传统的屯垦史为主，关于河西走廊土地垦殖中具体的手段、产量、拓荒等的讨论不足。

（五）清代河西走廊生态环境研究

近年来环境问题日益受到人们的重视，学界在河西走廊的沙漠化、抗旱治沙史等领域成果较多。著作如李并成《河西走廊历史时期沙漠化研究》[9]，对河西走廊历史时期沙漠化问题做了调查研究，探讨了河

---

① 赵予征：《丝绸之路屯垦研究》，新疆人民出版社 1996 年版。

② 赵俪生主编：《古代西北屯田开发史》，甘肃文化出版社 1997 年版。

③ 侍建华：《甘肃农业历史发展概要（古代至清末）》，《古今农业》1995 年第 1 期。

④ 刘光华：《历史上的河陇屯田》，《中国典籍与文化》1997 年第 3 期。

⑤ 徐实：《清前期河西柳林湖的屯田开发》，《甘肃社会科学》1997 年第 5 期。

⑥ 杨才林：《古代西北屯田开发述论》，《西北第二民族学院学报》2003 年第 3 期。

⑦ 潘春辉：《清代河西走廊农作物种植技术考述》，《西北农林科技大学学报》2013 年第 3 期。

⑧ 梁新民：《民勤绿洲历史上农业的三次开发》，《开发研究》1993 年第 4 期。

⑨ 李并成：《河西走廊历史时期沙漠化研究》，科学出版社 2003 年版。

西地区数千年来在人类活动的作用和影响下，沙漠化发生发展的历史过程。赵珍《清代西北生态变迁研究》,[①] 认为清代西北移民拓殖政策导致该区人口的增长，并带来了如森林砍伐、水生态恶化等一系列后果，探讨了人口与清代西北地区生态变迁的关系。此外，袁林《西北灾荒史》[②]、王福成、王震亚主编《甘肃抗旱治沙史》[③] 等，也述及清代河西走廊生态环境问题。

汤长平《古代甘肃旱灾成因及治防措施》[④]，认为古代甘肃气候日趋干旱，既是全球气候变化使然，又应归因于人类对自然资源不合理开发甚至破坏行为。吴晓军《河西走廊内陆河流域生态环境的历史变迁》[⑤]，认为河西走廊内陆河流域生态环境历史变迁与历史上该流域农牧业转换、水资源的开发利用、人口的增殖有着密切的关系。陈英、赵晓东《论明清时期甘肃的生态环境》[⑥]，分析了明清时期甘肃生态环境的破坏情况。党瑜《历史时期河西走廊农业开发及其对生态环境的影响》[⑦]，认为历史时期由于对河西地区不合理的开垦以及对森林的滥伐，造成当地土地沙漠化。谢继忠、罗将、毛雨辰《明清以来河西走廊环境保护思想述论》,[⑧] 利用《八宝山来脉说》《八宝山松林积雪说》《引黑河水灌溉甘州五十二渠说》《富甘之畜牧谈》等文献论述了河西走廊环境保护思想。唐霞、李森《历史时期河西走廊绿洲演变研究的进展》,[⑨] 以历史时期河西绿洲耕地面积、城镇变化和土地荒漠化过程为主线，运用冰芯、树轮、湖泊沉积物和相关历史文献等，分析了历史时期河西绿洲演变的驱动因

---

① 赵珍：《清代西北生态变迁研究》，人民出版社 2005 年版。

② 袁林：《西北灾荒史》，甘肃人民出版社 1994 年版。

③ 王福成、王震亚主编：《甘肃抗旱治沙史》，甘肃人民出版社 1995 版。

④ 汤长平：《古代甘肃旱灾成因及治防措施》，《开发研究》1999 年第 6 期。

⑤ 吴晓军：《河西走廊内陆河流域生态环境的历史变迁》，《兰州大学学报》2000 年第 4 期。

⑥ 陈英、赵晓东：《论明清时期甘肃的生态环境》，《甘肃林业科技》2001 年第 1 期。

⑦ 党瑜：《历史时期河西走廊农业开发及其对生态环境的影响》，《中国历史地理论丛》2001 年第 2 期。

⑧ 谢继忠、罗将、毛雨辰：《明清以来河西走廊环境保护思想述论》，《河西学院学报》2021 年第 2 期。

⑨ 唐霞、李森：《历史时期河西走廊绿洲演变研究的进展》，《干旱区资源与环境》2021 年第 7 期。

素。周向阳、朱格《左宗棠与西北生态环境的治理》[1]，对左宗棠在西北及河西所采取的植树造林、兴修水利、合理利用土地、改良土壤、改善和美化生活环境等措施进行了探讨。马啸《谁引春风度玉关——关于左宗棠植树造林、治理西北生态环境的若干考察与启示》[2]，认为左宗棠在西北植树造林、引种桑棉、保护道路、美化市镇、改善生存环境，在一定程度上改善了西北地区的生态状况。王乃昂等《近2ka河西走廊及毗邻地区沙漠化的过程及原因》[3]，认为历史时期河西走廊沙漠化过程存在三次大发展时期，即南北朝、唐末五代和明清时期。李并成《张掖"黑水国"古绿洲沙漠化之调查研究》[4]，通过实地调查，对张掖"黑水国"古绿洲遗存的历史面貌及其沙漠化发生的时代和原因做了探讨。李并成《河西走廊历史时期绿洲边缘荒漠植被破坏考》[5]，引用正史以及汉简、敦煌遗书、西夏文书、明清方志等大量史料，并经实地考察，对河西走廊历史时期绿洲边缘荒漠植被的破坏状况做了探讨。肖生春、肖洪浪《额济纳地区历史时期的农牧业变迁与人地关系演进》[6]，对额济纳地区历史时期的农牧业更替以及绿洲环境演变过程、水系变迁、绿洲迁移、荒漠化过程和人类活动中心的转移等方面做了探讨。赵珍《清代西北地区的农业垦殖政策与生态环境变迁》[7]，认为清代发展农业经济的垦殖政策，使西北及河西地区的农牧业有了较大的发展，但也导致了生态的失衡。赵珍《清代西北地区的人地矛盾与生态变迁》[8]，认为清初西北及河

---

① 周向阳、朱格：《左宗棠与西北生态环境的治理》，《喀什师范学院学报》2001年第3期。

② 马啸：《谁引春风度玉关——关于左宗棠植树造林、治理西北生态环境的若干考察与启示》，《江西教育学院学报》2003年第4期。

③ 王乃昂、赵强、胡刚、谌永生：《近2ka河西走廊及毗邻地区沙漠化的过程及原因》，《海南师范学院学报（自然科学版）》2002年第3/4期。

④ 李并成：《张掖"黑水国"古绿洲沙漠化之调查研究》，《中国历史地理论丛》2003年第2期。

⑤ 李并成：《河西走廊历史时期绿洲边缘荒漠植被破坏考》，《中国历史地理论丛》2003年第4期。

⑥ 肖生春、肖洪浪：《额济纳地区历史时期的农牧业变迁与人地关系演进》，《中国沙漠》2004年第4期。

⑦ 赵珍：《清代西北地区的农业垦殖政策与生态环境变迁》，《清史研究》2004年第1期。

⑧ 赵珍：《清代西北地区的人地矛盾与生态变迁》，《社会科学战线》2004年第5期。

西地区人口呈几何级数倍增长，破坏了西北地区人地关系的和谐，导致生态环境的恶化。高小强《明清时期河西走廊的开发及生态环境变迁》,[①] 就明清时期河西走廊的开发进行回顾，指出由于不合理开发导致植被破坏、河流萎缩等消极影响。谢继忠等《明清时期河西走廊水利开发对生态环境的影响》,[②] 认为明清时期石羊河流域大兴水利，对生态环境产生影响。潘春辉《清代河西走廊水利开发与环境变迁》,[③] 提出清代河西走廊水利事业发展的同时，出现滥采滥伐、土壤盐碱化、沙漠化等环境问题。潘春辉《“十年之计在木”——清代河西走廊官民环境意识及行为》,[④] 讨论了清代河西官员与普通民众对环境变动的认知及行为问题。此外，侯仁之《敦煌县南湖绿洲沙漠化蠡测——河西走廊祁连山北麓绿洲的个案调查之一》[⑤]、冯绳武《祁连山及其周围历史气候资料》[⑥]、胡智育《甘肃河西走廊农垦与土地沙漠化问题》[⑦]，从地理学角度探讨历史时期河西走廊的环境问题。

（六）清代河西走廊农田水利成效研究

学界对清代河西走廊农业垦殖与水利发展的成效做了一定的讨论。如汤代佳《清代前期河西为何兴盛》[⑧]，认为清廷在河西所推行的豁免赋税、招民认垦、开办屯田、兴修水利等，促进了河西的兴盛。丁柏峰《河西农业开发的历史启迪》[⑨]，认为和谐的民族关系是西北经济

---

① 高小强：《明清时期河西走廊的开发及生态环境变迁》，《柴达木开发研究》2009 年第 6 期。

② 谢继忠、令启瑞、韩增阳：《明清时期河西走廊水利开发对生态环境的影响——以石羊河流域为例》，《边疆经济与文化》2015 年第 4 期。

③ 潘春辉：《清代河西走廊水利开发与环境变迁》，《中国农史》2009 年第 4 期。

④ 潘春辉：《“十年之计在木”——清代河西走廊官民环境意识及行为》，《甘肃社会科学》2014 年第 1 期。

⑤ 侯仁之：《敦煌县南湖绿洲沙漠化蠡测——河西走廊祁连山北麓绿洲的个案调查之一》，《侯仁之文集》，北京大学出版社 1998 年版。

⑥ 冯绳武：《祁连山及其周围地区历史气候资料的整理》，《西北史地》1982 年第 1 期。

⑦ 胡智育：《甘肃河西走廊农垦与土地沙漠化问题》，《经济地理》1986 年第 1 期。

⑧ 汤代佳：《清代前期河西为何兴盛》，《发展》1997 年第 8 期。

⑨ 丁柏峰：《河西农业开发的历史启迪》，《青海民族学院学报》2001 年第 2 期。

开发的关键；因地制宜、科学决策、农工牧并举是西北开发的可靠保证；在经济开发中应将经济环境与文化环境齐抓并举；吏治决定着经济开发的成败等。黄国勇、陈兴鹏《古代对甘肃开发的历史进步性与局限性浅析》①，认为古代对甘肃的开发，一方面巩固了边防、推动了社会经济的发展；另一方面开发带有盲目性，破坏了甘肃的生态环境。高荣《古代开发河西的历史反思》②，论述了古代开发河西的决策失误及负面影响。姚兆余《清代西北地区农业开发与农牧业经济结构的变迁》③，认为清代在河西农业开发的过程中所采取的移民实边、兴修水利、调拨生产工具、推广农业生产技术和农作物优良品种等措施，确立了农业经济在河西走廊社会经济生活中的主导地位。任树民《清代前期西部农业开发的回眸与反思》④，对清代前期政府在西北尤其在河西走廊地区进行的大兴屯田、兴修水利、植树造林等开发活动进行了论述。

综上所述，近年来清代河西走廊农垦与水利开发等的相关研究成果颇丰。从研究角度上看，已有的成果多集中于传统农业开发与水利史等视角，如水利的修建、屯田的开设等问题研究较为深入，农业与水利社会史、环境史等的讨论方兴未艾。从研究内容来看，在农业与水利开发、屯垦与生态环境等的研究上论著较多，有关农业垦殖与水利利用中的劳动力、水资源的管理机制、垦荒的区域及数量、农作物的品种及种植技术等问题涉及较少。从研究的广度而言，目前学界日益重视小流域的土地垦殖与利用，关注具体渠坝的水资源配置与管理等，不断由宏大区域的概述性研究，转为具体微观的讨论。然已有的研究中将水资源利用、人口迁移与环境变动三者有机结合者少见，有关清代河西走廊灌溉农业的系统性研究尚不深入。

---

① 黄国勇、陈兴鹏：《古代对甘肃开发的历史进步性与局限性浅析》，《开发研究》2002年第3期。

② 高荣：《古代开发河西的历史反思》，《开发研究》2003年第3期。

③ 姚兆余：《清代西北地区农业开发与农牧业经济结构的变迁》，《南京农业大学学报》2004年第2期。

④ 任树民：《清代前期西部农业开发的回眸与反思》，《青海师专学报》2004年第3期。

三　主要内容

本书对清代河西走廊灌溉农业进行综合研究，探讨清代河西走廊土地垦殖与水资源利用的发展与历史进程，论述该区的水利管理体系，在此基础上讨论河西地区农田垦殖、水资源开发与环境变动的紧密关系，探寻该区人地和谐发展的有益模式。

本书共分七部分。第一部分论述清代河西走廊灌溉农业的自然基础及人文社会环境。对其河流、气候、土壤等的状况进行探讨，讨论河西地区农田水利发展的自然基础。同时，对清代河西走廊的行政建置沿革进行梳理，并讨论清代该区的劝农、惠农政策。这是研究河西走廊灌溉农业的前提。第二部分着重叙述清代河西走廊的人口与劳动力资源状况，讨论“人民杂聚”的河西移民与民族。包括土地垦殖主体的数量、分布、民族构成以及农业人口数量、移民等问题，并选取移民特色鲜明的镇番县作为个案，对清代河西的移民拓殖进行具象探讨。第三部分主要对清代河西走廊的水资源利用与管理体系进行探讨。“水是人血脉”，水利对于干旱少雨的河西走廊而言，其重要性不言而喻。该部分对清代河西走廊的水系、水利工程的修治进行全面梳理，并在此基础上讨论该区水资源的分配方式与管理体系，对清代该区的水规水法、管水官员、水利组织等做出剖析，论述该区水利纠纷的调处、水案中的官绅互动、水利管理中的积弊等问题。第四部分对清代河西走廊的屯田与垦荒活动进行研究。河西走廊连通西域，清王朝在河西大兴屯垦，并推行“务使野无旷土”之政策，土地垦殖广布河西，拓荒数量急速上升。第五部分论述清代河西走廊农作物的品种及种植问题。清代河西走廊农作物品种较多，以麦类为大宗，还有一些稻类及杂粮等。此外还对清代河西走廊的农作物种植方法、技术状况等进行了探讨。第六部分主要讨论清代河西走廊灌溉农业发展与环境变动之关系。主要包括河西走廊环境的复原、清代河西走廊环境变动的表现、成因、对社会发展的制约，以及人们对于环境的修复等。最后对清代河西走廊灌溉农业发展进行反思，总结清代以来河西走廊灌溉农业的特点，讨论农田水利事业开发的经验及教训，寻求实现西部干旱地区适度发展、人地和谐的有益历史经验。

第一章 “沙碛过半”：清代河西走廊灌溉农业的自然与社会基础

一 河西走廊农垦灌溉的自然条件及资源

（一）地理位置

河西走廊位于甘肃省境内黄河以西，自乌稍岭向西北延伸至甘新交界，东西延伸1100千米、南北宽10—100千米、呈NEE—SEE走向的狭长形地带，因位于黄河以西、地形狭长而得名。河西走廊历来有广义与狭义两种概念，广义的河西走廊是指向北越过北山（由西向东依次为马鬃山、合黎山、龙首山），直达蒙古阿尔泰山，包括阿拉善荒原的广大地区，面积约40万平方千米。狭义的河西走廊是指星星峡以东，乌稍岭以西，祁连山以北，北山以南的狭长台地。[①] 面积27.6万平方千米，占甘肃总面积60%以上，占全国总面积2.88%。在行政区划上包括今武威市、金昌市、张掖市、酒泉市、嘉峪关市，及五市所辖凉州区、古浪县、民勤县、天祝藏族自治县、金川区、永昌县、甘州区、山丹县、临泽县、高台县、民乐县、肃南裕固族自治县、肃州区、金塔县、玉门市、瓜州县、敦煌市、肃北蒙古族自治县、阿克塞哈萨克族自治县、嘉峪关区共二十个县（市、区）。河西走廊是我国内地通往新疆、中亚和印度各地的交通要道，是古“丝绸之路”和现代“亚欧大陆桥”的要冲，在政

① 任继周主编：《河西走廊山地—绿洲—荒漠复合系统及其耦合》，科学出版社2007年版，第4页。

治、军事、经济、民族融合、中西文化交流等方面具有重要地位，向来为兵家必争之地，[①] 战略地位重要。

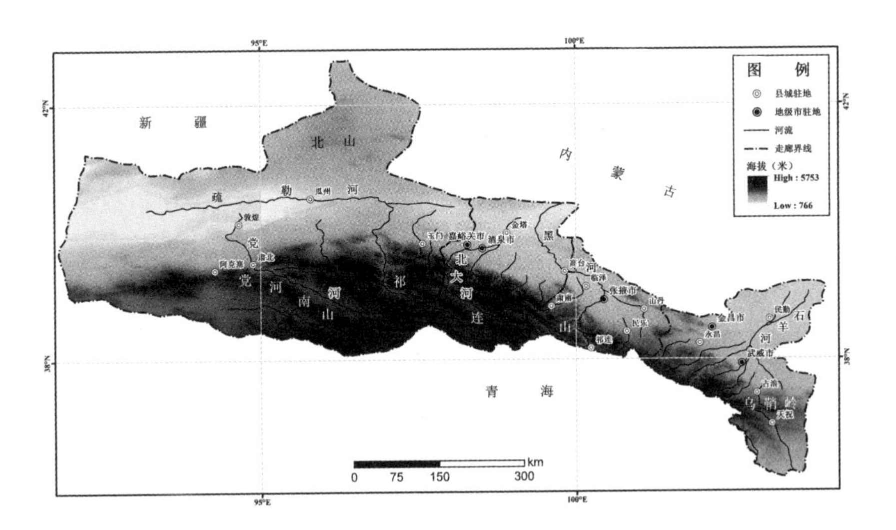

图 1 河西走廊地形图

（二）地形地貌

河西走廊的地势特点是南北高、中间低、东西狭长。地形由三部分组成：南部是高峻的祁连山，北部是长期剥蚀的低山和残丘，中部为走廊平原地带。河西走廊地质构造上属于祁连山山前拗陷带，北部则为阿拉善台块，这种构造决定了本区土地类型差异以及人类利用分异的基本轮廓。

区内土地依地貌类型可分为三部分：①南部为祁连山地，其最西南一隅为阿尔金山山地。祁连山脉东西长 800 多千米，由 7 条大致平行的 NWW 走向的古生代褶皱、中新生代断裂隆起的高山和谷地组成，大部分海拔在 3000—3500 米以上。走廊南侧的祁连山地区不仅降水较多，且分布有数以千计的大小绿洲，降雨径流和冰川融水形成的三大水系注入北部的走廊低地，是河西走廊重要的水源地和涵养林区。②中部为走廊

---

① 田澍：《明代对河西走廊的开发》，《光明日报》2000 年 4 月 21 日“历史周刊”。

高平原，东起古浪峡口，西至甘、新交界，绵延千余千米，海拔一般为1000—2200米。以大黄山、黑山为界，走廊高平原又可分为三个独立的内陆河流区域。从南北两侧山地冲刷下来的沙砾物质覆盖了走廊的大部分地面，受搬运距离和重力影响，冲积、洪积物呈明显的分选规律，使地貌结构呈带状分布。从南到北各带依次为：南山北麓坡积带、洪积扇带、洪积冲积带、冲积带、北山南麓坡积带。其中冲积带又可称为细土平原，地下水在此带与洪积冲积带衔接处，即扇缘大量溢出，故扇缘又称泉水溢出带。① 同时，以三大内陆水系为中心形成和发育了众多的大小绿洲，其中较大的绿洲有18个，是走廊经济发展的核心地带。其中最大的武威绿洲，面积3320平方千米，最小的是敦煌的南湖绿洲，面积只有30平方千米。河西走廊绿洲的形成、发展和演化与祁连山水资源的丰歉状况息息相关，若没有水资源的孕育滋养，在极端干旱的荒漠自然景观条件下是不可能有绿洲出现的。因此，水资源便成为绿洲生态系统中极其重要的先决条件。③北部为走廊北山山地和阿拉善高平原。走廊北山系长期剥蚀的中山、低山和残丘，自东向西有龙首山、合黎山和马鬃山，呈东西向断续分布，长1000多千米，海拔1500—2000米，阿拉善高原在1000—1500米，主要是沙漠和戈壁景观。

（三）土地资源

河西走廊土壤空间分异明显，在祁连山北坡及东大山森林草原区土壤类型主要有山地棕钙土、山地栗钙土、山地草甸草原土、山地灰褐土、高山草甸草原土、高山草原土、山地森林草原土、山地森林草甸草原土、沼泽土及高山寒漠土等；在荒漠区主要有棕漠土、灰棕漠土，是由砂砾质冲积物的母质在干旱条件下发育形成的地带性土壤；此外，在河流冲积平原上和湖盆低地还发育了盐土、草甸土和沼泽土。②

河西走廊虽然土地面积辽阔，但不适宜利用的戈壁、沙漠、山地和

---

① 李并成：《河西走廊历史时期沙漠化研究》，科学出版社2003年版，第8页。

② 张勃、石惠春：《河西地区绿洲资源优化配置研究》，科学出版社2004年版，第66页。

寒漠等占大部分。宜农土地仅约 13360 平方千米，占土地总面积的 5%；其中人工绿洲 11125 平方千米，仅占土地总面积的 4.12%，它们像一个个绿色的小岛散落在茫茫荒原上。[①] 另据张勃等统计，河西走廊耕地面积仅占总土地面积的 3.17%。如下表。

表 1－1 **河西走廊耕地面积表**[②]

地区	土地面积/平方千米	耕地面积/平方千米	有效灌溉面积	耕地占总土地/%	灌溉耕地占总耕地/%
酒泉市	1900	14.65	14.60	0.77	99.66
嘉峪关市	13	0.43	0.43	3.30	99.07
张掖市	419	26.79	18.97	6.40	70.78
金昌市	96	8.94	8.34	9.31	98.89
武威市	332.3	36.62	22.80	11.02	62.26
总计	2760.3	87.43	65.63	3.17	75.06

此外，据统计河西地区草地占 29.54%，林地占 3.02%，其他占 2.82%，而未利用土地面积占 61.34%。[③] 由于没有水泽滋育，大面积土地不能利用，所以宜农耕地及人工绿洲其生态环境受荒漠的强烈影响，潜在不稳定性强。尤其是下游绿洲多与流沙、盐碱地、戈壁相间分布，生态系统的潜在不稳定性更强。[④]

（四）水资源

水是生命的源泉，在河西走廊绿洲荒漠地带更为重要，它是河西走廊农业发展的保证。河西地区多年平均年降水量 384 亿立方米，折合平均降水深度 142 毫米，多年平均年降水量分布呈现由东向西递减。降水

① 李并成：《河西走廊历史时期沙漠化研究》，第 8 页。

② 张勃、石惠春：《河西地区绿洲资源优化配置研究》，第 66 页。

③ 甄计国：《河西荒地可垦潜力——可持续发展的管理方略与开发对策研究》，《甘肃省国土资源、生态环境与社会经济发展论文集》，兰州大学出版社 1999 年版，第 28 页。

④ 李并成：《河西走廊历史时期沙漠化研究》，第 8 页。

量最大的地区在祁连山冷龙岭高山区，这一带多年平均年降水量在700毫米以上，居全区之冠，且降水量稳定，变化小，是河西走廊农业灌溉可靠的水源地。降水量较小地区位于沙漠戈壁边缘的绿洲，如北部民勤湖区年降水量为80毫米，西部的瓜州年降水量仅为35毫米。河西内陆河流域均属严重干旱区。可见河西走廊农业靠天然降水量是不能满足作物正常生长需要的，所以水利是农业的命脉，可以说没有灌溉便没有农业。①

河西走廊的水资源主要源于其南部的祁连山脉。祁连山地带降水量在400—800毫米以上，冰川发育良好，冰雪融水形成地表径流及部分地下水汇入，祁连山流入区境共有大小57条河流，皆为内陆河，它们由东向西分属于石羊河、黑河和疏勒河3大流域水系。石羊河水系由大靖、古浪、黄羊、杂木、金塔、西营、东大、西大、洪水、白塔、南沙、北沙、金川河等主要支流组成，干流全长三百千米余，出山径流量1.55×10^9立方米，占23.75%。黑河水系由山丹、童子坝、洪水、海潮坝、大都麻、黑河、梨园、摆浪、马营、丰乐、洪水坝、讨赖等主要支流组成，干流全长800千米余，出山径流量3.22×10^9立方米，占51.85%。疏勒河水系由白杨、石油、昌马、榆林、党河等主要支流组成，干流全长580千米余，出山径流量1.5525×10^9立方米，占24.04%。三大水系出山地表水资源总量6.6844×10^9立方米。另有无观测资料的小河沟地表水资源估算量4.8183×10^8立方米、浅山地表水资源估算2.4877×10^8立方米，地下水多年平均储量为44.77亿立方米。河西地区地表水资源总量7.415×10^9立方米。河西河川径流补给来源主要为山川降水和高山冰川。各河流量稳定，年径流量的Cv值均在0.25以下。河流出山后首先流经山前洪积冲积扇裙，经灌溉、渗漏后至扇缘泉水出露带再次出露，汇为若干泉水河流，向北注入下游绿洲平原。②

① 贡小虎：《甘肃河西内陆河流域水资源特征与农业生产发展的探讨》，《中国沙漠》1994年第3期。

② 李并成：《河西走廊历史时期沙漠化研究》，第7页。

表2　　河西走廊三大水系多年平均地表径流量表（10^8立方米）①

流域	有测站控制河流		小河沟		前山区		径流量	径流组成		
	径流量	占总量%	径流量	占总量%	径流量	占总量%	合计	降水	地下水	冰川融水
石羊河	14.80	93.3	0.49	3.1	0.58	3.6	15.87	63.8	31.4	4.8
黑河	33.01	89.4	2.86	8.0	0.96	2.6	36.83	58.4	31.0	10.6
疏勒河	15.06	90.2	1.04	6.20.59	3.6	16.69	17.4	35.3	47.3	
总计	62.26	90.6	4.39	6.3	2.13	3.1	69.39	47.9	36.3	15.8

河西水资源水质优良，便于开采，可自流灌溉，且地表、地下径流可大量转化与重复利用，从而提高了可资利用的水资源总量。现状最大可重复利用率约40%，则河西现状最大可能供水量为1.049×10^{10}立方米，其中石羊河、黑河、疏勒河三大流域分别为2.37×10^{9}立方米，5.77×10^{9}立方米，2.35×10^{9}立方米。然而区内水资源的数量又是有限的，历史上往往成为农业开发的主要制约因素。②

民国时期《甘肃省乡土志稿》对当时河西走廊的河流湖泊进行了统计，现列表如下：

表3　　河西走廊各县河流湖泊简明表③

县名	水名	方向	里数（里）	水名	方向	里数（里）
武威	石羊河	南		氾洋池	南	190
	白塔河	南		熊爪湖	北	50
	海藏寺河	西		刘林湖	北	10
	南北沙河沟	南		水磨川	南	40
	清水河	西南		暖泉	西	35
	鱼池	东	1	硝池	东北	60
	天池	西南	20	茅草泉	北	60
	近城泉	东	5	乌牛坝	东	
	温泉	西南	100	夯占口洞	东南	50

① 张勃、石惠春：《河西地区绿洲资源优化配置研究》，第61页。

② 李并成：《河西走廊历史时期沙漠化研究》，第7页。

③（民国）朱元明：《甘肃省乡土志稿》第二章第六节《河流之分布》，甘肃省图书馆藏书，第126页。

续表

县名	水名	方向	里数（里）	水名	方向	里数（里）
民勤	大河	南		管山湖	东北	200
	月牙湖	南	10	昌宁湖	西	120
	大坝湖	东	30	龙潭	东	40
	天池湖	北	25	白亭湖	东北	60
	柳林湖	东北	120	黄白盐池	南	30
	鸳鸯白盐池	东	50			
永昌	水磨川			硝池	东北	60
	蹇占口洞	东南	50	暖泉	西	35
	乌牛坝河	东		茅草泉	北	60
古浪	古浪河	南	10	酸茨沟河	东南	120
	龙沟河	东	50	鸳鸯池	西	70
	火烧岔河	南	27	高崖泉	西	2
	石门峡河	东南		暖泉	南	8
	甘酒石沟	南	15	湖滩泉	南	5
	香水泉	南	70			
张掖	张掖河			九眼泉	北	5
	山丹河	北	25	兀喇河	北	
	洪水河	东南	150	草湖泉		
	黑水	西	80	龙首潭	西南	80
	甘泉	西南				
临泽	黑水	北	5	响河水	南	90
	沙河水	东	40	东沙河水	东	50
	西大口河	南	50	蓼泉	东南	
	九眼泉	东南	30	五眼泉	东	35
	双泉	东	35	巨井	南	30
	西湖	西	3			
山丹	山丹河	西		南草湖	东南	1
	猩猩堡水	西		西草湖	西	10
	碗窑沟水	南		马腾泉	北	20
酒泉	白亭海	东北	100	讨来河	北	100

续表

县名	水名	方向	里数（里）	水名	方向	里数（里）
金塔	天仓河	东北	300	花城儿湖	北	80
	沃河	东	40	鸳鸯池	东北	40
	清水河	北	50	路家海子	西	
	黑水	西北	120	暖泉	东	15
	红水	东南	30	卯来河泉	西南	250
	白水	西南	20	九眼泉	北	380
	放驿湖	东	1	橘树泉	西北	85
	铧尖湖	东南	20	羊头泉	北	330
	郑家湖	北	7	沙枣泉	东北	230
	苍儿湖	北	25	崔家泉	东北	
高台	弱水	北		水磨湖	北	10
	呼蚕水			狼窝湖	西北	20
	五坝湖	东	12	苇场湖	西北	15
	大芦湾湖	东北	20	李家湖	西北	20
	黑泉站	东	40	官军湖	西北	170
	海底湖	西北	10	局匠湖	东南	10
	鸳鸯湖	西	10	底不收湖	西北	
	七坝湖	西	20	兀边旧乃湖		500
	月牙湖	西北	5	大湖	西北	180
	高台站家湖	西北	5	白盐池	北	220
安西	苏顶河	北	3	八道沟	东	200
	三道沟	东	240	九道沟	东	180
	四道沟	东	230	十道沟	东	160
	五道沟	东	220	黑水河	东	70
	六道沟	东	230	窟窿河	东	120
	七道沟	东	210	忒不忒河	东	70
	布鲁湖	东北	210			

续表

县名	水名	方向	里数（里）	水+名	方向	里数（里）
敦煌	龙勒水	南	180	盐池	东	47
	悬泉水	东	130	色尔腾海	西南	
	蒲昌海			月牙泉	南	
	渥洼水			药泉	东南	1
玉门	昌马河	西南	120	白杨河	东	5
	石脂水	东南	150	西儿马河	东	
	金河	西				

（五）气候资源

气候资源是国土资源的主要组成部分之一。河西走廊气候干燥，温差大，气候冷热交替明显，“河西一带寒暑具烈，空气干燥，秋冬朔风凛冽，衣裘不暖，夏季亦甚炎热，然气候变化无常，虽在盛暑早晚仍需衣棉”。除武威、张掖一带霜期由九月至次年四月外，余如古浪、山丹、古浪、永昌、酒泉之寒度略与青海相同，“盖因各县多居山口风道中故耳，酒泉地接塞外，且祁连山岭积雪终年不消，故气候极为寒冷。酒泉而出嘉峪关纯属戈壁沙漠气候，变化毫无常态，更西至玉门一带，夏日炎热，行人需昼伏夜出，安西则暴风飞沙终年不止……而敦煌盆地气候温暖，物产饶富，地势情景大有江南之风”①。所以总体而言，河西走廊气候特征为冬季寒冷而漫长，夏季炎热而短暂，春季升温快，秋季降温速。

河西走廊位于亚欧大陆腹地，冬季寒冷干燥，夏季干燥少雨，属于典型的温带和暖温带荒漠气候。具有光照丰富、热量较好、温差大、干燥少雨、多风沙等特征。南部祁连山区则属于青藏高原高寒气候。河西气候在水平分布上具有明显的东西和南北差异。从东到西，由山地到平原的气温和降水量均有较大的差异。年均温度由东到西和自山地向平原

① （民国二十五年）李廓清：《甘肃河西农村经济之研究》第一章《河西之农业概况》第一节《自然环境》，（台北）成文出版社有限公司1977年版，胶片号：26387。

递减，太阳辐射、光照、蒸发量沿此方向递减，而年降水量由东向西和自南部山地向走廊地带递减，空气极端干燥。

走廊平原自东向西各项气候指标变幅为：

（1）光热资源。年太阳总辐射量 5.86×10^9—6.698×10^9 J/平方米，走廊中西部年太阳辐射总量 6000—6400 兆焦/平方米，年日照时数 2360—4000h、安西最高达 3200 小时以上。全年日照百分率高达 60%—80%，仅次于青藏高原和南疆地区。全区年平均气温 4℃—10℃，七月均温在 20℃以上。敦煌、安西最高，可达 25℃。昼夜温差大，平均日温差约 12℃—16℃。≥10℃的积温为 2000℃—3500℃，无霜期 140—170 天，除满足一季农作物之需外，热量尚有结余，不少地方可以复种。光照条件十分有利于农作物的生长。丰富的光照资源使得各种作物光合同化率高；大部分地区的热量能满足喜温作物玉米的生长，西部的安敦盆地和金塔一带还能种植棉花，暖季白天温度较高，利于作物生长，夜间温度低，呼吸减弱，降低消耗，植物光合物质积累较快，瓜果及甜菜含糖量、粮食作物的蛋白质含量都较高。如张掖县“日照，年平均晴天占百分之二十五，阴天占百分之二十，多云天占百分之五十五，十一—十二月阴天少，六—七月阴雨天多”①。张掖县阴天占 20%，而晴天与多云的天气占 80%。光热条件好。

（2）降水量。河西走廊降水量稀少，所有水田皆恃祁连山雪水灌溉。“终岁雨泽颇少雷亦稀闻，惟赖南山融雪汇合诸泉流入大河分筑渠坝，引灌地亩，农人亦不以无雨为忧。”② 据统计，河西走廊年降水量 200—50 毫米以下、年蒸发量 2000—3500 毫米以上，中部平原地带，平均年降水量只有 100 毫米左右，东部可达 180 毫米，西部仅有 40 毫米，干燥度 3.70（武威）—19.5（敦煌），非常干旱，相应发育的地带性景观为温带半荒漠至荒漠，发展农业全部依靠灌溉。由四季平均雨量而言，春季为下种时期，夏季为作物滋生最旺盛时期，均需要丰沛雨量方可适

① （民国）白册侯、余炳元：《新修张掖县志》，《地理志·气象》，张掖市市志办公室点校整理 1997 年版，第 49 页。

② 常钧：《敦煌随笔》卷上《安西》，《边疆丛书甲集之六》1937 年版，第 375 页。

应作物生长，但走廊四季雨量分配并不平均，夏季降雨较多，降雨最多在夏末，次为秋季，春季更次之，冬季为最少，其雨量变率亦甚大，七八月间有时暴雨倾盆，易形成水患。

（3）风沙状况。河西地区风沙大，如安西“春冬时有大风迅烈沙石飞扬数日不息，草木为之拔去”①。张掖“4—5 月多西北风，风速偏大，平均 3—35 米/秒”②。金塔县亦每年多风，“以四季而言，春季多西风间有西北风及东风，夏季西风稍息，有东南风及东风，东风有时吹来如炽，时则空气最为干燥（俗名曰热东风），若连刮三四日即有发山水之验，秋季亦多西风，冬季多东风，而冬季之东风尤较西风为最酷烈，有时尘沙飞扬树木摧折”③。≥8 级大风日数年均 15.9（武威）—68.5（瓜州）天，盛行风向走廊中东段为西北风，西段多东北风，主要盛行于冬春季节，恰与本区干旱季节相吻合。干燥和风沙是影响绿洲土地开发利用、危害农牧业生产的主要不利因素。兴修水利、防风固沙为本区土地开发的必要条件。④

河西气候在南北方向上的差异更为明显，由南部山区的高寒过渡到走廊平原的干旱气候，再向北到阿拉善高平原干旱程度加剧，年降水量在 100 毫米以下，年蒸发量高达 3000 毫米以上，风沙活动更趋剧烈。

表 4　**河西绿洲部分城镇气候状况表**⑤

地点	年降水量/毫米	年蒸发量/毫米	≥8 级大风日数/d
武威	158.4	2021.0	15.9
永昌	173.5	2001	
山丹	196.2	2245.8	17.4

① （民国）曹馥：《安西县采访录》，《舆地》第一《气候》，甘肃省图书馆藏书，第 7 页。
② （民国）白册侯、余炳元：《新修张掖县志》，《地理志·气象》，第 50 页。
③ （民国三十年）《金塔县采访录二》，《气象类》，甘肃省图书馆藏书，第 4 页。
④ 李并成：《河西走廊历史时期沙漠化研究》，第 9 页。
⑤ 任继周主编：《河西走廊山地—绿洲—荒漠复合系统及其耦合》，第 244 页。

续表

地点	年降水量/毫米	年蒸发量/毫米	≥8 级大风日数/d
张掖	129		
临泽	122.3	2337.6	
高台	103.6	1923	
酒泉	85.3	2148.8	17.0
安西	45.7	3522.3	68.5
敦煌	36.8	2490.6	15.4

（六）土壤与植被

河西地域辽阔，位处我国三大自然区——东南季风区、蒙新高原区、青藏高寒区的交汇处，自然条件复杂，形成以山地土壤、荒漠土壤、绿洲灌溉耕作土壤为主的各类土壤。走廊中北部尤以地带性的灰漠土、灰棕漠土、棕漠土、风沙土等荒漠土壤所占面积较大。绿洲灌溉耕作土是在荒漠条件下因灌溉农业发展形成的土壤。河西绿洲耕作历史悠久，由于长期灌溉、施肥、客土拉沙等影响，在原有土壤上层形成了一层厚约1—2.5米的“灌溉堆积层”。土质细腻肥沃，适于农耕。但因其成土母质主要为第四纪河湖相松散堆积物，疏松多沙，且地表裸露季节又正值少雨和大风季节，周围又被大面积的荒漠风沙土壤所包围，具有潜在沙漠化的威胁。① 据河西各县方志记载，清代河西地区土壤含沙量大、盐碱化程度高，土壤肥力低。如武威县，“边壤沙碛过半，土脉肤浅，往往间年轮种，且赋重更名常亩，且有水冲沙压者”②。瓜州，“各地俱系泥土沙砾混合，不甚肥沃，无有森林山泽，惟戈壁沙漠占全县十分之

① 李并成：《河西走廊历史时期沙漠化研究》，第9页。

② （乾隆十四年）张玿美修，曾钧等纂：《五凉全志》卷一，《武威县志》，《地理志·田亩》，（台北）成文出版社有限公司1976年版，第32页。

七”①。又敦煌、玉门均在嘉峪关外，“且土带沙性”②，可见河西土壤含沙量大；“境尽刚土，田家作苦倍他处，耕必壮牛曳大铧，有触铧立折”③，可知河西走廊土壤硬度高。史载，安西等地“赤卤之地土性燥烈，若当春遇雨，碱气上蒸，土皮凝结，需重复笆犁，农工倍苦”④。“亦有开种地亩二三年后地力寖薄势需停耕者，仅可听民另觅可垦之地补种，非官法所能督。”⑤ “安西府属渊泉县城且地势潮碱，春冬消长不一。”⑥ 这也反映出河西地区土壤盐碱度高、肥力低下。

河西走廊生态地域多样，植被的垂直分布带主要有以下几种：荒漠草原带、山地荒漠草原带、山地典型灌丛草原带、寒温性针叶林带、高山灌丛草甸带、高山亚冰雪稀疏植被带。⑦ 植被类型具有中纬度带山地和平原荒漠植被的特征，属温带荒漠植被带东部和荒漠草原带西部相衔接的地带。其中云杉属（Picea）和圆柏属（Sabina）的乔木属种是中山水源涵养林的主要植被，建群作用十分明显。平原荒漠植被从东到西可分为温带荒漠和暖温带荒漠两个植被生物气候带类型。前者地带性植被以旱生和超旱生的灌木、半灌木为主，分布最广的是红砂（琵琶柴）和珍珠荒漠，其东部气候较湿润，荒漠植被具有明显的草原化特征，群落中伴生有针茅、闭穗、多根葱等草本植物。后者地带性植被为典型的超旱生灌木、小半灌木，分布最广的是合头草、红砂、膜果、麻黄。⑧

二　清代河西走廊行政建制沿革考略

自汉代设立河西四郡始，历代王朝皆重视对河西地区的经营。清朝

---

① （民国四年）尤声瑛：《安西县地理调查书·土壤》，甘肃省图书馆藏书，第2页。
② 《清高宗实录》卷七五七，乾隆三十一年三月己亥，第344页。
③ （民国）《甘肃通志稿》卷二七《甘肃民族志·民族九·风俗》，第611页。
④ 常钧：《敦煌随笔》卷上《安西》，第375页。
⑤ 常钧：《敦煌随笔》卷上《安西》，第375页。
⑥ 《清高宗实录》卷七七六，乾隆三十二年二月甲午，第518页。
⑦ 张勃、石惠春：《河西地区绿洲资源优化配置研究》，第68页。
⑧ 李并成：《河西走廊历史时期沙漠化研究》，第10页。

立国后，加强了对河西走廊的管理与控制。在行政建制上，清代初年沿袭明代在河西的卫所制度。康熙五十七年（1718）于嘉峪关边外开设靖逆厅，设靖逆同知治理，下辖靖逆、赤金二卫。雍正二年（1724）十月丁酉，川陕总督年羹尧奏言，“甘肃之河西各厅自古皆为郡县，至明代始改为卫所。今生齿繁庶不减内地，宜改卫所为州县”①。于是废除省行都司及诸卫所，在河西走廊设立凉州府、甘州府。雍正五年（1727），又于嘉峪关边外开设安西厅，设安西同知治理，下辖安西、沙州、柳沟三卫，将前设靖逆厅改为靖逆通判。雍正七年（1729），将肃州卫改为肃州直隶州。平定西域之后，乾隆二十五年（1760），将安西、靖逆二地改卫为厅，设置安西府。乾隆三十八年（1773），改安西府为直隶安西州。各卫所渐次裁撤并改为州县。②

清代河西地区共设二府二州，分别为凉州府、甘州府、安西州、肃州。下面对此分别叙述。

凉州府：位于河西走廊东段，即今武威市。清代建立以后沿袭明制，此地为凉州卫，雍正二年（1724）改为凉州府，下辖五县：

武威县：即汉姑臧县，雍正二年（1724）改凉州卫为府，以武威县为府治所在地。

镇番县：位于河西走廊东北部，明洪武二十九年（1396）设镇番卫，清雍正二年（1724）改县属凉州府。

永昌县：位于河西走廊东部，明洪武十五年（1382）置永昌卫，清朝雍正二年（1724）改县，属凉州府。

古浪县：即汉苍松县，位于河西走廊最东部。明正统三年（1438）在此地设置古浪所，属陕西行都司，清雍正二年（1724）改县，属凉州府。

平番县：位于今永登县境，不在本书所涉域内，略。

甘州府：位于河西走廊中部，即今张掖市。明洪武五年（1372）在

---

① 《清世宗实录》卷二五，雍正二年十月丁酉，第396页。

② 《清朝文献通考》卷二八三《舆地十五·考七三三四》，浙江古籍出版社2000年版。

此地置甘肃卫，十五年（1382）改置甘州中、左、右、前、后五卫。清朝顺治十五年（1658）裁中、前、后三卫，仅保留左、右二卫。雍正二年（1724）裁行都司改置甘州府，管辖张掖、山丹、高台三县。雍正八年（1730）将高台分隶肃州。清乾隆八年（1743）徙张掖县丞驻东乐，分领一驿十四堡，大事管理于张掖。民国二年（1912）始置为县。[①] 乾隆十五年（1750）移镇番柳林湖通判于抚彝。[②] 下辖张掖县、山丹县、抚彝厅。[③]

张掖县：明为甘州中、左、右、前、后五卫。清雍正二年（1724）改卫为府，以张掖县为甘州府治。乾隆初年，在张掖县东七十里的东乐堡设县丞，分领十四堡。[④]

山丹县：明洪武二十四年（1391）设山丹卫。清雍正二年（1724）改县，属甘州府。[⑤]

抚彝厅：即今临泽县。清乾隆十五年（1750），移镇番县柳林湖通判驻抚彝堡。乾隆十九年（1754），建抚彝厅。[⑥]

安西直隶州：明初为沙州卫及赤金蒙古卫地，成化时改沙州卫为罕东左卫。清朝初为边外地。康熙五十七年（1718），于此地设置靖逆卫及赤金卫，并于靖逆城设同知，下辖二卫。又于渊泉县设立柳沟所，并设柳沟通判进行管理。雍正二年（1724），于布隆吉尔地方设置安西卫，并在此地筑城驻兵，设总兵驻守，是为安西镇，又于渊泉县设安西同知，下辖安西卫、沙州所。[⑦] 雍正四年（1726），设立沙州卫，并裁撤柳沟通

---

① （民国）徐传钧、张著常等：《东乐县志》卷一《地理志·沿革》，《中国西北文献丛书》，兰州古籍书店1990年版，第416页。

② （宣统）长庚：《甘肃新通志》，《舆地志》，《沿革表》，《中国西北文献丛书》，兰州古籍书店1990年版，第430页。

③ 《清朝续文献通考》卷三二〇《舆地十六·考一〇六〇五》，浙江古籍出版社2000年版。

④ 《清朝续文献通考》卷三二〇《舆地十六·考一〇六〇五》，浙江古籍出版社2000年版。

⑤ 《清朝文献通考》卷二八三《舆地十五·考七三三三》。

⑥ （宣统）长庚：《甘肃新通志》，《舆地志》卷四《沿革表》，第430页。

⑦ （宣统）长庚：《甘肃新通志》，《舆地志》卷四《沿革表》，第430页。

判，将柳沟所改为柳沟卫，沙州卫、柳沟卫同属于安西厅，并改靖逆同知为靖逆通判，改赤金卫为赤金所，隶属于靖逆厅。雍正五年（1727），将安西镇城改筑于旧城西百余里之大湾地方都尔伯勒津西北，即今瓜州县城北约2千米处的安西旧县城，并将安西卫及安西同知俱移设在此地，下辖安西卫、柳沟卫、沙州卫。将柳沟卫移于安西旧城，并改布隆吉尔为柳沟卫。后再次将靖逆厅所属之赤金所改为赤金卫。乾隆二十五年（1760），因为西域平定，将卫所裁撤，改为安西府。改安西卫为渊泉县且为府治所在地，柳沟卫并入渊泉县，改沙州卫为敦煌县，改赤金卫为玉门县，靖逆卫并入玉门县。安西府下辖敦煌、渊泉、玉门三县。乾隆二十七年（1762），将敦煌县设为府治所在地。乾隆三十八年（1773），改安西府为直隶安西州，渊泉县并入玉门县。[①] 直隶安西州共下辖二县：

敦煌县：今敦煌市，明初于此地置沙州卫。成化十五年（1479）置罕东左卫，嘉靖以后没于吐鲁番。清雍正元年（1723）置沙州所，雍正四年（1726）改为沙州卫，隶属安西厅。乾隆二十五年（1760），改沙州卫为敦煌县，隶属安西府。乾隆二十七年（1762），设为府治所在地。乾隆三十八年（1773）改安西府为安西州，隶属安西州。[②]

玉门县：今玉门市，明初在此地设置赤金蒙古卫，正德以后为吐鲁番所侵。清康熙五十七年（1718），改靖逆卫为靖逆厅，并将此地设为治所所在地，兼领赤金卫，后改赤金卫为赤金所，很快又改为赤金卫。乾隆二十五年（1760），改赤金卫为玉门县，裁撤靖逆卫并入玉门县。乾隆三十八年（1773），改安西府为安西州，并渊泉县入玉门县。[③]

肃州：明洪武二十八年（1395）开设肃州卫。清朝初年沿袭下来，雍正二年（1724），裁卫并入甘州府。雍正七年（1729），改置

---

① 《清朝文献通考》卷二八三《舆地十五·考七三三四》。
② 《清朝文献通考》卷二八三《舆地十五·考七三三四》。
③ 《清朝文献通考》卷二八三《舆地十五·考七三三四》。

直隶肃州，裁撤肃州通判。[①] 今为酒泉市肃州区。领县一分县一：[②]

高台县：今高台县，明景泰七年（1456），置高台守御千户所，属肃州卫。雍正二年（1724），裁撤高台所、镇夷所，隶属甘州府。雍正七年（1729），改为高台县，隶属肃州。

毛目分县：毛目分县属高台，清雍正初始有屯军驻扎。雍正三年（1725）招民开垦。乾隆初年，屯军遣散，继设毛目水利分厅（县丞），同治间改为毛目分县，[③] 今为金塔县鼎新镇一带。

三 清代河西走廊实行的劝农、惠农政策

河西走廊位于西北边陲，对于清朝政府而言，河西走廊农业社会经济的发展关系着边疆的稳定与安全。清朝自建立之日起就十分重视河西农业开发，多次发布劝农政令。“劝课农桑，为政之本。然须以久远之心行之。所谓农事无近功而有久长之效也”[④]，认为农业为立政之本，积极鼓励民众投身农耕。雍正二年（1724）官方要求地方官员劝农勤耕作，以尽地力：“所赖亲民之官，委曲周详多方劝导，庶使踊跃争先人力无遗，而地利始尽。”[⑤] 乾隆九年（1743），针对甘肃农业收获有限的状况，清朝政府对耕种方法加以指导，“督率有司，教民易耨深耕，布种锄草，分别勤惰，量加劝惩。得旨。专以农桑课有司，此为政之体也”[⑥]。倡导农业实行精耕细作的耕种方式。同时清王朝还在河西地区消除一些有碍农耕的不利因素。如雍正九年（1731）免除肃州进贡之哈密瓜，以利麦谷之种植，“谕大学士等，肃州金塔寺原种进贡之哈密瓜。朕思与其种

---

① 《清世宗实录》卷八〇，雍正七年四月辛丑，第57页。

② 《清朝续文献通考》卷三二〇《舆地十六·考一〇六〇五》。

③ （民国）张应麒修，蔡廷孝纂：《鼎新县志》，《舆地志·沿革》，《中国西北文献丛书》，兰州古籍书店1990年版，第676页。

④ 《清高宗实录》卷二一三，乾隆九年三月丁未，第742页。

⑤ 《清朝文献通考》卷三《田赋三田赋之制·考四八七一》。

⑥ 《清高宗实录》卷二一三，乾隆九年三月丁未，第742页。

瓜，何如种谷，以资民食。著行文该督抚等，嗣后不必进献”[①]。嘉庆二十二年（1817），又禁止甘肃水烟的种植，以促进五谷滋长：“更复有水烟一种产自甘肃，近闻栽种益广，此皆无益民生，有妨稼穑。甘肃地土狭瘠，尤当使民知种谷，庶免艰食之虞。凡种水烟地亩，概令改种黍禾。并随时查禁，无许仍前趋利逐末，致妨地利。”[②] 采取各种政策鼓励耕植，以利于农业发展。

除了多次发布劝农政令外，清政府还采取了一系列具体的惠农政策以促进河西地区农业的发展。

首先，宽免钱粮赋额，以舒民力。

雍正八年（1730），安西沙州新迁民众之赋税延期二年交纳，“安西沙州等处招民屯垦，今从雍正六年（1728）民户到齐之日计算至辛亥年，例当输赋之期，但念小民甫经安插，公私兼顾为难，著宽期二年，于癸丑年升科，俾民力宽裕”[③]。乾隆九年（1744），宽缓河西各县积欠赋税，“著将张掖、肃州、高台十三州县，及武威、西宁二县，累年未完积欠银粮草束等项再行宽缓，自乾隆九年（1744）为始，分作六年带征，以纾民力”[④]。乾隆九年（1744），对山丹县积欠多年的粮草再行宽缓，“顷闻甘州府山丹县积年民欠亦属繁多，乾隆元年（1736）至八年（1743），共欠屯粮一万二千六百余石。又自三年（1738）至八年（1743），共欠籽种粮六千五百余石。又自元年（1736）至八年（1743），共欠草六十万一百余束。著从本年为始。分作六年带征”[⑤]。再如乾隆二十三年（1758），免除甘肃甘、凉等六府属州县“乾隆三年（1738）起至十年（1745）止带征未完银粮”[⑥]。同治十三年（1874），“将甘肃省同治十三年（1874）以前实欠在民地丁正耗等项钱粮草束、以及番粮番

① 《清世宗实录》卷一〇九，雍正九年八月癸巳，第445页。
② 《清仁宗实录》卷三三六，嘉庆二十二年十一月戊辰，第441页。
③ 《清世宗实录》卷九一，雍正八年二月戊辰，第228页。
④ 《清高宗实录》卷二一三，乾隆九年三月甲辰，第737页。
⑤ 《清高宗实录》卷二二一，乾隆九年七月戊戌，第842页。
⑥ 《清高宗实录》卷五六〇，乾隆二十三年四月，第98页。

草、并向随地丁额征课程等项杂赋概予豁免，以纾民力”①。清王朝多次宽缓、免征河西粮草赋税，以苏民力。

康熙、雍正、乾隆时期，由于河西地区供应战争军需，清廷多次减免此地的赋税以纾民力。如康熙五十五年（1716），“谕户部，边民效力转输在所宜恤。将陕西属武威、山丹、高台、古浪、庄浪、肃镇等州县卫所堡，康熙五十六年（1717）额征银、粮米、豆、谷、草、通行蠲免，并将从前积年逋欠亦悉与蠲除”②。雍正七年（1729），谕户部甘凉等处，“小民承办军需……而靖逆卫屯民于应办草束之外，情愿另备余草运赴大东渠站所堆积，以佐军需等语。著将靖逆卫庚戌年应征正粮马粮全行蠲免”③。雍正七年（1729），“谕内阁年来用兵西藏，查甘属之河西四府，如甘凉肃以至嘉峪关外之靖逆赤金柳沟等卫所，今当用兵之际……而黎民踊跃急公之意，著将额征本色加恩豁免”④。乾隆二十一年（1756）谕，“甘省一应军需，多于甘、凉、肃等府州县就近采办。著加恩将甘省之甘、凉、肃等府州县民户、屯户及番民等，本年应征各项钱粮米豆草束，一概蠲免”⑤。乾隆二十四年（1759）谕，“安西瓜州屯民，所种地亩本属瘠薄，年来雇运军粮，颇能急公勷事。所有乾隆二十二年（1757）分应行交纳借给牛具碾磨，未完银两，著加恩悉予宽免。其未完籽种口粮并平分粮俱著缓至今岁秋后，分作三年带征以纾民力”⑥ 等。据《清实录》等资料，清政府因为河西地区供应军需而豁免此地的赋税达到了二十多次，这在很大程度上缓解了战争消耗对农业的影响。列表如下：

① 《清穆宗实录》卷三六四，同治十三年三月壬子，第8页。
② 《清圣祖实录》卷二七〇，康熙五十五年十月癸巳，第646页。
③ 《清世宗实录》卷八六，雍正七年九月甲戌，第144页。
④ 《清世宗实录》卷八六，雍正七年九月己丑，第154页。
⑤ 《清高宗实录》卷五一三，乾隆二十一年五月丁亥，第483页。
⑥ 《清高宗实录》卷五八四，乾隆二十四年四月，第469页。

表 5　**清代豁免河西供应军需各县赋税表**

时间	免赋额数	资料来源
康熙二十二年（1683）	将康熙二十三年（1684）应征地丁各项钱粮蠲免三分之一	《清圣祖实录》卷一一三，第 172 页
康熙三十五年（1696）	将康熙三十六年（1697）甘肃巡抚所属州县卫所地丁银米尽行蠲免	《清圣祖实录》卷一七八，第 917 页
康熙五十五年（1716）	将陕西属威武、山丹、高台、古浪、肃镇等州县卫所堡康熙五十六年（1717）额征银、粮米、豆、谷、草通行蠲免，并将从前积年逋欠亦悉与蠲除	《清圣祖实录》卷二七〇，第 646 页
康熙五十八年（1719）	将陕西、甘肃所属康熙五十八年（1719）额征地丁银、历年旧欠银悉行蠲免	《清圣祖实录》卷二八六，第 792 页
康熙五十八年（1719）	将甘肃所属山丹、高台、古浪、肃镇、凉州卫、永昌卫、镇番卫、甘州左卫、左卫、肃州卫、镇彝所等六十六州县卫所堡康熙五十九年（1720）钱粮米豆草束额征银尽行蠲免	《清圣祖实录》卷二八六，第 792 页
雍正七年（1729）	将靖逆卫庚戌年应征正粮、马粮、大草全行蠲免	《清世宗实录》卷八六，第 144 页
雍正七年（1729）	将甘属之河西四府如甘凉肃以至嘉峪关外之靖逆赤金柳沟等卫所历来额征本色豁免	《清世宗实录》卷八六，第 154 页
雍正九年（1731）	将雍正九年（1731）甘肃所属额征地丁银全行蠲免	《清世宗实录》卷一〇二，第 348 页
雍正十年（1732）	将甘省备办军需之州县旧欠新赋悉行蠲免	《清世宗实录》卷一一九，第 582 页
雍正十三年（1735）	将雍正十三年（1735）甘肃通省所属应征地丁钱粮全行蠲免	《清世宗实录》卷一五六，第 906 页
雍正十三年（1735）	将甘肃等处雍正十三年（1735）地丁钱粮全行蠲免	《清世宗实录》卷一五八，第 942 页
乾隆元年（1736）	将甘省除散赈米谷外所有借给口粮籽种之类例应秋收征还者著悉行赏给免其还项	《清高宗实录》卷一一，第 348 页

续表

时间	免赋额数	资料来源
乾隆元年（1736）	将乾隆元年（1736）甘肃额征钱粮全行豁免	《清高宗实录》卷二九，第610页
乾隆元年（1736）	将乾隆二年（1737）甘肃钱粮全行蠲免	《清高宗实录》卷二九，第610页
乾隆二十一年（1756）	将甘省之甘、凉、肃、等府州县民户、屯户及番民等本年应征各项钱粮米豆草束一概蠲免	《清高宗实录》卷五一三，第483页
乾隆二十一年（1756）	将甘省承办军需之府本年应征各项钱粮米豆草束一概蠲免	《清高宗实录》卷五一四，第498页
乾隆二十一年（1756）	将甘省十三府州厅属各州县卫乾隆十一年（1746）至十五年（1750）民欠地丁钱粮草束概予蠲免。十六年（1751）至二十年（1755）民欠未完正借钱粮著自丁丑年为始分作五年带征。其安西五卫近接军营。再甘肃通省尚有乾隆元年（1736）至九年（1744）蠲剩未完及十年（1745）至十五年（1750）民欠籽种口粮牛本等项银粮，该省承办军需著一并蠲免	《清高宗实录》卷五二一，第572页
乾隆二十二年（1757）	将甘、凉、肃、三府及安西五卫应征本年地丁钱粮米豆草束概予蠲免。其甘肃通省自乾隆十六年（1751）至二十年（1755）未完地丁钱粮一并加恩蠲免	《清高宗实录》卷五三〇，第676页
乾隆二十二年（1757）	将甘省为军需总汇，著将甘肃通省乾隆二十三年（1758）应征地丁钱粮概予蠲免	《清高宗实录》卷五四〇，第824页
乾隆二十三年（1758）	甘省为军需总汇，将该省乾隆十六年（1751）至二十二年（1757）一应民欠未完银粮草束通行豁免	《清高宗实录》卷五五四，第2页
乾隆二十三年（1758）	将甘省为军需总汇，将甘肃通省乾隆二十四年（1759）分应征地丁钱粮悉与蠲免	《清高宗实录》卷五六二，第125页
乾隆二十四年（1759）	将甘肃通省来年应征地丁钱粮悉予蠲免	《清高宗实录》卷五七八，第369页

续表

时间	免赋额数	资料来源
乾隆二十四年（1759）	谕安西瓜州屯民所种地亩本属瘠薄，年来雇运军粮颇能急公勤事，所有乾隆二十二年（1757）分应行交纳借给牛具碾磨，未完银悉予宽免。其未完籽种口粮并平分粮俱著缓至今岁秋后分作三年带征	《清高宗实录》卷五八四，第469页
乾隆二十五年（1760）	军务全竣正宜与民休息，将甘肃省乾隆二十六年（1761）应征地丁钱粮通行豁免	《清高宗实录》卷六〇四，第779页
乾隆三十八年（1773）	古浪、武威、永昌十四厅州县急公输将之户缓征正赋钱粮十分之四。张掖、山丹、东乐县丞、镇番三十一厅州县急公输将之户缓征钱粮十分之三。将陕、甘、过兵各州县应完之项统于乾隆三十八年（1773）分新赋内分别缓征，其酌缓四五分者仍分作三年带征，酌缓三分者分作二年带征	《清高宗实录》卷九二四，第413页
道光六年（1826）	展缓甘肃供应兵差之山丹、永昌、古浪、肃、高台、安西、敦煌、张掖、抚彝三十九厅州县暨东乐县丞等所属节年未完额赋	《清宣宗实录》卷一一〇，第836页
道光七年（1827）	将甘肃应付兵差及协济军需各州县嘉庆二十三年（1818）至道光五年（1825）通省民欠未完地丁正项银、耗羡银、马厂租息杂赋银、正粮、耗粮、番粮学租、本色草、全行蠲免	《清宣宗实录》卷一二七，第1123页

其次，借贷籽种、口粮、牛具，以利农耕。

清代借给河西贫民籽种口粮等农资，大致包括如下几种情况：一是借给移民牛具籽种等。如康熙五十三年（1714），赈给东乐县籽粮牛具以招流民。[①] 雍正四年（1726），招甘省无业穷民二千四百户至敦煌开垦屯种，“给沿途口粮、皮衣盘费及到沙州借予牛具籽种房价，又念户民初到尚未耕种，借与七月口粮”[②]。雍正十一年（1733），借给瓜州安插回

① （民国）徐传钧、张著常等：《东乐县志》卷一《地理志·祥异》，第434页。

② （道光十一年）苏履吉修，曾诚纂：《敦煌县志》卷六《艺文志·开设沙州记》，《中国方志丛书》，（台北）成文出版社有限公司1970年版，第282页。

民牛价、口粮，并帮助募雇渠夫①，等等。

二是借给河西屯垦地区籽种、银两等。如敦煌屯田开设之初，借给屯户籽种口粮，“查当日设卫安户屯田之始，种地户民缺乏资本，春则借官籽种口粮以便耕作，秋则照数完纳官仓”②。雍正十年（1732），在嘉峪关口内外柳林湖、毛目城、三清湾、柔远堡、双树墩、平川堡等屯田区，“即令本处招集屯户借给银两，修办车牛农器，分年还项。借领籽种，计口受食，候秋成之后上下平分从公收贮”③。乾隆二年（1737），借给凉州府属之柳林湖、肃州所属之三清湾、柔远堡、毛目城、双树墩、九坝等处各屯民户，牛具口粮共银八万一千八百七十余两。借给安西、柳沟、布隆吉、沙州等处屯民牛具口粮，共银五万七百八十余两，粮二万一千四百四十余石等。④

三是借给贫民及无力备办农耕者以籽种、牛具等。如乾隆年间，肃州贫农“一时发籽粮，肃民贫穷不能积聚，每岁春耕甚早，迟则秋霜勘虞，成熟难望”，当青黄不接之时全靠官粮接济，造成“口粮籽种到处急需，必待详文报可然后散给，每至缓不济急”的情况，肃州知州康基渊每年在春耕之前统计所需籽种口粮数量，然后按数散给农户，以资春耕，并且严格禁止农户向商贾借贷重利籽种，“秋收完官欢跃输将，宕欠殊少，苟利于民，利害弗恤，公之谓矣”⑤。乾隆二十三年（1758），河西各属借给牛本粮一万五千九百余石，银八千余两。⑥ 乾隆二十四年（1759），针对甘省百姓粮食储备较少，无力自备籽种者的情况，下令“如仓贮充裕以本色借给，否则折色出借”⑦。嘉庆二十五年（1820），

---

① 《清高宗实录》卷二五〇，乾隆十年十月辛丑，第224页。

② （道光十一年）苏履吉修，曾诚纂：《敦煌县志》卷二《地理志·乡农坊甲》，第113页。

③ （乾隆四十四年）钟赓起：《甘州府志》卷一四《艺文中·文钞·国朝开垦屯田记》，《中国方志丛书》，（台北）成文出版社有限公司1976年版，第1518页。

④ 《清高宗实录》卷一六七，乾隆七年五月乙酉，第121页。

⑤ （光绪二十二年）吴人寿修，张鸿汀校录：《肃州新志稿》，《文艺志·康公治肃政略》，甘肃省博物馆据所藏《陇右方志录补·肃州新志稿》抄本传抄，第698页。

⑥ 《清高宗实录》卷五七八，乾隆二十四年正月甲申，第524页。

⑦ 《清高宗实录》卷五八一，乾隆二十四年二月庚辰，第421页。

“贷甘肃王子庄州同所属贫民籽种口粮”[①]。光绪二年（1876），贾元涛任临泽通判，为农户“散放籽种，筹买牛只”[②] 等。

四是借给开荒者籽种、口粮等。如乾隆二年（1737），借给张掖县抛荒复业地亩，籽种口粮一万五千石，牛具人工银三千两。[③] 乾隆二十五年（1760）十一月二十九日，陕甘总督杨应琚奏：“肃州北乡金塔寺等庄边外黄水沟一带，计共有可耕荒地一万余亩，惟是久荒之土间有砂石兼积者，牛工、人力需费稍多，酌借银二千两分限缴还，以为垦种牛工、开渠疏凿之用，仍分限两年收缴还项。”[④] 清王朝多次帮助无力或无资农民从事农耕，以促进农业发展。

五是帮助民众买补牛骡等。雍正七年（1729），川陕总督岳钟琪上疏，官府所借给沙州招徕户民的牛骡倒毙二百余只，于是清廷下令，“著动支甘省藩库正项钱粮，每牛骡一头给银八两。令本户照数买补，著该督即饬该管官按户查明散给”[⑤]。乾隆九年（1744）谕，“安西道属沙州卫，因所置牛只节年倒毙，不能买补，恐误耕作。雍正十三年（1735年），经抚臣奏明，每户借给银十五两购买牛骡，以资力田之用。共借给银九千八百八十余两，分作五年带征还项”[⑥]。解决了该地农业中的耕牛问题。

此外，清朝政府还实施了诸如平抑粮价、除积弊等政策以惠农业。雍正七年（1729），安西沙州丰收，担心口内奸贩囤户闻粮多价贱，兴贩射利，政府出资买粮以平抑粮价，“著动支官银，照时价籴买，存贮公所”[⑦]。再如清康熙初年，镇番县胥役增设赋税名目、侵吞税收，百姓负

---

① 《清仁宗实录》卷三六八，嘉庆二十五年三月乙亥，第866页。

② （民国三十二年）《创修临泽县志》卷九《职官志》，张志纯等校点，甘肃文化出版社2001年版，第253页。

③ 《清高宗实录》卷五八，乾隆二年十二月丙申，第947页。

④ 《乾隆二十五年（1760）陕甘总督杨应琚十一月二十九日（1761年1月4日）奏》，《清代奏折汇编——农业·环境》，中国科学院地理科学与资源研究所、中国第一历史档案馆编，商务印书馆2005年版，第199页。

⑤ 《清世宗实录》卷七八，雍正七年二月乙未，第25页。

⑥ 《清高宗实录》卷二〇八，乾隆九年正月己丑，第683页。

⑦ 《清世宗实录》卷八八，雍正七年十一月乙未，第186页。

担沉重，“镇民之纳粮者有尖斛、鼠粮、耗粮等名目，吏胥辈以其可渔利也，恒肆意掊克之。以故弊益重，民益不堪”。对此镇番卫经历司陈宏训慨然曰：“相彼小民将终岁勤勤，半如若辈贪囊。吾职牧民而坐视焉？于是悉革除之。”[①] 消除了增设的赋税名目，减轻了民众负担。再如山丹县令宋瓒，乾隆三十一年（1766）任官，废除了山丹县将好马好骡派去供差的弊政，“民由是得服田力穑，无滥拉好马奸窦”[②]。又如山丹草头坝由于泉源壅塞，人守石田，但“催科频仍犹不免胥吏之叫嚣”，邑令黄璟“择红寺湖地移粮五十石，浚泉开田”，通过移粮垦荒为草头坝百姓谋出路。[③] 道光三十年（1850），针对甘肃将畸零地亩指为隐垦私开，勒限升科，以致民力不支的现象，将所有该省民地共应缴银一万七千余两、粮二万三千余石概予豁除，以恤穷黎。[④]

清王朝从各个方面全力推进发展河西农业。对普通百姓而言，清王朝从舆论上积极引导人民勤于农耕，以尽地利。在政策的执行中，则采取各种惠农政策，多次减免河西农民积欠的赋税，借给农民籽种、口粮、牛具等农耕物资，消除有碍农耕的弊政等一系列措施，为河西走廊农业发展提供了便利的条件。政府的重视、政策的利惠成为河西走廊农业发展的重要保障。

---

① （光绪）刘春堂、聂守仁：《镇番县乡土志》卷上《政绩录》，殷梦霞编著《日本藏中国罕见地方志丛刊续编》第20册，北京图书出版社2003年版，第494页。

② （道光十五年）黄璟、朱逊志等：《山丹县志》卷七《人物宦迹·宋瓒》，《中国方志丛书》，（台北）成文出版社有限公司1970年版，第227页。

③ （道光十五年）黄璟、朱逊志等：《山丹县志》卷一〇《艺文·草头坝移粮记》，第475页。

④ 《清文宗实录》卷一一，道光三十年六月甲戌，第86页。

第二章 “人民杂聚”：清代河西走廊的人口与劳动力资源

一 人口的数量与分布

清代是中国人口发展史上的重要时期，随着清初“盛世滋丁永不加赋”① 政策与雍正时期摊丁入亩政策的实施，乾隆时期中国人口急速递增。清代中前期河西走廊的人口亦呈现出快速增长的态势。但由于同治年间回民战争等方面的原因，清代中后期河西走廊人口又迅速回落。清代河西走廊人口发展呈现出大起大落的趋势。

首先对清代河西走廊人口的数量及分布问题进行探讨，我们拟主要在曹树基《中国人口史》所得相关数据基础上展开讨论。

表6 **清代河西走廊人口分布表②** （人口单位：万）

地名	1776 年	1820 年	1851 年	1880 年	1910 年
甘州府	81.0	90.4	97.6	18.8	28.5
凉州府	134.8	150.4	162.5	45.8	71.6
肃州	40.5	45.2	48.8	11.6	19.0
安西州	6.9	7.8	8.4	3.6	4.5
总计	263.2	293.8	317.3	79.8	123.6

① 《清圣祖实录》卷二四九，康熙五十一年二月壬午，第469页。

② 该表据曹树基《中国人口史》第五卷《清时期》整理而成，复旦大学出版社2001年版，第700页。

从上表看，有清一代河西走廊人口数量以凉州府为最多，这与该流域地理位置最东，以及降水量较大，自然条件相对优越有关。[①] 其次为甘州府、肃州，最少者为安西州。1851 年为河西人口最多的年份，1880 年为人口最少年份。从横向看，1776 年凉州府较甘州府多出 53. 8 万人，较肃州多出 94. 3 万人，较安西州多出 127. 9 万人，其中凉州府人口数为安西州人口数的 19. 5 倍。到 1851 年，凉州府人口数较甘州府多出 64. 9 万人，较肃州多出 113. 7 万人，较安西州多出 154. 1 万人，凉州府人口数为安西州人口数的 19. 3 倍。1880 年，凉州府较甘州府人口多出 27 万人，较肃州多出 34. 2 万人，较安西州多出 42. 2 万人，凉州府人口数为安西州人口数的 12. 7 倍。1910 年，凉州府较甘州府多出 43. 1 万人，较肃州多出 52. 6 万人，较安西州多出 67. 1 万人，凉州府人口数为安西州人口数的 15. 9 倍。从纵向看，从 1776 年至 1851 年，甘州府人口数增长 16. 6 万人，增长了 20% ，1880 年人口较 1851 年减少 78. 8 万人，减少了 80% ，到 1910 年人口又开始回升，较 1880 年增长 9. 7 万人，增长了 52% 。从 1776 年至 1851 年，凉州府人口数增长 27. 7 万人，增长了 21% ，1880 年人口较 1851 年减少 116. 7 万人，减少了 72% ，到 1910 年人口又开始回升，较 1880 年增长 25. 8 万人，增长了 56% 。从 1776 年至 1851 年，肃州人口数增长 8. 3 万人，增长了 20% ，1880 年人口较 1851 年减少 37. 2 万人，减少了 76% ，到 1910 年人口又开始回升，较 1880 年增长 7. 4 万人，增长了 64% 。从 1776 年至 1851 年，安西州人口数增长 1. 5 万人，增长了 22% ，1880 年人口较 1851 年减少 4. 8 万人，减少了 57% ，到 1910 年人口又开始回升，较 1880 年增长 0. 9 万人，增长了 25% 。从总体数上看，清代河西人口从 1776 到 1851 年持续增长，河西总人口增长了 54. 1 万人，增长了 21% ，到 1880 年又大幅下降，河西总人口数由 317. 3 万减至 79. 8 万，减少 237. 5 万人，人口减少 75% ，人口骤减，到 1910 年又有所回升。

---

① 程弘毅：《河西地区历史时期沙漠化研究》第六章《河西地区历史时期人类活动及其强度的定量重建·历史时期河西地区人口综述》，博士学位论文，兰州大学，2007 年，第 198 页。

由此我们得出如下两点认识：第一点，清代河西走廊人口从1776年至1851年持续增长，75年人口增加54万人。究其原因大致应有如下两个方面。首先，康熙五十一年（1712）规定，“嗣后编审人丁据康熙五十年（1711）征粮丁册，定为常额。其新增者，谓之盛事滋生人丁，永不加赋”①。人口数以康熙五十年（1711）为准，此后增加人丁不增赋税，使人口增长摆脱了赋税的束缚，增长速度加快。其次，雍正元年（1723），令直隶所属丁银摊入地粮内征收，即“摊丁入亩”，取消了延续千年的人头税，实行单一的土地税制。这些政策的实施皆大大刺激了人口的增长，使得清代人口持续猛增，河西地区亦不例外。

第二点，清代光绪年间人口大幅下降。究其原因应为同光时期的回民战争对人口造成的影响。《甘肃省志》曾记：“东干之乱，同治初年受太平党刺激之回教徒，由陕西蔓延于甘肃，变乱蜂起，杀戮弥惨，至同治八年（1869）始获平息，而人口之伤亡不可胜记。”② 清代回民战争对河西人口的影响很大。从县志记载看，清代回民战争导致河西大量人口伤亡，如安西县在回乱之前有两千四百余户，民户亦较为富庶，回民战争后，“今仅有户九百”。③ 布隆吉城在回民战争之前，有居民八百余户，十分繁富，“今仅七八十家，瘠贫不堪，城内四分之三为空地，城内四望皆草地，草深没马”④。可知受所谓“回乱”的影响，安西县与布隆吉城人口大幅减少。再如民国《古浪县志》卷七《兵防志·军事汇记》记载，同治四年（1865）回民军团进入大靖堡东二十里之裴家营，民团兵分两路共万余人堵击，“一路溃，伤人数千；一路九千人死，生还者数人而已”。人口伤亡严重。《甘宁青史略》卷二十一记载：同治四年（1865），“肃州回叛，士民遇害者万余”。同治八年（1869），清军攻克

① 《清圣祖实录》卷二四九，康熙五十一年二月壬午，第469页。

② （民国）《甘肃省志》第五章《政教民俗》第三节《种族人口》，《中国西北文献丛书》，兰州古籍书店1990年版，第128页。

③ （民国）《甘肃省志》第三章《各县邑之概况》第七节《安肃道》，第105页。

④ （民国）《甘肃省志》第三章《各县邑之概况》第七节《安肃道》，第105页。

肃州城，“尸骸枕藉，即老弱妇女亦颇不免”①。再如敦煌县，其居民自雍正时期由内地各县迁来，至乾隆中叶户口繁殖，有八万多人，“同治回匪变乱，减至二万五千余”②。肃州威虏坝，“百余年来休养生息，田肥美民殷富，户口三千余众，同治四年（1865）肃回变乱丧亡大半，田多荒芜”③。战争导致河西人口大量丧亡，田地荒芜，农业萧条，经济衰败。据研究表明，清代回民战争导致河西走廊减少了二百多万人口，见下表。

表7 **清代同光时期回民战争前后河西走廊人口表④** （人口单位：万）

府州	1861 年	1880 年	人口减少	1910 年
凉州府	166. 6	45. 8	120. 8	71. 6
甘州府	100. 0	18. 8	81. 2	28. 5
肃州	50. 0	11. 6	38. 4	19. 0
安西州	8. 6	3. 6	5. 0	4. 5
合计	325. 2	79. 8	245. 4	123. 6

所以，总体看清代回民战争是河西人口增减的分界线，回民战争之前人口持续增长，而在此之后人口大幅降低。

二 民族构成

河西走廊历来为民族聚居区，“盖自有史以来，犬戎、匈奴、氐羌、月氏、鲜卑、党项、吐蕃、回纥各族与汉族竞争、斗战，迭为胜衰，凡

① 左宗棠：《追缴回逆大胜折》，《左宗棠全集》卷三一，岳麓书社 1996 年版。

② （民国）《敦煌县各项调查表·敦煌县民族调查表》，甘肃省图书馆藏书。

③ （光绪二十二年）吴人寿修，张鸿汀校录：《肃州新志稿》，《街市村落·村堡》，第 563 页。

④ 该表据曹树基《中国人口史》第五卷《清时期》整理而成，第 635 页。

四千余载”[①]。清朝建立以后，聚居于河西走廊的民族以汉族为主体，少数民族大致包括蒙古族、回族、藏族等，在河西方志中有多处则以番族概称。下面将河西走廊的民族概况列表说明：[②]

表8 **清代凉州少数民族表[③]**

县名	族名	住地	人口（人）	职业及纳贡
武威	藏族	张义堡碶沟		耕牧。耕地639亩，每年纳粮19石，草137束，贡马3匹。
		炭山堡南山	286	畜牧。每年贡马1匹。
	回族	县城内	148	
		城郊	450	
古浪	番族	黑松、东山围场沟一带	1282	畜牧。每年贡马3匹
		大靖、黄羊川	1833	畜牧。每年贡马6匹
		安远柏林沟	508	畜牧。每年贡马3匹
	回族	县城	20—30户	
永昌	回族	县西南新城堡	45户	农业、赋税负担同汉民
	番族	县城南	600	畜牧。每年贡马6匹
	外番	县城北		畜牧
镇番	番族	东北境		畜牧
	回族			

可知，清代凉州府民族人口不完全统计概为五千余口，其中藏族与回族从事农耕者多见，其他各族则多从事畜牧业。

① （民国）《甘肃通志稿》，《甘肃民族志》卷二七，第399、438页。

② 以下三表内容，参见吴廷桢、郭厚安主编《河西开发研究》，甘肃教育出版社1993年版，第332—336页。

③ 本表据（乾隆十四年）张玿美修，曾钧等纂《五凉全志》；（乾隆五十年）李登瀛《永昌县志》卷九《杂志·回》制成。

表9　　**清代甘州少数民族表**①

县名	主管	族名	住地	人口（人）	职业及纳贡
张掖县	甘州城守营管	唐乌忒黑番	西流水河湾山场	466	畜牧。每年贡马2匹
	梨园营管	西喇古儿黄番，大头目家（蒙古族）	牛心滩	1053	畜牧。每年贡马15匹
		羊嘎家（蒙古族）	思曼处	1566	畜牧。每年贡马23匹
		五个家（蒙古族）	大牦山	1689	畜牧。每年贡马23匹
		八个家（蒙古族）	本木耳千	992	畜牧。每年贡马12匹
		罗尔家（蒙古族）	半个山	837	畜牧。每年贡马9匹
	洪水营管	唐乌忒黑番	黄草沟	565	畜牧。每年贡马8匹
	南古城营管	唐乌忒黑番	大都麻	1272	畜牧。每年贡马12匹
		西喇古儿黄番八族	临城三墩一带		畜牧。八族每年贡马共113匹
	回族		西关、北街		
临泽县	平川营管	蒙古族	临泽县城至白盐池190里地方		游牧。

由上表可见，清代甘州府民族人口以蒙古族为主，不完全统计为八千余口，多从事畜牧业。

表10　　**清代肃州少数民族表**②

州县	族名	住地	户口（户）	职业及纳贡
直隶肃州	黄番	临城三墩	52	种地41户；畜牧、当兵11户。
		临城铧尖	86	种地59户；畜牧、当兵27户。
		临市河北坎	65	种地52户；放牧13户。

① 本表据《甘州府志》卷八；西喇古儿黄番八族见《甘肃新通志》卷四二；（民国）白册侯，余炳元《新修张掖县志·民族志》，第99页；（民国）《创修临泽县志》卷三《民族志》第105、118、119、120、131、136页制成。

② 本表据（乾隆）《重修肃州新志》，《肃州·属夷》和《高台县·属夷》制成。

续表

州县	族名	住地	户口（户）	职业及纳贡
直隶肃州	黄番	城东坎头墩	39	种地 39 户；放牧、当兵 10 户
		临城河北野狐沟	51	种地 42 户；放牧 9 户
		城西黄草坎	78	种地 62 户；放牧并当兵 15 户
		临城小泉儿	41	种地 35 户；放牧 6 户
		城东黄泥堡	49	种地 41 户；放牧 8 户
	黑番	南山丰乐川、河东、三山口	103	种地 71 户；放牧、佣工 31 户，总头目 1 户
	番民	南山丰乐川、河西六山口	216	种地 94 户；放牧 116 户、头目 6 户
		卯来泉山口	124	种地 86 户；放牧 27 户、头目 11 户
	缠头回	东吴	50	种地
		威鲁堡	144	种地
	黑番	卯来泉、金佛寺、清水堡		种地、放牧
	黄番	红崖、梨园、龙寿、南古城、洪水南		放牧。每年贡马 113 匹
	黄黑番	红崖营	500	放牧。每年贡马 25 匹
	番族	清水堡营	101	耕牧

可知，清代肃州府约有民族人口近一千七百户，各民族以耕地为主，畜牧为辅。

除上述地区外，清代安西州也聚居着一些少数民族，如蒙古族、回族、哈萨克族等，但是数量较少，如民国四年（1915）《安西县地理调查书》所载：“安西向无土司，亦无蒙番。”[1] 安西州之少数民族多为民国以后迁来者，如据民国时期资料记载：“安西……蒙族 50 家，男女丁

① （民国四年）尤声瑸：《安西县地理调查书·土司》。

口共300人，回族4家，男女丁口17人……回民近年经商至此住居未久，蒙民由新省及北套，于四五年前来牧于县北马鬃山，虽置头绅管辖，然未入籍。"① "哈萨克人居关外安敦玉一带。"② 然而据《甘肃通志稿》记载，清代以前安西州少数民族人口却广为聚集，如"安西县……地杂番回"③。产生此种差异的原因恐为由于明代将肃州以西尽弃，导致大量民族内徙，如据《祁连山北麓调查报告》记载，明代由新疆迁入玉门赤金堡（明为赤金卫）居住的黄黑番，原系维吾尔族，由于"明放弃关外"，遂内移至祁连山北麓居住，"以避吐鲁番之扰"④。所以相对清代河西其他州县而言安西州之少数民族人口较少。

同样清代生活在敦煌县之少数民族其数量亦不定，主要包括蒙古族与回族。敦煌境内之蒙古族来源于青海蒙古部落，"有额鲁特顾实汗者，名图鲁拜琥，由蒙古侵入青海，分部众为左右两翼，有子十人，分领之。顺治初，遣使修贡，受清封，自封其地为左右二境，部落散处其间，谓之西海诸台吉"。康熙四十六年（1707），封顾实汗第十子为和硕亲王，是为和硕特部之由来。雍正三年（1725），设二十旗。乾隆十一年（1746），增设一旗。⑤ 其游牧敦煌境内者概称曰和硕特部。蒙古族主要以游牧为生，"蒙民远居青海，与敦煌虽接壤但地隔一百或二百里外，偶因经商一来又不多见，而且游牧无常不详户口数"⑥。

敦煌县境内回族由吐鲁番回民迁徙而来者居多。乾隆九年（1744）十月，封吐鲁番回酋额敏和卓为札萨克辅国公，将其民众万余户迁徙至塔勒纳沁。乾隆十一年（1746），又将九千二百户迁至瓜

---

① （民国十九年）曹馥：《安西县采访录》，《民族第三·种姓》。

② （民国）朱元明：《甘肃省乡土志稿》第四章《面积及人口》第三节《人口分布》，第199页。

③ （民国）刘郁芬：《甘肃通志稿》，《民族九·风俗》，第612页。

④ （民国）《祁连山北麓调查报告》第一章《黄番》第一节《族分及来历》，甘肃省图书馆藏书，第4页。

⑤ （民国三十年）吕钟：《重修敦煌县志》卷三《民族志》，敦煌市人民政府文献领导小组整理，甘肃人民出版社2002年版，第103页。

⑥ （民国）《敦煌县各项调查表·敦煌县民族调查表》，甘肃省图书馆藏书。

州。乾隆十九年（1754），在瓜州设参领等官、编旗队、置章京等措施进行管理。乾隆二十一年（1756），哈密额敏和卓上奏清廷：“吐鲁番平定，请徙回民原归故土。”同治四年（1865），“回乱”爆发，敦煌回民徙居新疆，“自此别无回族”①。据《敦煌县民族调查表》记载，敦煌缠回民国初年又从新疆哈密等处迁移而来，仅有21家，主要从事经商开店。②

据上所述，清代河西走廊的民族当中已有相当一部分人口从事农业活动，据乾隆《重修肃州新志》之《肃州·属夷》和《高台县·属夷》记载，直隶肃州有黄番、黑番、黄黑番、番民、番族、缠头回等民户共计1199户，其中已从事农耕的民户为867户，约占总户数的72%。③ 上述从事农业的少数民族人口为清代河西的农业开发补充了重要的劳动力资源。

三 农业人口数估算

清代河西走廊的农业人口数文献记载较少，我们主要根据民国时期有关河西走廊农业人口的一些数据进行推算。

民国《甘肃河西农村经济之研究》记载，“估计河西农户在16万户之谱，约占全户数90%，河西僻处边陲，大家庭极为发达，每户农家平均以8口人计算，农民人口约为128万余，约占全人口90%，此数十分正确尚难估计，但根据中国农民人口普通在80%以上推定，或不致悬绝也”④。即认为民国时期河西走廊的农业人口数应占总人口数的90%。

《甘肃省武威县社会调查纲要》记载，“全县户籍数31872户，计人

---

① （民国三十年）吕钟：《重修敦煌县志》卷三《民族志》，第103页。

② （民国）《敦煌县各项调查表·敦煌县民族调查表》。

③ 张力仁：《历史时期河西走廊多民族文化的交流与整合》，《中国历史地理论丛》2006年第3期。

④ （民国二十五年）李廓清：《甘肃河西农村经济之研究》第一章《河西之农业概况》第二节《土地与人口二·各县人口之分布与密度》，胶片号：26418。

口159360口，内男87648口，女71712口，职业以农业占居多数，工商大约相等，务学及自由职业约占全人口十分之二三。"[①]"地主、自耕农25600户，占全农户436分之256，半自耕农6000余户，占全农户436分之60，佃户12000余户，占全农户436分之120。"[②]《武威县民族调查表》同样记到，"汉族户数：30493户，职业：农业"[③]，即民国时期武威县的汉族人口以从事农业为主，农民占总人口的绝大多数。

光绪《镇番县乡土志》记载：光绪时期镇番县有士727名，有农53904名，工有3224名，商7966名，[④]镇番农业人口占总人数之82%。

《甘肃省山丹县社会调查纲要》记到，地主、自耕农、半自耕农占全县人口的十分之八。[⑤]即民国时期山丹县的农业人口数占全县人数的80%。

《甘肃省安西县社会调查纲要》也记到："全县有1875户，内计农1500户"[⑥]，其中有地主14户，占全农户1%，有自耕农1440户占全农户96%，有半自耕农30户，占全农户2%，有佃户16户，占全农户1%。[⑦]即安西县农民人数占总人数的80%。

通过上述资料，我们可以确定民国时期河西走廊的农民人数占总人数的80%以上，我们推断清代河西走廊农业人口数亦应占总人数的80%以上。即以80%计，可对清代河西走廊的农业人口数作一简单推算。

---

① （民国）《甘肃省二十七县社会调查纲要·甘肃省武威县社会调查纲要一·土地与人口》，甘肃省图书馆藏书。

② （民国）《甘肃省二十七县社会调查纲要·甘肃省武威县社会调查纲要一·土地与人口》。

③ （民国）《武威县各项调查表·武威县民族调查表》、《武威县保甲调查表》，甘肃省图书馆藏书。

④ （光绪）刘春堂、聂守仁：《镇番县乡土志》卷下《实业志》，第595页。

⑤ （民国）《甘肃省二十七县社会调查纲要·甘肃省山丹县社会调查纲要四·农业与农利》。

⑥ （民国）《甘肃省二十七县社会调查纲要·甘肃省安西县社会调查纲要一·土地与人口》。

⑦ （民国）《甘肃省二十七县社会调查纲要·甘肃省安西县社会调查纲要四·农业与农村》。

表 11　　**清代河西走廊农业人口概数表**[①]　　（人口单位：万）

时间 地名	农业人口数				
	1776 年	1820 年	1851 年	1880 年	1910 年
甘州府	64. 8	72. 32	78. 08	15. 04	22. 8
凉州府	107. 84	120. 32	130	36. 64	57. 28
肃州	32. 4	36. 16	39. 04	9. 28	15. 2
安西州	5. 52	6. 24	6. 72	2. 88	3. 6
总计	210. 56	235. 04	253. 84	63. 84	98. 88

根据上表统计，清代乾隆四十一年（1776）至咸丰元年（1851），河西走廊农业人口数持续上涨，基本在 200 万以上，最多的年份为咸丰元年有 253. 84 万人。咸丰元年（1851）以后，河西走廊农业人口数大幅下降。究其原因，已如前述，主要在于“回乱”，加之频繁的灾荒。所以，此期间河西农业人口连带相应减少。光绪六年（1880），河西农业人口数仅为 63. 84 万人，较咸丰元年（1851）减少了 190 万人。光绪六年（1880）至宣统二年（1910），河西走廊农业人口数又缓慢回升，农业人口数增加了 35 万左右，但总数仍不及前期的一半。在各府州县中以凉州府的农业人口数为最多，占到河西总农业人口的一半强。其次为甘州府、肃州，最少者为安西州。上述这些农业人口构成了清代河西走廊农业垦殖的主要劳动力。

我们再将以上统计出来的农业人口数作为依据，与各府的耕地数进行对比，以此来印证农业人口数的多寡与垦田数的多寡是否一致，从而探讨农业人口对河西农业开发的作用。[②]

---

① 河西人口数采用本书第一节《清代河西人口数量与分布·清代河西地区人口表》的数据。

② 下表耕地数资料时间为光绪三十二年（1906），来源长庚《甘肃新通志·二》卷一七《贡赋下》；农业人口数姑且以上表宣统二年（1910）为准；户数资料时间为清光绪三十四年（1908），来源（民国）《甘肃通志稿》《民族五·户口》，第 510 页。

表12　清代河西走廊农业人口数与耕地数目对照表

府属	耕地数（亩）	农业人口数（口）	户数（户）	户均耕地数（亩）	人均耕地数（亩）
凉州府	2303633	572800	69690	33.05	4.02
甘州府	1240380	228000	49644	24.99	5.44
肃州直隶州	495743	152000	31328	15.82	3.26
安西直隶州	289609	36000	9227	31.39	8.04

可见，农业人口总数愈多，相应地其垦田总数亦越多，土地垦辟的面积相应亦就越大，且清代河西四府州每户平均耕地数多者为33亩，少者为15亩，取其平均值则为26.31亩。史载：“惟河西一带耕地面积，农民习惯多以斗石计算，如几石地或几斗地，是盖以下种之多寡为计算之单位也，故亩之大小殊无一定之标准，普通所谓一亩实际以超过一亩半或近二亩，故有二三十亩地之农家均在四五十亩上下。”① 以此来看，清代河西走廊的每户所耕地恐在四五十亩左右。农业人口是河西农业开发的主力军，他们开垦了数以万计的耕地，是河西走廊灌溉农业发展的主体力量。

四　移民拓殖与劳动力资源的增加

清朝在河西走廊采取的一系列农业垦殖措施中，颇为重视移民拓殖，以增加劳动力资源，加大土地开垦，发展河西农业。早在顺治时期，清政府就多方招徕民户，以促进该地的农业社会经济发展。如顺治十四年（1657），甘肃巡抚都御史在《题免编审丁徭疏》中言：“而甘肃自闯回掠后，田产之焚者荒者十有二三，军民之存者活者十无一二，迩来文武各官百计招徕未归之孑遗。”② 可见，清初为恢复农业生产，甘肃各级官

① （民国二十五年）李廓清：《甘肃河西农村经济之研究》第二章《河西农村经济状况》第一节《土地分配》，胶片号：26446。

② （乾隆十四年）张玿美修，曾钧等纂：《五凉全志》卷三《永昌县志·文艺志》，第431页。

员即尽力招徕农户，以利农耕。在清政府鼓励移民拓殖政策的影响下，河西各地出现了移民高潮。下面就清代河西走廊的移民概况进行论述。

（一）移民地点及概况

1. 肃州

事实上向肃州的移民早在明代末叶就已开始，当时就有移民迁至王子庄墩堡、西红囤庄、金塔寺等处。清康熙、雍正间，移民不减，经肃州卫守备曹锡钺、监收通判毛凤仪由山西、镇番、高台等处陆续迁来户民，垦辟土田。[①] 其中清代金塔寺移民最早者为康熙五十八年（1719），肃州卫守备曹锡钺招民王远怀等35户，于金塔寺边外新增垦户坝地9顷80亩。此后雍正四年（1726），监收肃镇临洮府通判毛凤仪招民范英等318户在金塔寺边外、王子庄东西两坝开垦荒地25顷37亩7分。此外，在雍正初年，还将内附的吐鲁番回人安插于金塔寺西威鲁堡。乾隆二十六年（1761），安插之回民（今维吾尔族）人口增加，承种熟地15360余亩。至乾隆四十四年（1779），因其思乡心切，希望回归故土，再加上威鲁堡地亩有限，所以清王朝将全部回众迁回哈密。这样威鲁堡田地遂空，因而又分金塔所属各汉民240余户迁移至此住种。百余年来休养生息，田地肥美、人民殷富，户口三千余众。但同治四年（1865），由于肃回（今回族）变乱人口丧亡大半，田多荒芜。[②]

2. 安西州

清初设安西卫，时土著居民不多，其人口主要为迁徙而来之移民。安西移民类型大致包括：“陆续招集及从前军兴时贸迁，有无挟资重获而花消无存羁栖流落者，或为农或为兵或讬迹工商或投充胥役或依栖佣作以糊其口，间有携带眷属营立家业者。”[③] 可见安西移民成分复杂，农

① （民国二十五年）赵仁卿等：《金塔县志》卷二《人文·移徙》，金塔县人民委员会翻印1957年版。

② （光绪二十二年）吴人寿修，张鸿汀校录：《肃州新志稿》，《街市村落·村堡》，第563页。

③ 常钧：《敦煌随笔》卷上《安西》，第375页。

民、士兵、商人、胥役、手工业者、流亡生活无着之人皆有。安西移民自清初即始。康熙五十六年（1717），柳沟招徕户民106户，每户给地20亩，使其开垦，每年给予籽种。外柳沟营招徕余丁41户及客民1户，共42户，共种地715亩5分。[①] 同年，于赤金亦筑堡招民，开凿头二三四渠引流轮灌田亩。[②] 招徕之民大多从事屯垦。乾隆五年（1740），将原派屯兵撤回，招募流寓民人及营兵不入余丁册内之子弟承种柳沟、靖逆、赤金三处兵屯地亩8151亩，其中招募民人220户承种。其余近屯可垦地亩亦即于乾隆五年（1740）招募民人82户，共开垦地3218亩。柳沟卫属之佛家营地方，于乾隆五年（1740）招募民人92户，共新垦地2640亩。赤金卫属之上赤金、紫泥泉二处地方，乾隆八年（1743），亦招募民人80户承种垦地1750亩。[③]

相对于柳、靖、赤三地，敦煌的移民数量及规模都较大。自雍正三年（1725）迁内地五十六州县无业贫民2448户至敦煌，每人开田1分，每分拨田50亩。至雍正十一年（1733），沙州卫招各州县户民共2405户，每户给地1顷，每户额征耗屯科京斗粮二石三斗四合。[④] 到了乾隆年间，由于瓜州一带所安插之回众移归故土，故其所遗熟田20450亩需要招垦，共招佃682户，每户拨给田30亩，并借给耕牛、农具、房价、籽种、口粮。于秋收时除扣还籽种、口粮外，官四民六分收，而牛、农具、房价等则分年完纳。此外尚有荒田约19550亩，于乾隆二十二年（1757）奏明招民试垦，随经招垦151户。每户亦拨给荒田30亩，于二十三年（1758）借给籽种试垦。[⑤]

以移民户口数而论，“安西卫原招余丁九十家”，乾隆时增至186户，

---

① （清）黄文炜：《重修肃州新志》，《柳沟卫·户口田赋》，甘肃酒泉县博物馆翻印1984年版，第567页。

② 常钧：《敦煌随笔》卷上，第367页。

③ 《乾隆十年（1745）川陕总督庆复二月初九（3月11日）奏》，中国科学院地理科学与资源研究所、中国第一历史档案馆《清代奏折汇编——农业·环境》，商务印书馆2005年版，第86页。此外常钧《敦煌随笔》卷下，《户口田亩总数》，记载“赤金招民七十户”，第388页。

④ （民国）刘郁芬：《甘肃通志稿》，《民族四·移徙》，第495页。

⑤ 《乾隆二十四年（1759）陕甘总督杨应琚七月十二日（9月3日）奏》，《清代奏折汇编——农业·环境》，第186页。

“沙州卫原招户民2405户，柳沟卫原招户民余丁219户，靖逆卫原招户民561户，赤金卫原招户民275户，余丁53户”①。从移民数量的增长看，安西卫增加了96户，柳沟增加了113户，敦煌由于招垦回众所遗田亩，增加了833户。安西屯户并招民共开垦地1245顷32亩。②

3. 凉州府

凉州府移民主要体现在镇番县柳林湖招垦上。雍正四年（1726）春季，李海风等72户农民，自青松堡迁徙柳林湖屯田。③ 第二年即雍正五年（1727），移民160人至镇番定居，有司发给试种执照及牛马车具等物，令其垦荒种植等。④

下面对清代河西移民概况列表统计。

表13　**清代河西走廊移民拓殖概况表⑤**

地点	移民数	垦田数（亩）	时间
镇番县	72户		雍正四年（1726）
	160人		雍正五年（1727）
敦煌	2405户	122400	雍正三年（1725）
	682户	20460	乾隆二十一（1756）
	151户	4530	乾隆二十二（1757）
肃州王子庄墩堡			康熙雍正间
肃州西红囤庄			康熙雍正年间
赤金卫境东北			康熙五十六年（1717）
柳沟	106户	2120	康熙五十六年（1717）
	219户		乾隆初年
靖逆卫	561户		乾隆初年

① 常钧：《敦煌随笔》卷下《户口田亩总数》，第388页。

② （清）黄文炜：《重修肃州新志》，《安西卫·户口田赋》，第446页。

③ 《镇番遗事历鉴》卷七，世宗雍正四年丙午，第269—270页。

④ 《镇番遗事历鉴》卷七，世宗雍正五年丁未，第271页。

⑤ 注：我们仅根据现有资料对清代河西移民拓殖数目进行大致的统计，从而对清代河西移民屯垦的规模及范围做出一个大致的评估。

地点	移民数	垦田数（亩）	时间
赤金卫	328 户		乾隆初年
外柳沟营	42 户	715	康熙五十六年（1717）
柳沟、靖逆、赤金三处兵屯地亩近屯可垦地亩	220 户	8151	乾隆五年（1740）
	82 户	3218	乾隆五年（1740）
柳沟卫属之佛家营	92 户	2640	乾隆五年（1740）
赤金卫属之上赤金、紫泥泉二处	80 户	1750	乾隆八年（1743）
安西卫	186 户	124532	乾隆初年
金塔寺西威鲁堡	240 户	15360	乾隆四十四年（1779）

从上表看，清代移民至河西屯垦者约 5466 户左右,[①] 以户均八口人计算,[②] 约为 43728 人，垦田数约为 305876 亩，合今亩 327593 亩。所以，从此数字上看，清代河西的移民屯垦范围、规模都较大。

（二）移民的管理及优惠政策

清代向河西走廊大量移民的同时，还推行了一系列移民管理及鼓励移民的优惠政策，主要体现为以下几点：

首先，发给移民盘费及基本生活资料。如雍正四年（1726），招徕甘省无业穷民二千四百户到敦煌开垦屯种，“特发帑金，给沿途口粮，皮衣盘费，及到沙州借予牛具籽种房价，又念户民初到尚未耕种，借与七月口粮”[③]。这样既帮助了穷苦移民得以顺利到达迁移地点，又解决了移民的农资问题。

其次，帮助移民建造房屋，助其安居。如敦煌县，雍正初年，户民初到敦煌时并没有房屋居住，为解决户民的居住问题，官府先将空闲营

---

① 其中雍正五年移民至镇番的一百六十人折为三十户计算。

② （民国二十五年）李廓清《甘肃河西农村经济之研究》第一章《河西之农业概况》第二节《土地与人口》，胶片号：26418，记载：“河西僻处边陲，大家庭极为发达，每户农家平均以八口人计算”，且下文统计清代镇番县户均人口为十一人，故该处以户均八口人计算。

③ 石之瑛：《开设沙州记》，（道光十一年）苏履吉修，曾诚纂：《敦煌县志》卷六《艺文志》，第 282 页。

房借给暂住，按户发给房价银三两，并命令地方官在城外寻觅空隙地，每户拨给隙地二分四厘，各盖房两间。同时在同一来源地户民内每十户选拔甲长一名，“各于所管之十户内拨五户砍伐木植，五户托打土坯通力合作共相建盖，咸使安居”，总计二千四百五户共盖官房四千八百一十间。并规定如果民户力量有余可以自行多盖，官府并不加干涉，“今自城南以至城东城北三面环绕，户接家连、洵称辏集”[①]。同时还帮助安插瓜州的吐鲁番回人共建大小房屋四千多间。[②]

第三，帮助移民开修渠道，以利农耕。如移民初到敦煌时，官府帮助民众重修永丰渠、普利渠、通裕渠、庆余渠、大有渠、窑沟渠、伏羌旧渠、伏羌新渠、庄浪渠等十道水渠，计长三百八十余里，基本解决了农民的灌溉问题，“由下至上昼夜轮流灌溉，不致争水，民皆称便”[③]。

第四，宽限纳税年限。如对移至敦煌的农户，其输赋年限原定为三年后升科，即自雍正六年（1728）户民到齐之日计算，需至雍正九年（1731）开始纳税，但考虑到民户皆为新经移住之家，一切费用取给于田亩，又正值军兴之际，物价未免稍昂，民力也尚未饶裕，于是延长纳税期限两年。“安西沙州等处招民屯垦……但念小民甫经安插，公私兼顾为难，着宽期二年，于癸丑年（1733）升科，俾民力稍宽裕。”[④] 而对于安插至河西的少数民族人口其政策更为优惠，如对安插瓜州的吐鲁番回族，“免纳粮草及一应差徭”[⑤]。

第五，任听农户出关。嘉峪关旧例每日将关门常闭，只要有人出关都要验照查验年貌、询明姓名、注册方得开关放行，后因嘉峪关外广布屯垦，“农户在关外立业垦田者，既愿招致亲朋，内地无田可种者多携眷属新朋前往。乃皆阻于一关，未免趑趄不前”。为了便于农民拓殖，乾隆

---

① （乾隆）《敦煌县志》卷四八《水利》，《西北文献丛书》，兰州古籍书店 1990 年版，第 644 页。

② （清）黄文炜：《重修肃州新志》，《安西卫・瓜州事宜》，第 458 页。

③ （乾隆）《敦煌县志》卷四八《水利》，第 644 页。

④ 石之瑛：《开设沙州记》，（道光十一年）苏履吉修，曾诚纂：《敦煌县志》卷六《艺文志》，第 282 页。

⑤ 常钧：《敦煌随笔》卷上《回民五堡》，第 380 页。

三十七年（1772），下令“嗣后将嘉峪关每日晨开酉闭，进关者仍行盘诘，出关者听其前往，不得阻遏农民，将见携朋呼侣，自相招引，民户日增矣”①。听任农户出关，以增加边地的开垦。

第六，对商贾等自行前来呈垦者给予优待。如乾隆三十七年（1772）规定：凡有商贾人等自来呈垦者，每户给地三十亩，照例给予农具、籽种、马匹，俟届六年按额升科；如有力能多垦者，“查明取其同耕保结，照例听其广垦，均给予执照永远管业”②。

第七，采取坊户制度管理移民。如对迁移到敦煌的各县人民，清政府采取坊户制度加以管理。全县按位置东南隅、中南隅、西南隅、东北隅、中北隅、西北隅，每隅分为数坊不等，“这些新到的移民以原迁出地的县籍为单位，相聚而居，并以原县名称其所居住的街坊里巷为某某坊”③。如东南隅田五百三十分，每分原拨地五十亩，计田二万六千五百亩，配户民一十三坊：靖远坊、真宁坊、西和坊、宁州坊、渭源坊、兰卫坊、兰州坊、肃州坊、秦州坊、兰厅坊、合水坊、环县坊、漳县坊。中南隅田三百一分五厘，每分原拨地五十亩，计田一万五千零七十五亩，配户民六坊：古浪坊、武威坊、河州坊、山丹坊、西宁坊、碾伯坊。西南隅田三百六十一分五厘，每分原拨地五十亩，计田一万八千零七十五亩，配户民七坊：平番坊、肃州坊、高台坊、永昌坊、张掖坊、河州坊、镇番坊。东北隅田二百八十八分，每分原拨地五十亩，计田一万四千四百亩，配户民六坊：岷州坊、伏羌坊、洮州坊、金县坊、礼县坊、安化坊。中北隅田五百一十一分五厘，每分原拨地五十亩，计田二万五千五百七十五亩，配户民一十三坊：陇西坊、阶州坊、通渭坊、静宁坊、清水坊、华亭坊、成县坊、西固坊、庄浪坊、宁远坊、秦安坊、固原坊、盐茶坊。西北隅田四百五十五分五厘，每分原拨地五十亩，计田二万二

---

① 文绶：《（乾隆三十七年）陈嘉峪关外情形疏》，贺长龄：《皇朝经世文编》卷八一《兵政十二·塞防下》，上海焕文书局铅印本。

② 《乾隆三十七年（1772）陕甘总督文绶等四月二十八日（5月30日）奏》，《清代奏折汇编——农业·环境》，第247页。

③ 路伟东：《农坊制度与雍正敦煌移民》，《历史地理》第22辑，上海人民出版社2007年版，第310页。

千七百七十五亩，配户民一十二坊：狄道坊、平凉坊、镇原坊、灵台坊、隆德坊、会宁坊、徽州坊、两当坊、安定坊、文县坊、崇信坊、泾州坊。[①]

以上这些移民管理措施及优惠政策的实施，一方面有利于鼓励更多的农业人口迁移到河西，进行农业垦殖活动，另一方面也有利于对来自各地的移民进行管理，促进农耕的顺利开展。

（三）清代安插至河西走廊的少数民族部族

除了汉族农民移徙至河西走廊进行垦殖外，清代还将一些内徙的少数民族部落安插至河西走廊，给予土地令其垦殖。下面对安插至河西的少数民族人口进行论述。

1. 安插地点与概况

（1）肃州

清代安插肃州的少数民族皆属于吐鲁番回族，即今维吾尔族，安插地点有所不同，分别为肃州东关、威鲁堡、金塔寺堡。东关，安插于肃州东关的回族称为东关缠头，康熙三十五年（1696），清王朝击败噶尔丹，吐鲁番缠头额伯多剌建尔罕伯叛之来归，以 50 户质于内地。清王朝将其安置于肃州东关之外，并给予田土，使其耕种安居。威鲁堡，安插于威鲁堡的回族称为威鲁堡缠头，亦属吐鲁番部落。雍正初，大学士将军富宁安既撤兵，回族请内附，清廷将其安插于金塔寺西威鲁堡，并帮助其开渠、授田、筑堡、盖房、赏给牛羊、[②] 给以牛籽、农具，使其成为农耕民户，共包括两族。其头目有伯克拖克、拖马木特及参领品级伯克库车克、佐领阿三、骁骑校马忒木尔等 26 人，其余男妇子女 628 名，共 144 户，连头目男妇子女共 654 口。其回目伯克拖克、拖马木特给肥田 500 亩，每亩下籽种一斗，农具五付。所管部落回民 143 户，每户拨

---

① （道光十一年）苏履吉修，曾诚纂：《敦煌县志》卷二《地理志·田赋》，第 106 页。

② 《（雍正六年五月初七日）川陕总督岳锺琪奏报内移肃州吐鲁番回民之皮禅部落回目纠众打死总回目情由折》，《雍正汉文朱批奏折汇编》第十二册，第 342 条，第 388 页，江苏古籍出版社 1989 年版。

给肥田一顷，共地143顷，计14300亩，每亩下籽种一斗，各给农具一副。[①] 雍正七年（1729），特设肃州州同一员专司水利并弹压回众。乾隆二十六年（1761），肃州威鲁堡安插吐鲁番回人有250户、1050余名口，承种熟地15360余亩，户口日增。[②] 因其听闻安插于瓜州之回人迁回故土，皆思乡心切，加上威鲁堡地亩有限，于是乾隆四十四年（1779）将此回众迁回哈密[③]；金塔寺堡，安插于金塔寺堡之民族为西番日羔刺等族。金塔寺堡地处肃州外夹山以北平川之地，开设于汉代，先年本堡与所属之威鲁堡俱系汉民居种，后因威鲁归并肃州，民皆远徙，遗有房舍基址碾磨之类，因西番日羔刺等内附，于是将其安插于此，使之住牧。雍正八年（1730），设肃州直隶州州同一名驻扎威鲁堡，专司水利并弹压安插回民，本堡居民平时不下2000余家，光绪年间仅存三分之一。[④]

（2）安西

清代安插吐鲁番回众至瓜州（今瓜州县瓜州乡一带），大致概况为：先是雍正三年（1725），吐鲁番回人归附，谕令迁入内地。[⑤] 由于雍正九年（1731）“遣兵往援鲁古庆，贼遁走，其回目额敏等请内附，遂于瓜州筑堡授田以安插之，合计先后来归不下万口”。其部落包括鲁古庆、泗尔堡、哈喇火州、木尔兔、苏巴什勒、小阿斯述、桂洋海、上城沟、雅图沟等。[⑥] 至雍正十年（1732），署大将军查郎阿建议将居住于塔勒纳沁的吐鲁番回众安插在肃州所属的王子庄，但雍正帝认为，“回民等输诚向化，自应选给水土饶衍气候和煦之地，俾得乐业安居。肃州之王子庄，水泉甚少，可垦之地不敷回民耕种。查瓜州地土肥饶，水泉滋润，气候

① （清）黄文炜：《重修肃州新志》，《肃州·属夷》，第318页。

② 《钦定大清会典事例》卷一七九《户部·屯田·西路屯田》，《续修四库全书》本，第27页。

③ （光绪二十二年）吴人寿修，张鸿汀校录：《肃州新志稿》，《街市村落·村堡》，第563页。

④ （光绪二十二年）吴人寿修，张鸿汀校录：《肃州新志稿》，《街市村落·村堡》，第563页。

⑤ 《清朝文献通考》卷一〇《田赋十屯田·考四九四五》。

⑥ （光绪二十二年）吴人寿修，张鸿汀校录：《肃州新志稿》，《杂记·吐鲁番》，第727页。

亦和，与回民原住地方风景相似。且现在开垦，所种之地甚为宽阔，足资回民耕收，由塔勒纳沁迁至瓜州，路不甚远，可免跋涉之劳”，所以决定将吐鲁番回众安插瓜州。[①] 安插瓜州后，清廷采取了一些优惠政策以利其从事农耕，如建盖房屋、兴修水渠、赏给籽种口粮等，据统计“盖造房屋，约计安插以来搬移之费、赏赉之需以及马匹驴骡牛羊口粮、籽种、农具，并筑堡授廛分田定地，前后在于安家窝铺、蘑菇沟开渠筑坝等项不啻数百万金”[②]。至乾隆二十一年（1756）移归故土。

下面仅就上述内容对安插部族的数量及垦田数进行统计。

表 14　**清代河西走廊安插少数民族部族概况表**

安插地点	所属民族	户数	垦田数（亩）	时间
肃州东关外	吐鲁番回族	50	给予田土，自耕以食	康熙三十五年（1696）
金塔寺西威鲁堡		144	14300	雍正初
金塔寺堡	西番日羔剌等内附安插			
瓜州	吐鲁番回族	2388	40000	雍正十一年（1733）

从上表看，清代安插至河西走廊的少数民族部族人数较多，其开垦地亩面积亦较为广大，但绝大多数集中在瓜州。他们与其他移民一样，从事农耕、开垦土地，促进了河西农业的开发。

2. 对安插少数民族的管理及优惠政策

少数民族安插河西后，清王朝采取了一系列安民措施予以管理，并实施了相应的优惠政策扶持其农业生产。

首先，帮助其建筑城堡。雍正十一年（1733），吐鲁番头目、回民2380余户、8200余名口，安插瓜州，总计开地3500石，自东至西长二十余里，自南至北长四十五里。由于安插人数众多，开垦地亩面积广大，若令回民聚居一城，则到地耕种遥远不便。因此分别建筑五堡，分匀人口安插居住：头堡，离安西镇二十五里，此筑堡较大，周围三里七分，

① 《钦定大清会典事例》卷一七九《户部·屯田·西路屯田》，第26页。

② 《清朝文献通考》卷一〇《田赋十屯田·考四九四五》。

堡高二丈二尺，即安插额敏和卓、鲁古庆泗尔堡，两部落之头目、回民，共1017户，计4064名口，由头堡西南十里建筑；二堡，周围一里五分，高一丈七尺，安插哈喇火州、木尔兔两部之头目、回民，共348户，计1254名口。由二堡西北十里建筑；三堡，周围一里五分，高一丈七尺，安插苏巴什、勒木津、小阿斯塔纳等五部落之头目、回民共307户，计1244名口，由三堡西北四里建筑；四堡，周围一里五分，高一丈七尺，安插塞木津、洋海、土城沟三部落之头目、回民，共327户，计1351名口。由四堡东北十里建筑；五堡，周围一里五分，高一丈七尺，安插吐鲁番、阿斯他纳、雅图沟、汉墩四部落之头目、回民，共338户，计1351名口。① 这样将安插之回民分别安置在五堡之中，既解决了回人的居住问题，又方便了回人耕种。同时还帮助他们建盖房屋，每二口给房一间。如帮助安插瓜州之吐鲁番回众建盖房屋，其中额敏和卓系统领回众大员，以多给房屋，规模宽敞，以示优异。共计房屋包括门房五间，第二层五间，东西厢房各三间，第三层五间，东西厢房各三间，共高大房27间。其一等头目除计算家口，照每二人给房一间外，每员加给房三间，二十九员共该加给房87间。二等头目，除计算家口，照每二人给房一间外，每员加给房二间，三十九员共该加给房78间。三等四等头目，除计算家口，每二人给房一间外，每员加给房一间，四十三员共该加给房42间。以上共大小房屋间4866间。②

其次，封给部族头目头衔以便管理部众。如封安插瓜州之额敏和卓为辅国公，颁给札萨克印信，使其总领其众，居住头堡称札萨克公，其余头目因彼地从前积有工苦，分次一、三、四等，照番民土司之例给予正副千百户职衔，劄付分领部落散居各堡。③

第三，分给土地及赏给马匹驴骡牛羊口粮、籽种、农具等农业物资。如分给安插瓜州之吐鲁番回众土地，起初原给有瓜州三十里井子一带5000石籽种田地，后又增给蒙古包300石籽种地，东至小湾2000石籽种

① （清）黄文炜：《重修肃州新志》，《安西卫·瓜州事宜》，第458页。
② （清）黄文炜：《重修肃州新志》，《安西卫·瓜州事宜》，第458页。
③ 常钧：《敦煌随笔》卷上《回民五堡》，第380页。

地，南至踏实堡700石籽种地，共给8000石籽种计地40000亩，令其自耕自食，又卖给瓜州附近1000石籽种地，令其种植瓜果。① 同时对安插瓜州之回众，除口粮、米、面、烟、油等物支给到秋收时外，札萨克公额敏和卓还给耕牛4只、骡4头、乳牛4只、羊80只、大锅2口、刨锄、木犁、铁铧、箩、筛、簸箕、镰刀各2件、水桶1个、柳斗1个、旱磨1盘、石磙1条、木磙1条、绳4根。一等头目29户，每户给牛2只、骡2头、羊20只。二等头目、三等头目、四等头目依次减少。十三口、十一口、十口回民，每户给牛2只、骡2头、每口给羊1只，共羊44只，铁锅、刨锄、木犁、铁铧、箩、筛、簸箕、镰刀、水桶、绳索各1件。九口、八口、七口回民，每户给牛2只、骡1头、每口给羊1只，共羊598只，铁锅、木犁、铁铧、箩、筛、簸箕、镰刀、水桶、绳索各1件。六口、五口、四口回民，每户给牛2只、骡1头、每口给羊1只，共羊3838只，铁锅、刨锄、木犁、铁铧、箩、筛、簸箕、镰刀、水桶、绳索各1件。三口、二口回民，每户给牛1只、骡1头、每口给羊1只，共羊3052只，铁锅、刨锄、木犁、铁铧、箩、筛、簸箕、镰刀、水桶、绳索各1件。除扎萨克公额敏和卓外，头目、回民每40口，给旱磨1盘外，供给水磨6盘，共籽种5000石，每十石给碾磙1条。雍正十二年（1734）因旱薄收赏给缺少口粮15000余石，十三年（1735）收成歉薄借给籽种口粮共12000石，运粮脚价银2270余两。②

第四，宽免所借籽种等。清政府规定安插河西的部族其所借籽种分作六年清还，并在无力还清时，政府还将所借籽种口粮宽免。如乾隆元年（1736），将肃州威虏堡回民雍正七八年间所借仓粮1200余石，“悉行宽免”。③ 又如乾隆元年（1736），瓜州回民收成欠佳，清政府将瓜州回民于雍正十三年（1735）所借籽种口粮12000石、脚价银2271两宽限

① 常钧：《敦煌随笔》卷上《回民五堡》，第380页。

② （清）黄文炜：《重修肃州新志》，《安西卫·瓜州事宜》，第458页。

③ 《清高宗实录》卷一四，乾隆元年三月己酉，第407页。

一年归还[①]，而至乾隆三年（1738），又将上述粮银全行豁免。[②]

第五，另筑城堡设文武驻防。如吐鲁番回众安插瓜州后，瓜州聚居万口回民，需专员管辖。而安西镇虽足以弹压，但离回民住堡近者二十五里、远者四十五里，路途遥远。因此在头堡数里之内另筑一堡，添设参将一员、守备一员、千总二员进行管理。“安西现设兵备道一员，因将安西同知移驻瓜州，以便经理屯田、水利，及办理回民一切事务。与参将同堡居住。”[③] 所有新旧渠道及水利弁兵、渠夫人役，皆由安西同知管辖调遣，而一切屯务皆系安西镇管理，每年派委镇标并瓜州将弁兵丁督种，秋收听其随时割碾食用，但需要通盘合筹上报收成分数。除此之外，为便于吐鲁番回众从事农耕，清政府前后在安家窝铺、蘑菇沟等处开渠筑坝。[④]

上述管理措施及优惠政策的实施，利于安插之少数民族较快地融入农耕生活当中，并解决了他们后顾之忧，保障了他们的基本生活，使得内迁的民族获得平稳的生活。如安插至瓜州的回人，其生活较为平稳，“除口粮籽种总有余剩粮石，以及添补衣物购买牲畜茶油等项均属敷用”[⑤]，并且回民俱种植瓜果，兼牧猎之利以供食用。[⑥]

（四）移民拓殖的成效

随着清王朝移民拓殖政策的推行，河西走廊的人口和劳动力资源不断增多，促进了农业经济发展。如武威县，“左番右彝前代寇掠频仍，屡为凋敝，尝徙他处户口以实之，山陕客此者恒家焉，今生齿日繁”[⑦]。再如肃州的王子庄，康熙、雍正间由山西、镇番、高台等处陆续迁来户民

---

① 《清高宗实录》卷三一，乾隆元年十一月己未，第628页。

② 《清高宗实录》卷八二，乾隆三年十二月己丑，第298页。

③ （清）黄文炜：《重修肃州新志》，《安西卫·瓜州事宜》，第461页。

④ 常钧：《敦煌随笔》卷上《回民五堡》，第380页。

⑤ 常钧：《敦煌随笔》卷上《回民五堡》，第380页。

⑥ 常钧：《敦煌随笔》卷上《瓜州》，第379页。

⑦ （乾隆十四年）张玿美修，曾钧等纂：《五凉全志》卷一《武威县志》，《地理志·户口》，第31页。

垦地务农，“生齿日繁”，[1] 人口日益增加。又如敦煌县，由于明代土番之蹂躏，“人民无一存者”，[2] 至清雍正四年（1726），招甘肃皋兰等县无业穷民2400户至此开垦屯种，雍正七年（1729）十一月，陕西署督查郎阿奏称，招往安西、沙州等处地方屯垦民户，先后到者统计共有2405户，至乾隆中叶户口繁殖，有80000多人。[3] “自雍正至今又二百余年矣，敦煌户口日渐繁多，虽不及汉唐之胜，而关外县治当首屈一指。”可见清代河西地区随着移民政策的推行，人口已大为增加。

移民拓殖政策的实施无疑促进了河西农业与社会经济的发展。如敦煌县，雍正三年（1725）“迁户殖民，荐岁丰登，无粜米，遂有官府采买之诏，是敦煌农业有实验矣”[4]，通过迁户殖民，敦煌当地的农业获得了较大发展，出现了荐岁丰登的繁盛景象。再如柳沟卫，“虽皆敦煌旧境，然自明代以来，鞠为茂草，无复田畴、井里之遗”，自康熙五十六年（1717）新设塞外卫所，柳沟招来户民，“俾其开垦”，社会经济才有所发展。[5] 金塔寺西的威鲁堡，雍正初安插回民耕种，人口连头目男妇子女共654口，共种14300亩地，到乾隆二十六年（1761），安插吐鲁番回人有250户，1050余名口，承种熟地15360余亩，三十年来人口增加了846名口，耕地数也增加了1000亩，即所谓“户口日增、生齿日繁，又赏可耕荒地，减半给籽种农具，但所有户口较初附时，已增一倍”[6]。乾隆四十四年（1779），因将此回众迁徙哈密，该地遂空，因而又分金塔所属各汉民240余户迁移至此住种，“百余年来休养生息，田肥美、民殷富，户口三千余众”[7]，人口增加，社会经济也获得发展。大量移民的涌入使得清代河西人口增幅明显，农业发展的步伐也加大了。

---

① （民国二十五年）赵仁卿等：《金塔县志》卷二《人文・移徙》。

② （民国）慕寿祺：《甘宁青史略》正编卷一七，《中国西北文献丛书》，兰州古籍书店1990年版，第521页。

③ （民国）《敦煌县各项调查表・敦煌县民族调查表》。

④ （民国三十年）吕钟：《重修敦煌县志》卷三《民族志・四时风俗・农事》，第119页。

⑤ （清）黄文炜：《重修肃州新志》，《柳沟卫・户口田赋》，第567页。

⑥ 《清高宗实录》卷六三一，乾隆二十六年二月甲午，第41页。

⑦ （光绪二十二年）吴人寿修，张鸿汀校录：《肃州新志稿》，《街市村落・村堡》，第563页。

五 清代镇番县的移民社会——一个移民拓殖的个案研究

历史时期西北地区人口的大规模移动，往往来自外力推动，如战争、政府的政策导向、灾荒等，而同一地区在特定时期内同时具备人口大量迁入与外流特征者较为少见。清代的镇番县则是人口迁入与移出皆十分明显的地区，移民色彩极为浓厚。镇番县，即今天甘肃省民勤县。该县位于河西走廊东北部、石羊河下游，其东、西、北三面分别与腾格里沙漠和巴丹吉林沙漠毗连。明洪武二十九年（1396）设镇番卫，清雍正二年（1724）改县属凉州府。该县“僻处偏隅，介居沙漠”[①]，明末清初之际“地广人稀”[②]。清前期与中后期该县移民人口出现较大起伏。清前期，在政府经略西北的大背景下，在移民屯垦的浪潮中大量外埠移民移入本县，外来移民成为该县人口的主体，并对当地社会面貌等产生重大影响。清中后期，在政府的号召、自然灾害、土地及水源的不断减少、治理腐败等因素的影响下，镇番县人口不断外移，使得该县又成为人口大量外迁的地区。清代镇番县的移民问题在历史时期西北地区的人口迁移中具有典型性。对此，学术界已有一些讨论，但总体看缺乏对清代镇番县移民问题的专门、系统论述。[③] 我们以镇番县移民为例，以期以小见大，对清代河西乃至西北的移民、人口与农业开发等进行深层探讨。

（一）清代镇番县的人口数量

根据相关文献记载，将清代镇番县的人口状况列表如下：

---

① （清）（宣统三年）《镇番县志》卷四《贡赋》，甘肃省图书馆藏书。

② （民国）周树清、卢殿元：《镇番县志》卷一《地理考·风俗》，甘肃省图书馆藏。

③ 李并成：《民勤县近300余年来的人口增长与沙漠化过程——人口因素在沙漠化中的作用个案考察之一》，《西北人口》1990年第2期；李万禄：《从谱牒记载看明清两代民勤县的移民屯田》，《档案》1987年第3期。

表 15　**清代镇番县人口数量演化表**

时间	户数	口数	户均口数	资料来源
乾隆十三年（1748）	8191	90101		（乾隆十四年）《镇番县志》卷一《地理志·户口》，第 228 页
乾隆三十年（1765）	8191	90101①		（道光五年）许协修、谢集成等纂《镇番县志》卷三《田赋考·户口》，第 179 页
道光五年（1825）	16756	184542	11	
道光十五年至二十九年（1835—1849）	16758	189462	11	《甘肃历史人口资料汇编》第一辑，第 211 页
咸丰八年（1858）	16648	189785	11	
同治九年（1870）	16060	173230	11	《镇番遗事历鉴》卷一一，穆宗同治九年庚午，第 448 页
光绪六年至十年（1880—1884）	16087	183430	11	《甘肃历史人口资料汇编》第一辑，第 211 页
光绪九年（1883）	16067	183131	11	（民国八年）周树清、卢殿元《续修镇番县志》卷三，《田赋考·户口》
光绪二十七年至三十三年（1901—1907）	23325	123595	5	《甘肃历史人口资料汇编》第一辑，第 211 页

上列表格从户数看，清代镇番县户数多数年份为 16000 户左右，其中光绪三十三年（1907）户数最多，为 23325。从口数看，清代镇番县人口数多数年份为 18 万左右，其中咸丰八年（1858）口数最多，为 189785 口。从户均口数看，清代镇番县户均口数除光绪三十三年（1907）为 5 人外，平均为 11 人，大家庭应较为普遍，而与“河西僻处

① 文献资料当中只记有乾隆十三年与乾隆三十年镇番县的户数，并没有人口数，《镇番遗事历鉴》卷八，高宗乾隆三十年乙酉，第 319 页，对此曾记到：“其谓‘户口’，何止载户而缺口？似非抄录者所遗。然未见原著，无以为榜。姑且存疑，待考定补之。”我们根据所计算出来的户均口数看，清代中前期镇番县的户均口数平均为 11 人，据此我们推算乾隆三十年镇番县的口数恐为 90101 口。

边陲，大家庭极为发达，每户农家平均以八口人计算”① 之记载基本吻合。

从发展趋势来看，清代镇番县人口数存在四个较大变化时期。

其一，乾隆十三年至道光五年（1748—1825），人口迅速增加，户数与口数皆增长近一倍。这应与该时期全国范围内的人口增长趋势一致。

其二，同治时期人口由 18 万降至 17 万，其原因应为同治间的“回乱”所致，正如史籍所载，“奉文造报户口簿，户 16060，口 173230。自同治建元迄九年，全镇殒于匪祸者近万人”②，即同治间的战争导致镇番人口丧失近万人。

其三，自咸丰以后至清末，呈负增长趋势，从咸丰八年（1858）至光绪三十三年（1907）镇番人口从 189785 减至 123595，不足五十年本区人口减少了近三分之一，产生这一现象的原因，一方面与严重的沙漠化紧密相关。李并成认为“固然与清代后期的政治腐败、剥削加重有关……由人口盲目增长所造成的沙漠化危害迫使被灾贫民不得不奔走他方，自谋生计，从而使清代后期本区人口大量迁出”③。即严重的沙化导致土地资源的丧失与人口的大量外流。另一方面，政府号召移往新疆亦是一个重要的人口外流因素。清代镇番县的人口大规模外流应始于新疆收复。清乾隆中叶新疆底定，政府号召甘肃省境内的无地贫民移往新疆垦荒，以充实边疆。乾隆皇帝多次下发诏令，要求甘省民众移往新疆：“新疆底定以来，缘边一带如安西、辟展、乌鲁木齐等处，地多膏沃，屯政日丰，原议招募内地民人前往耕种，既可以实边储，并令腹地无业贫民得资生养繁息，实为一举两得。”④ “甘省被灾贫民与其频年周赈，不

① （民国二十五年）李廓清：《甘肃河西农村经济之研究》第一章《河西之农业概况》第二节《土地与人口》，胶片号：26418。

② 《镇番遗事历鉴》卷一一，穆宗同治九年庚午，第 448 页。

③ 李并成：《民勤县近 300 余年来的人口增长与沙漠化过程——人口因素在沙漠化中的作用个案考察之一》，《西北人口》1990 年第 2 期，第 30 页。

④ 《乾隆三十六年（1771）陕甘总督明山三月初二日（4 月 16 日）奏》，《清代奏折汇编——农业·环境》，第 241 页。

如送往乌鲁木齐安插。”[①] “所有甘省灾荒贫民，其徒留内地常年赈养，不如移送新疆安置，可省内地周赈之费，而于伊等生计及边疆地方均有裨益。”[②] 除此之外，清政府还给予移往新疆贫民以各种优惠政策，“每户拨地三十亩、农具一全副、籽种一石二斗，又每户给马匹一匹支，作价银八两，建房价银二两，照水田例，六年升科后，分年征还归款。又每户于到屯之初，按每大口日给白面一斤，小口减半，秋收后交还归款”[③]。这更激发了甘省民众的移新热情。在这股移民新疆热潮中，镇番民众纷纷响应，如乾隆三十七年（1772），凉、甘、肃三州迁往吉木萨尔四百户[④]；乾隆四十三年（1778）凉、甘、肃三州迁往昌吉等地一千二百五十五户[⑤]；乾隆四十三年（1778）陕甘总督勒尔谨奏“张掖、武威、镇番、肃州等州县无业贫民，闻新疆乐土咸愿携眷前往”[⑥]。乾隆四十四年（1779）武威等县户民前往乌鲁木齐垦种地亩，共计一千八百八十七户。[⑦] 乾隆四十四年（1779）十二月又由镇番县迁往乌鲁木齐等处计三百一十七户；[⑧] 乾隆四十五年（1780）镇番县户民呈请愿往新疆垦种者一百八十六户。[⑨] 如按照上述《清后期镇番县人口数量变化表》所作统计：清代镇番县户均口数为十一人，那么仅据上引有明确记载之史料计算，仅乾隆四十四至四十五年间镇番县迁往新疆的人数至少为五千五百多人，若加上无明确数量记载的移民，那么清代中后期由镇番县移入新

① 《乾隆四十二年（1777）乌鲁木齐督统索诺穆策凌八月十二日（9月13日）奏》，《清代奏折汇编——农业·环境》，第270页。

② 《乾隆四十一年（1776）乌鲁木齐督统索诺穆策凌十月二十七日（12月7日）奏》，《清代奏折汇编——农业·环境》，第267页。

③ 《乾隆四十二年（1777）乌鲁木齐督统索诺穆策凌八月十二日（9月13日）奏》，《清代奏折汇编——农业·环境》，第270页。

④ 《乾隆三十七年（1772）陕甘总督文绶正月十九日（2月22日）奏》，《清代奏折汇编——农业·环境》，第246页。

⑤ 中国第一历史档案馆：《乾隆朝甘肃屯垦史料》，《历史档案》2003年第3期。

⑥ 《清高宗实录》卷一〇六一，乾隆四十三年闰六月壬午，中华书局1985年影印本，第186页。

⑦ 《清高宗实录》卷一〇八三，乾隆四十四年五月壬子，第559页。

⑧ 中国第一历史档案馆：《乾隆朝甘肃屯垦史料》，《历史档案》2003年第3期。

⑨ 《清高宗实录》卷一一〇一，乾隆四十五年二月丙子，第743页。

疆的人口数量是十分可观的。

其四，光绪三十三年（1907）亦较为特殊，首先光绪三十三年户数为最多，而其口数则最少，同时其户均口数则相应下降，比平均户均人数11人减少至5人，变化较大。对此现象，从《镇番县志》中可得到阐释：

> 光绪六年至十年（1880—1884），共户一万六千零六十七，口一十八万三千四百三，自二十七年至三十三年（1901—1907），共户二万三千三百二十五，口一十二万三千五百九十五。夫国之修养如故，官之拊循如故，而民数之不同若是焉。揆厥所由良缘，三渠之地距川写远，水期只是一轮，又值地冻冰坚之候，即河流顺轨浇灌尚虞不足，况自西河为患以来，一经倒失辄驱于柳林附近之青土湖，湖蓄水既多竟成巨壑，每值大风暴作，波浪掀天，往往以倒折之水淹没居民田庐。田庐既尽贫民无地可耕，不能不奔走他方，自谋生计。是在官斯土者念切痌瘝，将西河之水设法堵御，使不致有冲决之患，然后加意招徕，徐图补救，至是而向之奔走他方者，庶或动秋风莼鲈之感也，跂予望之矣。①

该条资料指出光绪六年（1880）、十年（1884）至光绪二十七年（1901）、三十三年（1907）镇番户数增加但人口数大量减少，分析原因认为水源不足与水患同时导致了人口的减少，即所谓“三渠之地距川寫远，水期只是一轮，又值地冻冰坚之候，即河流顺轨浇灌尚虞不足”，再加上西河为患，青土湖水量暴涨，多发水灾。水患及河患导致人民四处流亡，人口骤减。只有将西河之水设法堵御，使不致有冲决之患，然后加意招徕才是补救之策。

此外，《续修镇番县志》对此亦有论述：

---

① （宣统三年）《镇番县志》，《贡赋考》卷四之一《户口》。

> 邑自清道光年生齿十八万四千余口，垦田三千七百八十余顷，贡赋一万四千九百余石，地辟民聚雅号富庶。至光绪中叶田赋仍旧，而总辑版图户未少而口顿减……迄于光绪十年（1884）调查户口较前过之。乃十年以后国家之修养如故，官吏之拊循如故，既无兵岁与疫互相耗折，而民数反减至五六万之多，岂真好生之机有时暂息哉，亦由民日众而土不广。以三倍之地养五倍之人，人与地两相比例超过之数已有二倍，此二倍之人耕田无田垦地无地。虽欲不离乡里弃妻子以糊口，四方讵可得乎？不然何以昔日民多而赋不加增，今日民少而赋不见减，有可耕之人而无可耕之地，其病源已昭然可见。为司牧者若不设法开垦，急谋生聚广积储，以足食轻负担以舒困，一任数万生灵流离迁徙，而不为之所是，社会经济日行支绌，农业政策日不见发达，窃恐人满土减，将来国家税地方税无论直接间接俱难责偿，能无惧诸。①

由此可见，光绪十年（1884）以来镇番户数增加，而口数减少五六万之多，其原因恐为耕地的减少，“有可耕之人而无可耕之地”，“此二倍之人耕田无田垦地无地，虽欲不离乡里弃妻子以糊口，四方讵可得乎？”即人多地少导致此期镇番人口的减少。事实上早在康熙年间，镇番县耕地不足就已显现端倪，史称“清以来，邑人屡有开垦柳湖之请，知其时人口已众，而耕地则有不敷种植之患”②。所以，我们认为水患及耕地的减少是导致光绪三十三年（1907）镇番县人口大幅下降的重要原因。

总体来看清代镇番县人口在经过乾隆十三年（1748）后的人口猛增后，乾隆后期开始人口外流明显，一方面由于政府号召移往新疆，另一方面由于沙漠化、灾害频发等原因。同治间由于“回乱”导致万人丧亡外，光绪中叶由于环境变动、水患及耕地的减少，人口总数开始大幅下

① （民国八年）周树清、卢殿元：《续修镇番县志》卷三《田赋考·物产》。

② 《镇番遗事历鉴》卷六，圣祖康熙二十八年己巳，第240页。

降，户均口数也由十一人降至五人。

（二）清代镇番县农业人口数的推算

前文我们曾对清代河西走廊的农业人口数进行过大致的推算。同样，在此我们也对清代镇番县的农业人口数进行推算。《甘肃省民勤县社会调查纲要》记载，民国时期“农人约占全人口十分之八”，[①] 即民国时期民勤县的农业人口数占总人口数的80%。以此推测清代镇番县的农业人口亦至少应占总人口的80%。下面我们根据上述人口数对清代镇番县的农业人口进行大致的推算。

表16　**清代镇番县农业人口概数表**

时间	口数	推算农业人口数
道光五年（1825）	184542	147634
道光十五年至二十九年（1835—1849）	189462	151570
咸丰八年（1858）	189785	151828
同治九年（1870）	173230	138584
光绪九年（1883）	183131	146505
光绪六年至十年（1880—1884）	183430	146744
光绪二十七年至三十三年（1901—1907）	123595	98876
平均口数	175310	140249

从上表看，与清代镇番县人口数的消长相一致，清代镇番县农业人口数在道光五年（1825）至光绪十年（1884）变化不大，仅在同治九年（1870）由于“回乱”的影响农业人口减少一万左右，此外咸丰八年（1858）镇番农业人口数为最多，至光绪三十三年（1907）农业人口数大幅下降，仅为咸丰八年（1858）的65%。其原因应与上文所述镇番人口减少原因略同。总体看，清代镇番县的农业人口数大体维持在14、15

① （民国）《甘肃省二十七县社会调查纲要·甘肃省民勤县社会调查纲要一·土地与人口》，第2页。

万口左右，他们是清代镇番灌溉农业发展的主力军。

（三）清代镇番县的移民

从文献记载看，镇番县有很大一部分人口来自移民。据《镇番遗事历鉴》记载：镇番县最初并无定居农业人口，自发而来之移民多为从事畜牧业者，“是时镇邑无县治，亦无熟田，民人徙此，惟畜牧而已”①。至明代洪武初年方迁徙内地百姓至此，自此镇番县人口开始有所增加。史称，明代建立之初，镇番县户不过百余，口不过三千，② 明太祖洪武五年（1372）“秋季，饬命山西、河南等地民人约二千余众，迁徙是土”③。在此基础之上，明代镇番人口开始日益增长。

> 永乐间，户口骤增，户二千四百一十三，口六千五百一十七。嘉靖时，兵燹灾痍，接踵而至，是故户口日减：户一千八百七十一，口三千三百六十三。万历间镇番争雄，外彝屠掠……镇邑灾荒连年，未获怜悯，鸠民生计维艰，相率逃逸。是时，户不过二千，口则四千有奇。天启间，战争稍馁，灾寝略减，户口相继有增。十七年造报户口簿，户三千五百六十七，口一万又五百七十三。崇祯间，朝廷力饬实边，先后迁徙而来者每以数千计。二年造报户口簿，户四千五百三十六，口二万八千九百八十四。六年，参将王之鼎上“实边疏”，皇帝谕令三边总制遣发之，有阶州一百二十户迁居本邑，其户口再增焉。④

可见明代是镇番移民及人口增长的重要时期，明洪武、崇祯年间皆采取移民措施增加镇番的人口，且崇祯年间还数次大量迁徙人口至此。所以明代移居镇番的移民人口占有较大比例。至清代，随着移民拓殖政

① 《镇番遗事历鉴》卷一，明太祖洪武三年庚戌，第1页。
② 《镇番遗事历鉴》卷四，毅宗崇祯六年癸酉，第170页。
③ 《镇番遗事历鉴》卷一，明太祖洪武五年壬子，第2页。
④ 《镇番遗事历鉴》卷四，毅宗崇祯六年癸酉，第170页。

策的实施，大规模的移民屯垦活动在河西展开，镇番县亦不例外，来自各地的移民迁徙至此，并日益成为清代镇番县人口的重要组成部分。现对镇番县的移民概况及其与镇番县的农业开发状况进行探讨。

1. 移民种类及移民对镇番农业的开发

从文献记载看，移居镇番县的人口大致可分为如下几类：

一是拓垦迁移者，如“清以来，邑人屡有开垦柳湖之请……迨雍正二年（1724），延准开拓，于是柳湖沸沸然。余族之一族，今居东渠，盖雍正时迁往拓垦之一者耳”①。“先生（指王文卿）祖籍，江南滁州凤阳人。至清乾隆间，柳湖开屯，世祖呈凤始徙居于中渠始元沟。”② 清代雍乾时期镇番广开屯垦，拓垦迁移者纷至沓来。

二是改官调任之人。如明宣德十年（1435）秋末，“千户王刚与千户王雄，战阿鲁台于镇边，刚阵亡……《镇番宜土人情记》曰：‘王刚，原镇番营掌印指挥王兴之孙，千户王义之子也。原籍江南滁州，自始祖兴于洪武初调任本邑，因家与镇焉。刚乃王氏三世祖。’”③ 可知王氏自明洪武时即由江南调任于此，三代居于镇番。《镇番宜土人情记》载：“今镇邑彭氏，凡三十七户，一百六十口，尽皆其始祖镕之苗裔也。原籍江都凤阳，有明后改官至镇。”④ 彭氏由江都改官至此。再如明永乐年间李氏始祖李九二，“以小旗调迁镇番，因家与焉”⑤。李氏由小旗调迁至此。“邑人王志素嗜搜古。举人卢公生华尝云：永乐六年（1408），志自千户孟大都居处得洪武三年（1370）十一月二十六日户部勘合户贴一枚，族人佥曰，斯物乃孟公昔时自浙江宁波故里携带至此。”可知明洪武年孟公由宁波调任至此。⑥ 再如明永乐十三年（1415）二月，华亭县官员赵弯脖因罪被贬至镇番，“能以方言唱吴歌”⑦。又如祖籍江南滁州凤

① 《镇番遗事历鉴》卷六，圣祖康熙二十八年己巳，第240页。
② 《镇番遗事历鉴》卷一二，中华民国八年己未，第514页。
③ 《镇番遗事历鉴》卷一，宣宗宣德十年乙卯，第15—16页。
④ 《镇番遗事历鉴》卷一，英宗正统元年丙辰，第16页。
⑤ 《镇番遗事历鉴》卷一，成祖永乐元年癸未，第7页。
⑥ 《镇番遗事历鉴》卷一，成祖永乐六年戊子，第8页。
⑦ 《镇番遗事历鉴》卷一，成祖永乐十三年乙未，第11页。

阳之王文卿，“自有明初，义祖因官来镇，世袭指挥，屡立战功，见斯邑土沃俗美，遂落业焉”[①]。王氏祖因官由凤阳迁至此地。上举诸例，都是由于改官调任至镇番，并从此定居下来者。

三是贸易经商之人。从相关记载看，移民至镇番进行贸易之人来自“晋商”者较多，如“《卫志》云：宣德九年夏月，有司依令颁发客民寓居户照，镇邑共发给三十四枚。圣荣寺番僧二名两枚，地藏寺游僧四名四枚，余为山陕客民，贸易居此”[②]。再如，康熙四十七年（1708）镇番县元宵节赛灯会，晋商皆技高一筹，其中李道民、王复礼等人拔得头筹，“有李道民者，取沙竹篾片制鱼蟹鹰鹄，其状栩栩。走马灯尤精善，彩绘《水浒》《西游》人物，衣冠行止，盎然成趣，观者啧啧称绝。王复礼者，亦晋人，以沙枣巨枝结扎成树，悬玲珑灯笼数百枚，繁星点缀，灯花耀眼，成一时之胜景”[③]。还有记载称，晋商樊奎润常年在镇番县经商，嘉庆二十年（1815），“于县城南街捐资修建晋西会馆，自任馆长。八月十五日邀同乡聚会，李令亲诣致贺”[④]。可见镇番县聚集者不少来自山西的商人。除此之外，还有来自四川、安徽、河北以及南方各地之贸易者。如凤阳人“王安贸易至镇”[⑤]。如山海关人查勇洪武年间，“贸易徙镇，因家与焉”[⑥]。再如，“有富商裴姓者，亦蜀人也”[⑦]，再如南人张宗琪“贸易至镇”[⑧] 等等。

四是少数民族人口迁移至此者。康熙四十八年（1709）调查县属客民，“共三百又二户，一千一百十七人。蒙人为多，次则回，再则番。番人皆僧尼，分居城内、苏山、枪杆岭山处”[⑨]。再如，乾隆二十四年（1759）镇番县清查户籍时查出，“因镇有外民四十二户，回民二十户，

---

① 《镇番遗事历鉴》卷一二，中华民国八年己未，第514页。
② 《镇番遗事历鉴》卷一，宣宗宣德九年甲寅，第14—15页。
③ 《镇番遗事历鉴》卷六，圣祖康熙四十七年戊子，第248页。
④ 《镇番遗事历鉴》卷九，仁宗嘉庆二十年乙亥，第379页。
⑤ 《镇番遗事历鉴》卷一，英宗正统九年甲子，第18页。
⑥ 《镇番遗事历鉴》卷一，孝宗弘治三年庚戌，第30页。
⑦ 《镇番遗事历鉴》卷九，仁宗嘉庆十九年甲戌，第376页。
⑧ 《镇番遗事历鉴》卷五，世祖顺治十八年辛子，第212—213页。
⑨ 《镇番遗事历鉴》卷六，圣祖康熙四十八年己丑，第248页。

番民二户，皆系游方僧徒”[①]。从此资料看民族人口移徙至此者亦占据一定比例。

从上所列举之移民来看，明清时代移居镇番县的移民形形色色，各行各业皆有。移民成为镇番人口的重要组成部分。而移居镇番县的民户大多是从事农耕活动的，正如前引史料所载：乾隆二十四年镇番县清查户籍时查出，“因镇有外民四十二户，八户系流乞，番民二户，皆系游方僧徒。置有田产者二十七户，与土著居民一例编置”[②]。即乾隆二十四年（1759），除去流乞与游方僧徒，从事农耕与置有田产者占当年客民数的84%。可以说占镇番县的人口较大比重的农业人口中，有较大一部分来自移民，移民促进了镇番农业的发展。

2. 移民的来源及对当地社会的影响

从移民之来源地看，可以说镇番县的移民来自全国各个地方。《镇番遗事历鉴》记载：

> 今本邑之民，问之户籍，辄谓山西大槐树人氏也。余考旧志及诸家谱牒，以为大谬。比如柳林湖今之户族，据王介公《柳户墩谱识暇抄》记，凡五十六族，十二族为浙江、金陵籍，五族为河南开封、汴京、洛阳籍，三族为大都籍，十五族为甘州、凉州籍，一族为湟中籍，一族为金城籍，三族为阶州籍，三族为宁夏籍，五族为元季土著，仅有八族为山西籍。故知所谓镇人为山西大槐树之民者，不过传说而已，实非然也。[③]

可见，南至浙江、金陵，西北至湟中，北至大都，东至洛阳、开封，镇番移民中囊括了来自全国各地的人。并且由于聚集镇番的移民来自各地，以致此地的语言都带有各地的特色。对此，《镇番遗事历鉴》称：

---

① 《镇番遗事历鉴》卷八，高宗乾隆二十四年己卯，第316页。
② 《镇番遗事历鉴》卷八，高宗乾隆二十四年己卯，第316页。
③ 《镇番遗事历鉴》卷一，明太祖洪武五年壬子，第2页。

镇邑地处边塞，远距城市，土厚沙深，交通阻隔，人民杂聚，风俗交烩，于语音一端，南腔北调，东韵西声，往往令来官斯土者瞠目结舌，不知所云。乾隆间，有福建龚景运者莅任典史之职，其闽音深重，镇人目为蛮夷，而龚公不解镇语，闻之如听天书。虽暂习方言，终因喉舌有违宏旨，无奈作罢。后寄书原籍，延请熟北语之通使赴镇供役。①

可知镇番由于来自各地之移民较多，语言各异，加上地理位置闭塞，形成了独特之方言形式，往往令外来之地方官员不知所云。再如山西清源县主簿马信，因为老成练达被山西当地百姓称之为“马大老”，而镇番县当地俗语中亦将成年男子称为“大老”“二老”“三老”，对此陈广恩认为“溯其源流，盖晋陕旧俗也”②。镇番移民汇聚，语言各异，因而影响到了当地的语言习惯。随着这些移民的繁衍生息，不断发展，他们有的日渐成为当地的望族。如前述改官调任至此的千户王刚与千户王雄，“乃吾邑望族”③。改官调任至此的彭氏，“今镇邑彭氏，凡三十七户，一百六十口，尽皆其始祖镕之苗裔也。历传七世，或以明经正选，或以武功显扬，代不乏人，称望族焉”④。从军至此的孟良允，原籍浙江宁波府鄞县右坊，明洪武三年（1370），“始祖孟大都从吴指挥征元季王保保，因家与焉，实本邑一望族焉”⑤。《镇番遗事历鉴》对移民中的重要氏族进行了记载：

统本邑实有户族姓氏，凡一百九十。如谓何氏：其族也，盖阶州原籍，因家与焉。初不过十余口，繁衍播迁，历传十世，遂成望族。今户八十，口六百五十余。一支居于川，一支住于湖。祖茔在

① 《镇番遗事历鉴》卷八，高宗乾隆三十五年庚寅，第 322 页。
② 《镇番遗事历鉴》卷一，宪宗成化二十二年丙午，第 29 页。
③ 《镇番遗事历鉴》卷一，宣宗宣德十年乙卯，第 15—16 页。
④ 《镇番遗事历鉴》卷一，英宗正统元年丙辰，第 16 页。
⑤ 《镇番遗事历鉴》卷三，神宗万历三十八年庚戌，第 127 页。

> 川，宗谱在湖。数代俱以武功显，英才辈出，与国有勋，造就地方，民社赖之……兹谨以序，略录于左：孟氏，浙江宁波府鄞县；何氏，陕西阶州文县；王氏，滁州；谢氏，陕西咸阳县；卢氏，河南卫辉府；蓝氏，陕西；赵氏，合肥；张氏，山西平阳府襄陵县；李氏，陕西阶州；汤氏，鄱阳；马氏，金陵；霍氏，陕西；苏氏，陕西；白氏，伏羌；秦氏，邛州；蔡氏，淮南；夏氏，河南正阳；方氏，扬州；黄氏，河南淮阳；韩氏，四川长宁；曾氏，安徽盱眙；魏氏，江苏淮安；范氏，陕西华亭；乔氏，浙江华阴；邸氏，洛阳华林……①

从上引资料看，清代镇番县一百九十户族姓氏中，来自陕西、浙江、安徽、河南、山西、江苏、四川等地移民而成的望族就有二十五族。这些移民望族，皆为“英才辈出，与国有勋，造就地方，民社赖之”的大族，在地方上地位举足轻重。移民已日益成为镇番社会发展的重要支柱。

3. 移民的管理

随着移民的不断增多，镇番政府还专门制定了管理客民的法规。如颁发客民寓居户照，以便于掌握客民的移徙动向，明宣德九年（1434）夏月，“有司依令颁发客民寓居户照，镇邑共发给三十四枚”②。再如，定期查核客民数量及由来等，如清康熙年间，“奉查境内客民，共三百又二户，一千一百十七人”③。此外对于来历不明、不安本分的移民要遣回原籍，对垦耕之移民则与土著百姓一起编设户籍。如乾隆二十四年（1759）镇番县查核户籍，“因镇有外民四十二户，特报指示，旋令外民与土著一例编设。如系亲佃种者，即附于田主户内，倘有不安本分、抑或来历不明；回民二十户，已置田产，八户系流乞；番民二户，皆系游方僧徒。置有田产者二十七户，与土著居民一例编置，其余十五户递回

① 《镇番遗事历鉴》卷一，英宗正统十二年丁卯，第19—20页。

② 《镇番遗事历鉴》卷一，宣宗宣德九年甲寅，第14—15页。

③ 《镇番遗事历鉴》卷六，圣祖康熙四十八年己丑，第248页。

原籍”[1]。即将移民中之无田产、佃种者附入田主户籍，将有田产者编入土著户籍，将不安本分、来历不明者不予入籍，发回原地。可见，镇番对移民的管理已渐成体系。

综上所述，镇番人口及移民的发展变化堪称一扇反映清代河西走廊移民及人口的视窗。据此我们可以得出如下结论：一、农业人口占据河西总人口的绝大多数，清代河西人口中移民占据重要一席，这得力于政府大力推行的移民实边及移民拓殖政策。即使是自发的移民行为，其中从事农耕者亦占很大比例。二、清代是中国历史上人口的急速增长时期，人口的大规模增加，导致人多地少的矛盾日益突出。正如乾隆五十六年所言：“况国家承平日久，生齿日繁，物产只有此数，而日用日渐加增……今又七十余年户口滋生，较前奚啻倍蓰，是当时一人衣食之需，今且供一二十人之用。”[2] 嘉庆皇帝十一年（1806）又言：“国家……生齿日繁，日用所需，人人取给，而天之所生、地之所长祇有此数。”[3] 河西走廊地区亦不例外，道光年间《镇番县志》言：

> 徙来户口之耗盈，土田之荒僻值时代为胜衰亦甚不齐矣，镇邑在前明时户口凋零，土田旷废，良缘番夷不时侵掠，加之以赋役繁兴，遂致民不聊生，流离失所。我朝轻徭薄赋休养生息一百八十余年之久，户口较昔已增十倍，土田仅增二倍耳，以二倍之田养十倍之民，而穷簷输将踊跃毋事追呼，公家仓廪充盈，足备荒祲，道益有由岂第催科称善书上考哉。[4]

以上史料看出清代轻徭薄赋政策促使镇番户口增加，但同时也暴

---

① 《镇番遗事历鉴》卷八，高宗乾隆二十四年己卯，第316页。

② 《清高宗实录》卷一三七〇，乾隆五十六年正月乙酉，第381页。

③ 《清仁宗实录》卷一七二，嘉庆十一年十二月庚辰，第242页。

④ （道光五年）许协修，谢集成等纂：《镇番县志》卷三《田赋·物产附》，《中国方志丛书》，（台北）成文出版社有限公司1970年版，第191页。

露出人口过多而耕地不足的问题，即所谓“户口较昔已增十倍，土田仅增二倍耳，以二倍之田养十倍之民”。由于人口的大幅增加，耕地减少。垦荒的目标已日益转向山区、林区、牧区等地，对环境的影响也越来越大。

第三章 “水是人血脉”：清代河西走廊的水资源利用与管理

河西走廊由于“风高土燥，盛夏易旱”，所以“引水灌田，关系极重”[①]。历代王朝皆重视河西走廊的水利建设，“凡川地之近河者，苟非碱卤均可因势利导，是在司牧者加之意尔特列水利，非徒明沟洫遗制，亦为诸郡邑风劝云”[②]。清朝在河西走廊大兴水利，兴修了一批数量可观的水利工程，并建立起了相应的水资源管理与维护体系，在水规水法的制订、水官的设立、维护系统的建立等方面建树颇多。在河西走廊形成了一个水网密布、管理有序、水法严格、灌排顺畅的水利网系。

一 河西走廊农业灌溉水源及水利的重要性

（一）河西走廊农业灌溉水源

河西走廊农业灌溉主要仰赖祁连山积雪融水。祁连山山脉之高峰多远在雪线以上，终年积雪，即昔人所谓“山近四时常见雪，地寒终岁不闻雷”[③]。祁连山冰雪深积，至春夏之际渐次消融，“万壑倾注迤逦成河”[④]。祁连山积雪为河西农业灌溉之源，河西各县的县志对此亦多有记

① （宣统元年）长庚：《甘肃新通志·舆地志》卷一〇《水利》，第557页。

② （宣统元年）长庚：《甘肃新通志·舆地志》卷一〇《水利》，第557页。

③ （民国二十五年）李廓清：《甘肃河西农村经济之研究》第一章《河西之农业概况》第一节《水利》，胶片号：26392。

④ （民国二十五年）李廓清：《甘肃河西农村经济之研究》第一章《河西之农业概况》第一节《水利》，胶片号：26392。

载，如“祁连山，四时积雪，春夏消释，冰水入河以溉田亩，郡人赖之”①。再如，“以河西凉甘肃等处，夏常少雨，全仗积雪融流分渠导引溉田”②。又如，“祁连山之雪水溉田尤美”③。“故河西河流航行之利少，而灌溉之益多。”④ 对此，诗歌中也有描述。陈棐《祁连山》曰：“所喜炎阳会，雪消灌甫田。可以代雨泽，可以资流泉。”⑤ 再如，“有时渗漉成膏泽，祁连千仞头仍白，不雨不河灌阡陌，甘凉万户滋灵液”⑥。祁连山积雪融水为河西农业灌溉之主要水源，成为河西走廊农业水利之命脉所在。除此之外，若积雪融水不足，则还会采用泉水等水源加以补充，即“各县之水利以引用河水为主要水源，间用泉水敷其不足，泉水亦为祁连山之雪水，由地中涌出。其量不大，在酒泉之嘉峪关及鸳鸯湖，张掖之乌江堡，武威之黑墨湖（亦名黑马湖）皆有较稳之流量”⑦。

由于河西走廊水源多源于祁连山积雪融水，故水量大小皆视融雪之多寡及融雪时期而定，在不同的季节，积雪融水水量亦不同。冬季山上积雪，因天寒不融，即使消融也多融于山顶，而不能下流。所以河西春季各河皆涓涓细流，不足灌溉之用。至四五月间，则初次发水，水量亦不大。到秋初，积雪完全消解，水量变大，“然此为全年水量最大时期，耕地灌水以此时为最重要，俟水灌足，则听其横溢，不复顾惜矣”⑧。河西走廊的灌溉用水季节分布不均，春季少而夏秋多。春季正值灌溉用水时节，所以往往导致争水案的发生。而夏秋水量猛涨，又容易造成水患，形成灾害，“各河皆滔滔洪流，湍急奔放，且携泥沙石块，往往导致溃堤

---

① （民国）《甘肃通志稿》，《甘肃舆地志·舆地六·山脉》，第56页。

② （民国）《甘肃通志稿》，《甘肃民政志·民政三·水利》，第84页。

③ （民国）《甘肃省志》第四章《山水志略》第二节《志水》，第117页。

④ （民国）《甘肃省志》第四章《山水志略》第二节《志水》，第117页。

⑤ 陈棐：《祈连山》，（民国三十二年）《创修临泽县志》卷一《舆地志·山川·诗》，第37页。

⑥ （道光十五年）黄璟、朱逊志等：《山丹县志》卷一〇《艺文·诗钞·天山雪》，第527页。

⑦ （民国三十一年）《甘肃河西荒地区域调查报告》第六章《水利》第二节《水量》，《农林部垦务总局调查报告》第一号，农林部垦务总局编印1942年版，第32页。

⑧ （民国三十一年）《甘肃河西荒地区域调查报告》第六章《水利》第二节《水量》，第32页。

决防，阻塞渠道、破坏耕地”[①]。所谓“水微则滞，水涨则溢”[②]，其原因正在于河西水源的上述季节分布特点。对于缺水的河西走廊而言，要合理分配水源、解决农业垦种问题，发展水利灌溉就显得极为重要。

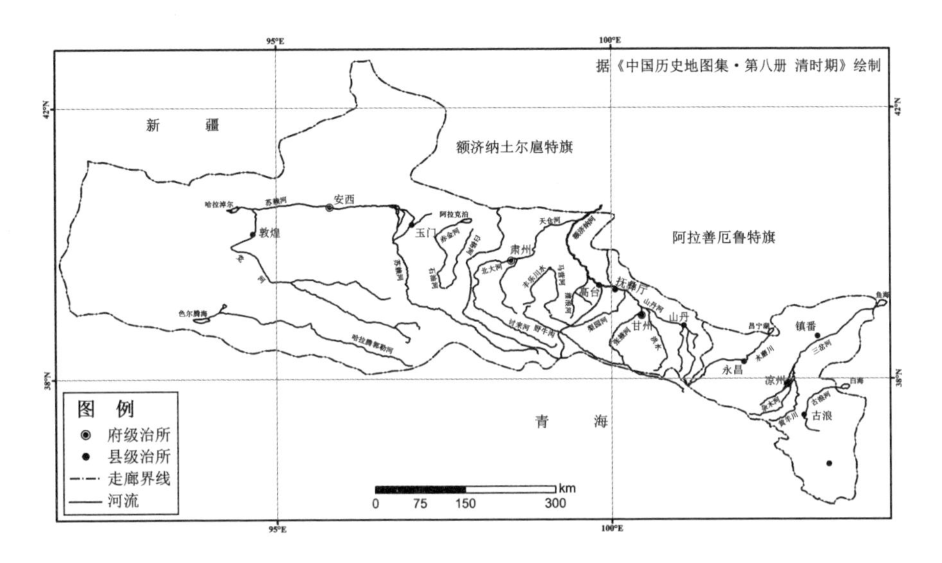

图 2　清代河西走廊水系图

（二）水利灌溉对河西走廊农业的重要性

河西走廊气候干燥，雨泽微稀，水源缺乏。清代河西各县的方志中，有关水源缺乏的记载不胜枚举。如镇番县：

> 地本沙漠，无深山大泽蓄水，虽有九眼诸泉，势非渊渟，不足灌溉，惟恃大河一水阖邑仰灌，乃水源写远，上流分泄，每岁至夏，不足之日多，有余之时少，故蕞尔一隅，草泽视粪田独广，沙硷较沃壤颇宽，皆以额粮正水且虑不敷，故不能多方灌溉尽食地德，即前之莅兹土者，每加意经划厘定章程究难使不足之水转而有余，所

① （民国三十一年）《甘肃河西荒地区域调查报告》第六章《水利》第二节《水量》，第32页。

② （民国八年）周树清、卢殿元：《续修镇番县志》卷四《水利考·河源》。

处之地势然也。[①]

镇番县地近沙漠，农业仅靠石羊大河一水灌溉，并且水源较远，加之上游分水等因素影响，镇番县灌溉用水多为不足，经常处于不敷状态，即使是额粮正水都无法完全满足。即所谓“本地水是人血脉”[②]。永昌县亦如此，“夫田之需水，犹人之于饮勿渴焉而已，而永之田宜频水，故愈患不足，不足则常不均，势故然也”[③]。再如河西走廊地区多发的争水案，则皆由水源不足而引起，“惟分析其争水之原因，主要者当然是水之根本不够浇灌”[④]。这正如诗中所言：“年年均水起喧嚣，荷锸如云人语繁，细刻分阴冕，一滴俱关养命源，安得甘泉随处涌，万家沾溉自无言。”[⑤]

水利对河西走廊的重要性不言而喻。水利影响着这里人民的生活及社会的发展，有水源则有村庄，有人口，“凡渠水所到树木荫翳，烟村胪列，否则一望沙碛，四无人烟”[⑥]。“盖雪水所流之处即人家稠密之区，以渠名为水名，化瘠土为沃土。”[⑦] 相反无水则会导致农业歉收。如安西“惟上冬多雪至夏暑甚则积雪融化，水泽充盈丰收可望，否则难免歉薄”[⑧]；无水可导致农田荒芜，“水至为良田，水涸则为弃壤矣”[⑨]。“至河西沿边府分凡有水利处皆按亩可稽……其无水利处大抵皆斥卤之区”[⑩]，“永尽水耕非灌不殖，而靳于水故田多芜”[⑪]；无水还导致人民生

① （乾隆十四年）张玿美修，曾钧等纂：《五凉全志》卷二《镇番县志·地理志·水利图说》，第240页。

② （道光五年）许协修，谢集成等纂：《镇番县志》，《凡例》，第25页。

③ （嘉庆二十一年）南济汉：《永昌县志》卷三《水利志》，甘肃省图书馆藏书，第1页。

④ （民国）江戎疆：《河西水系与水利建设》，《力行月刊》卷八《水利整治》，甘肃省图书馆藏书。

⑤ （民国二十五年）赵仁卿等：《金塔县志》卷一〇《金石·金塔八景诗·谷雨后五日分水即事》。

⑥ （民国）《甘肃通志稿》，《甘肃民政志一·民政三·水利》，第84页。

⑦ （民国）慕寿祺：《甘宁青史略》副编卷二《河西四郡水道调查记》，第399页。

⑧ 常钧：《敦煌随笔》卷上《安西》，第375页。

⑨ （民国）《甘肃通志稿》，《甘肃民政志一·民政三·水利》，第75页。

⑩ 《（雍正七年五月二十二日）陕西总督岳锺琪谨奏为遵旨酌议事》，《雍正汉文朱批奏折汇编》第十五册，第288条，第376页。

⑪ （嘉庆二十一年）南济汉：《永昌县志》卷三《水利志》，第1页。

活困苦，临泽县“近数年来，冬雪稀少，以故河流浅涸，因之该五渠连旱数年，民不聊生”①；无水可导致城池的废弃，古浪的铧尖滩，就因为河水微细不足引灌，“故芜”。② 再如安西苦峪城，“穷其渠道所由，在西北几二百里，于靖逆之上龙王庙，疏勒、昌马二河会合处引来，今俱干涸无水，渠身砂砾瘫塞，此城遂废”③。所以河西走廊农业经济的发展、民众生活的贫富、收成的多寡、城镇的兴衰，皆视水而论。

故，河西地区民众历来视水脉为命脉，视水利灌溉为河西社会发展根本之所在，“其河水盈涸亦赖响山雪水多寡为凭，因民利皆赖地利也。水哉水哉！有本者如是”④。“总之河渠为河西之命脉，有灌溉之利即成平畴绿野，否则为荒凉不毛之沙漠，昔人谓‘无黑河则无张掖’，扩而广之，亦可谓‘无河渠则无河西’。所以河渠对于河西土地利用之关系至重且大。”⑤ 镇番，“镇邑十地九沙，非灌不殖，尤为民命所关”⑥。《永昌县志》还将水脉视为血脉，“水者田之血脉，农之命源也，顾不重哉”⑦。敦煌，“终年少雨，赖有党河凿为十渠，庶类繁滋，甲于关外，河渠之利岂可少哉。洵乎管子之言曰：‘地者万物之本源，诸生之根莞也。水者地之血气，如筋脉之流通也’。以斯知地非水不生，水非地不长。二者因相须而为功”⑧。积雪的多寡则成为判断丰歉的依据。安西境内，“水泉交汇之区多沃壤，河水涸绝之处多沙碛。终岁多风少雨，甚至露滴全无，田亩灌溉，皆恃各地泉水、疏勒河水及南山雪水，而雪水之

① （民国十八年）《临泽县采访录》，《艺文类·水利文书·民国十八年倡办水利程度报告书》，甘肃省图书馆藏书，第528页。

② （乾隆十四年）张玿美修，曾钧等纂：《五凉全志》卷四《古浪县志·地理志·山川》，第458页。

③ 常钧：《敦煌杂钞》卷下，《边疆丛书甲集之五》1937年版，第343页。

④ （乾隆四十四年）钟赓起：《甘州府志》卷六《食货·水利》，第601页。

⑤ （民国二十五年）李廓清：《甘肃河西农村经济之研究》第一章《河西之农业概况》第一节《水利》，胶片号：26392。

⑥ （道光五年）许协修，谢集成等纂：《镇番县志》，《凡例》，第25页。

⑦ （嘉庆二十一年）南济汉：《永昌县志》卷三《水利志》，第6页。

⑧ （民国三十年）吕钟：《重修敦煌县志》卷六《河渠志》，第149页。

利尤溥，故土人恒以冬季降雪多寡，卜明年丰歉”①。可见水利灌溉关乎河西农业的兴衰。

水利是河西的命脉，河西农业发展对灌溉极为依赖。镇番“地介沙漠，全资水利，播种之多寡恒视灌溉之广狭以为衡，而灌溉之广狭必按粮数之轻重以分水，此吾邑所以论水不论地也”②。在镇番，人称“水利者，固民生相依为命者也”③。在山丹，人称“我阖属边氓恃水利为续命之源者十之八九，屯戍沾水利者奚啻数千余家”④。甘州也是如此，“所以恃灌溉田亩活亿兆者，惟黑河一水。其水利之在境内者，蜿蜒三四百里，支分七十余渠，黑河之水盖造物特开之，以生兹一方者”⑤。即所谓，“民之生命系于苗，苗之畅茂关于水，况沙漠赤卤之地，莫重于水利”⑥。

二　清代河西走廊水利工程统计

正如上文所述，河西走廊灌溉农业发展首重水利，所以清朝重视河西地区的水利建设。有清一代在河西走廊大兴水利，兴建了一批水利灌溉工程。“甘肃水利以朔方、河西为多，他县次之。”⑦ 河西渠道数量在甘肃水利事业中首屈一指。河西各地水渠密布，“各县境内俱系纵横渠道，密如网状”⑧。石羊河、黑河、疏勒河各河流水系中渠道广布：石羊河流经之武威、镇番、古浪、永昌几地实为河西水渠最为密集之地，灌

---

① （民国）《甘肃省志》第三章《各县邑之概况》第七节《安肃道（二）·安西县》，第103页。

② （道光五年）许协修、谢集成等纂：《镇番县志》卷四《水利考·蔡旗堡水利附》，第236页。

③ 《镇番遗事历鉴》卷一二，中华民国四年乙卯，第499—500页。

④ （道光十五年）黄璟、朱逊志等：《山丹县志》卷一〇《艺文·建大马营河龙王庙记》，第441页。

⑤ （乾隆四十四年）钟赓起：《甘州府志》卷一四《艺文中·文钞·国朝重修黑河龙王庙碑记》，第1488页。

⑥ 常钧：《敦煌随笔》卷上《（乾隆七年冬十月记）小湾大渠口新建龙王庙记》，第374页。

⑦ （民国）《甘肃通志稿》，《甘肃民政志一·民政三·水利》，第84页。

⑧ （民国三十一年）《甘肃河西荒地区域调查报告（酒泉、张掖、武威）》，《农林部垦务总局调查报告》第一号，第六章《水利》第二节《水量》，第32页。

溉发达。张掖县全赖黑河灌溉，黑河由城内之莺落峡出谷，即分水开渠，计上有东八区，西六渠，中四渠及二十支渠，并有六野口、响山口、山水渠等共五十四渠，各渠沿河设闸，分渠灌田。酒泉农田除受讨来河、洪水、东川河等之灌溉外，祁连山附近之地则惟山水之利，如马营河、黄草坝、观音山渠等均是，计全县有渠二十二。高台县亦利用黑河灌溉县境东北部约十二万亩、摆浪河水、关河均发源于祁连山，灌溉县南之山田。[①] 下面根据河西方志、《清实录》等记载，对清代河西走廊的水利工程进行检索统计。

表 17 **清代河西走廊水利渠道统计表**

渠名	所在地	开办时间	渠长（里）	方向	灌田（亩）	资料来源
三道沟渠	安西昌马河	雍正元年（1723）	30	由南向北	1710[②]	《安西县全邑水利表图》
四道沟渠	安西昌马河	同上	25	由南向北	1710	同上
五道沟渠	安西东南草湖	同上	12	由南向北	1200	同上
六道沟渠	安西草湖	同上	12	由南向北	760	同上
七道沟渠	安西草湖	同上	12[③]	由南向北	825	同上
八道沟渠	安西草湖	同上	13	由南向北	175	同上
九道沟渠	安西草湖	同上	13	由南向北	945	同上
十道沟渠	安西草湖	同上	10	由南向北	580	同上
潘家庄渠	安西草湖	同上	8	由南向北	450	同上
双塔堡渠	安西窟窿河	同上	20	由南向北	750	同上
兔葫芦渠	安西窟窿河	同上	15	由南向北	310	同上
南桥子渠	安西中营湖	同上	10	由东向西	2110	同上
北桥子渠	安西沙窝湖	同上	15	由东向西	1510	同上

① （民国）李式金：《甘肃省的蜂腰》，《水利》，甘肃省图书馆藏书。

② 《安西县各项调查表·安西县水利调查表计》记灌田数为 1750 亩。

③ 《安西县各项调查表·安西县水利调查表》记渠长 14 里。

续表

渠名	所在地	开办时间	渠长（里）	方向	灌田（亩）	资料来源
踏实渠	安西南山石包城	同上	70	由南向北	2760	同上
东湖上下甲渠	玉门县属二道沟河	同上	20	由东南向西北	1035①	同上
奔巴兔泉	安西南山口	同上	10	由南向北	372	同上
五营渠	安西石岗墩余丁坪口	雍正五年（1727）	25	由东向西	6660	同上
北工渠	安西石岗墩余丁坪口	同上	55	由东向西	7020	同上
南工渠	安西皇渠桥	同上	70	由东向西	11820	同上
小湾渠	安西沙枣园	同上	30	由东向西	2110	同上
安西皇渠	玉门县境内	雍正年间				《安西县采访录·一》《民政·第四·水利》
通裕渠	敦煌县	雍正初年	74			（民国三十年）吕钟《重修敦煌县志》卷六《河渠志》，第149页
	安西自安家窝铺新开渠口之上7里许	雍正十二年（1734）	112			黄文炜《重修肃州新志》《安西卫·瓜州事宜》，第458页
	瓜州自靖逆西渠起	雍正年间	88			同上

① 《安西县各项调查表·安西县水利调查表》记灌田数为1025亩。

续表

渠名	所在地	开办时间	渠长（里）	方向	灌田（亩）	资料来源
	瓜州自安家窝铺起	同上	101			同上
	靖逆：自西渠起至三道沟以西	同上	57			同上
	靖逆：自三道沟以西沟起至湾	同上	31			同上
	安西卫地方：自安家窝铺起至乾沟	同上	50			同上
	安西卫气炭窑起至瓜州	同上	51			同上
回民北渠	在疏勒河南岸	同上		引水南流		同上
余丁渠	安西近镇城之西南隅	同上				同上
小湾屯地渠	在疏勒河南岸沙枣园之西	同上		引水南至小湾庄北		同上
大沟渠	在阳关，距城 145 里	同上			1250	《甘肃通志稿》《民政志一·民政四·水利·敦煌县》，第 83 页
回民南渠	在大小湾两渠之间，安家窝铺上流 8 里南岸	同上	104	引水南流直达瓜州之南		《重修肃州新志》《安西卫·瓜州事宜》，第 458 页

续表

渠名	所在地	开办时间	渠长（里）	方向	灌田（亩）	资料来源
蘑菇沟新渠		乾隆四年（1739）				常钧《敦煌随笔》卷下《开渠》，第394页
	从官路以北总名佛家营地方开渠筑坝	乾隆初年			2640	同上
五道沟渠		同上	6			同上
上六道沟开渠一道		乾隆初年	3			同上
下六道沟开渠		同上	5			同上
上七道沟开渠		同上	4			常钧《敦煌随笔》卷下《开渠》，第394页
下七道沟开渠		同上	5			同上
白杨河修渠道		同上	33			同上
鸦儿河开渠36道		同上	39			同上
庄浪渠	敦煌	乾隆十年（1745）	26			（乾隆）《敦煌县志》卷四八《水利》，第644页；吕钟《重修敦煌县志》卷六《河渠志》，第149页

续表

渠名	所在地	开办时间	渠长（里）	方向	灌田（亩）	资料来源
伏羌旧渠	敦煌	乾隆二十五年（1760）	31			同上
伏羌新渠	敦煌	乾隆二十八年（1763）	30			同上
窑沟渠	敦煌	乾隆年间	28			（乾隆）《敦煌县志》卷四八《水利》，第644页
永丰渠	敦煌	同上	44			同上
庆余渠	沙州		17			《重修肃州新志》《沙州卫·水利》，第490页
大有渠	沙州		42			同上
双树屯渠	在毛目城南70里	雍正十三年（1735）	17			《甘肃通志稿》《民政志一·民政四·水利·毛目县》，第82页
	下流60里之狼窝湖开渠	同上	120			同上
赤金渠	玉门县	康熙五十六年（1717）			6000	《甘肃通志稿》《民政志一·民政四·水利·玉门县》，第84页

续表

渠名	所在地	开办时间	渠长（里）	方向	灌田（亩）	资料来源
新渠二道	肃州王子庄、东坝等处	雍正七年（1729）	40—50		40000	（光绪）吴人寿修，张鸿汀校录《肃州新志稿》《文艺志·岳锺琪建设肃州议》，第676页
新地坝	肃州洪水河西	雍正十年（1732）			23000	《甘肃省乡土志稿》第十章《水利》第三节《旧有渠道工程之整理》同，第463页
东洞子渠	肃州红水坝		20	取红水坝水，由洞而上	1000	贺长龄《皇朝经世文编》卷一一四《工政二十·各省水利一》、《重修肃州新志》，《肃州·所属城堡》，第31页
兴文渠	肃州野猪沟					（光绪）《肃州新志稿》，《文艺志·康公治肃政略》，第698页
三清渠	在县城东南15里	雍正十一年（1733）	90		16232	《新纂高台县志》《舆地上·水利》，第158页
柔远渠	在县城西南10里	雍正十一年（1733）	79		5108	同上

续表

渠名	所在地	开办时间	渠长（里）	方向	灌田（亩）	资料来源
小渠六道	高台北河岸	道光二十六年（1846）	8	通于城土岭渠尾达朱家湾		《新纂高台县志》，《人物·善行》，第319页
城北渠		雍正十一年（1733）	2		242	《高台县河渠水利沿革及灌地亩数概况表》；（民国十九年）《高台县各项调查表·高台县水利调查表》
红砂渠		雍正十三年（1735）	13		289	同上
新开渠		道光二十四年（1844）	30		5975	同上
马衔渠		清代	5		890	同上
乐善渠		明天顺至清雍正嘉庆年间	22		5010	同上
镇江渠		同上	10		100615	同上
临河渠		同上	30		200345	同上
黑小坝渠		清代			100204	《高台县河渠水利沿革及灌地亩数概况表》
黑新开渠		同上			2050	同上
镇江渠		同上	10			同上
万开渠		同上	4			同上
新坝		同上				同上
新沟		同上				同上
河西坝		同上				同上

续表

渠名	所在地	开办时间	渠长（里）	方向	灌田（亩）	资料来源
红沙河坝		同上				同上
永丰渠		同上	18		60024	同上
黑站家渠		同上			600165	同上
河西渠		同上			3440	同上
朱家渠		同上			681	同上
九坝渠		同上	15		380	同上
永源渠		同上			3751	同上
红山渠		同上			4066	同上
镇彝渠		同上			4399	同上
中下坝渠		同上				同上
五坝渠		同上	15		7500	《高台县河渠水利沿革及灌地亩数概况表》；（民国十九年）《高台县各项调查表·高台县水利调查表》
六坝渠		同上	15		12196	同上
七坝渠		同上	15		1900	同上
八坝渠		同上	15		360	同上
十坝渠		同上	15		310	同上
罗城渠		同上	8		3900	同上
镇鲁渠		同上	8		666	同上
万开渠		同上	4		218	同上
暖泉渠		同上	15		121	同上
新坝渠		同上				同上
上小坝渠		同上				同上
黑元山渠		同上				同上
高红山东渠		同上				同上

续表

渠名	所在地	开办时间	渠长（里）	方向	灌田（亩）	资料来源
高红山西渠		同上				同上
茹公渠	金塔城南30里	康熙七年（1668）			120	《甘肃通志稿》《民政志一·民政四·水利·金塔县》，第80页
大坝渠	鼎新县：自上西乡上岁号起至中兴乡营田	雍正三年（1725）	16	由县境西向东北流	15716	（民国）张应麒修，蔡廷孝纂《鼎新县志》，《交通志·水利》，第692页
小常丰渠	鼎新县：自地字号起至新丰渠	同上	2	由西向东流	1200	同上
双树屯渠	鼎新县：自大茨湾起至清河湾	同上	4	由西向东流	1581	同上
大有年渠	鼎新县：双树村	雍正七年（1729）	10	由西南向东北	1400	《鼎新县各项调查表·鼎新县水利调查表》
天夹营渠	在金塔县东北190里	雍正八年（1730）	15		380	《甘肃通志稿》《民政志一·民政四·水利·金塔县》，第80页
大常丰渠	鼎新县：内四屯上西村	雍正十三年（1735）	30	由西南向东北	8500	《鼎新县各项调查表·鼎新县水利调查表》

续表

渠名	所在地	开办时间	渠长（里）	方向	灌田（亩）	资料来源
万年渠	鼎新县：自鼎往号起至万年村下尾	乾隆初年	3		2032	（民国）张应麒修、蔡廷孝纂《鼎新县志》，《交通志·水利》，第692页
双城子渠	鼎新县：自白柳湾起至下地湾	乾隆初年	3		546	同上
芨芨墩渠	鼎新县：自清河湾起至月牙湾	乾隆初年	3		1916	同上
新雨野渠	在金塔县西南90里	乾隆三十年（1765）	120		360	《甘肃通志稿》《民政志一·民政四·水利·金塔县》，第80页
万年渠	鼎新县：万年村	咸丰五年（1855）	20	由西南向东北	1400	《鼎新县各项调查表·鼎新县水利调查表》
维新渠	鼎新县：双城村	咸丰十年（1860）	10	由西南向东北	500	同上
永利渠	张掖县城西南	康熙年间			17000	《甘肃省乡土志稿》第十章《水利》第三节《旧有渠道工程之整理》，第463页
平顺渠	张掖县	雍正四年（1726）	30		8430	《甘州水利溯源》

续表

渠名	所在地	开办时间	渠长（里）	方向	灌田（亩）	资料来源
阳化东渠	张掖县	同上			2560	《甘肃通志稿》，《甘肃民政志一·民政四·水利》，第75页
新工渠	临泽县仁德村新渠堡	顺治七年（1650）			6000	《甘肃省乡土志稿》第十章《水利》第三节《旧有渠道工程之整理》，第463页
永安渠	自永丰渠界内起至临泽永安村	道光二十六年（1846）	30	自东北向西南	400	（民国三十二年）《创修临泽县志》卷五《水利志》，第147页
无虞渠	距东乐县城5里	康熙四十三年（1704）	20		5000	《甘肃通志稿》《民政志一·民政四·水利·东乐县》，第77页
童子渠	距东乐县城10里	同上	40		8000	同上
山坝渠	距东乐县城10里	康熙间	15		3000	同上
头坝渠	距东乐县城西里许	乾隆四十四年（1779）	20	东北流	17000	同上
二坝渠	距东乐县城西2里	同上	20	东北流	8200	同上

续表

渠名	所在地	开办时间	渠长（里）	方向	灌田（亩）	资料来源
居仁渠即三坝渠	距东乐县城西30里	同上	20	东北流	12900	同上
民和渠亦属三坝	距东乐县城西40里	同上	20	东北流	5000	同上
定丰渠即四坝渠	距东乐县城西	同上	20	东北流	12000	同上
镇平渠即五坝渠	距东乐县城45里	同上	25	西北流	12000	同上
重新渠即六坝渠	距东乐县城50里	同上	18	西流	16000	同上
明洞渠	东乐县上天寨、下天寨、杜树寨一带	清代			5000	《甘肃省乡土志稿》第十章《水利》第三节《旧有渠道工程之整理》，第463页
东渠	民勤县	雍正十二年（1734）	350		75200	《甘肃通志稿》《民政志一·民政四·水利·民勤县》，第71页
西渠	民勤县		340		29200	同上
中渠	民勤县		350		61500	同上
外西渠	民勤县		320		23200	同上
站家牌坝	永昌县西南毛家庄	乾隆年间				（乾隆五十年）《永昌县志》卷一《地理志·水利总说》，第13页

续表

渠名	所在地	开办时间	渠长（里）	方向	灌田（亩）	资料来源
毛家庄沟	永昌县西南二十五里	清代				《甘肃通志稿》，《甘肃民政志一·民政四·水利》，第70页

上表所统计之渠道，尚不能完全涵盖清代河西走廊水利工程的全部。在清代史料中，还有关于创修水利工程的一些笼统记载。如，《甘肃通志稿》载：康熙五十五年（1716）十月，“肃州巡抚绰奇往堪肃州迤北多可垦地，酌量河水灌溉”①。雍正十年（1732）“又以甘肃所属之瓜州地肥饶可垦，将疏勒河上流筑坝开渠引水入河，又于安家窝铺对岸导渠疏浚深通引水溉田，至十一年（1733），陕西之柔远堡镇夷堡口外双树墩等地方开垦，令开渠溉田，十二年（1734）甘肃口外柳林湖地屯垦令筑坝建堤开渠”②。《甘肃通志稿》又载：“乾隆二十五年（1760）陕西总督杨应琚请将肃州临边荒土，尽令开垦，相其流泉，开渠引灌。”③ 又如《清高宗实录》卷七三九所记，乾隆三十年（1765）六月，在安西设立新渠三千余丈。《敦煌随笔》又记：柳属户民田亩附近旧堡者即于四道沟分开三渠，其余丁地亩附近布隆吉者于十道沟尾开渠引灌，而回民田地之在踏实堡地方者则系石包城一带水泉。④ 以上这些笼统的记载，在上表中无法进行确切表述。要之，清代河西走廊的水利工程数量多，规模大。

三　水利灌溉工程的修治与管护

（一）水渠修造技术

清代河西走廊的水渠兴建往往就地取材，采取因地制宜的方法进行。

① （民国）《甘肃通志稿》，《甘肃民政志一·民政四·水利·酒泉县》，第78页。

② 《清朝文献通考》卷六《田赋六·水利田·考四九一四》。

③ （民国）《甘肃通志稿》，《甘肃民政志一·民政四·水利·酒泉县》，第78页。

④ 常钧：《敦煌随笔》卷上《柳沟》，第370页。

人们往往想方设法、利用各种手段进行水渠建造，即“必用伐山攻石，以利疏浚”①。大致采取如下几种办法。

架槽引水之法。对于悬崖的阻隔，民众在兴建水渠时采取了架槽引水的手段。如高台县兴建的红沙河坝，就采用沿悬崖绝壁架槽引水的方法。② 顺治十八年（1661）九月，临泽新工渠也采用了搭槽修渠的方法，“至于棚搭橙槽，修镶凿洞，着抚、新二渠每年甲役各出伕名，务期修理完固”③。肃州九家窑屯田水利修建中，也采取了这种方法，“九家窑屯田，其悬崖断岸，水不能过者，架槽桥四座”④。

顺水之势兴建水渠之法。如肃州，“因顺水势所至，相其高下，而平治导利之”⑤。针对河西地区水高地低的状况，水渠往往在河流出山之地开凿，如“祁连山北之甘肃走廊地带，有一共同之形式，即南高而北低，水源高而地低，故在各河出山之处，开凿渠道，引入于支渠（坝）实行灌溉，颇为便利”⑥。

凿洞引水、穿隧为渠之法。对于一些水程较远的水渠，兴建时往往采用凿洞引水、穿隧为渠，即开设“暗渠”的方法引水。“其渠道工程之大者如洪水河及黑河上游，往往在山中地下穿凿十余里乃至二十余里，号称暗渠。”⑦《创凿肃州坝庄口东渠记》记载，雍正、乾隆时在肃州水渠的修建中多次采用凿洞开渠的方法：“乃改凿沟坳，迂通南壁。自此，明渠暗洞互相接递。”明洞与暗渠相接，蔚为壮观，“即成导水之功”。⑧

---

① （光绪）吴人寿修，张鸿汀校录：《肃州新志稿》，《文艺志·创凿肃州坝庄口东渠记》，第677页。

② （民国）《高台县河渠水利沿革及灌地亩数概况表》，甘肃省图书馆藏书。

③ （民国三十二年）《创修临泽县志》卷五《水利志·水利碑文·创开新工渠碑记》，第162页。

④ （清）黄文炜：《重修肃州新志》，《肃州·屯田》，第85页。

⑤ （清）黄文炜：《重修肃州新志》，《肃州·屯田》，第85页。

⑥ （民国三十一年）《甘肃河西荒地区域调查报告（酒泉、张掖、武威）》，《农林部垦务总局调查报告》第一号，第六章《水利》第三节《灌溉方法》，第33页。

⑦ 《甘肃河西荒地区域调查报告（酒泉、张掖、武威）》第六章《水利》第三节《灌溉方法》，第33页。

⑧ （光绪二十二年）吴人寿修，张鸿汀校录：《肃州新志稿》，《文艺志·创凿肃州坝庄口东渠记》，第677页。

再如《重修肃州新志》记载雍正十年（1732）九家窑水渠凿洞而修的情况：“凿通大山五座，穿洞千余丈，洞高七尺，阔五尺，开渠千五百丈，计穿洞、开渠筑坝、建房并两年牛、犁、籽种之费用银三万两。华捐盖龙神、山庙二座。中间改建龙口者三，改穿山洞者四。”[①] 共凿山五座，穿洞千余丈，改穿山洞者四，多用暗渠，其工程之大可见一斑。

植树护堤、填压乱枝之法。即在堤坝中，填用乱树枝及芨芨草以增强抵抗冲刷之力。“祁连山北之甘肃走廊地带，渠底墙皆就地采用之沙与乱石，在渠口或交错处则用乱树枝及芨芨草，增强抵抗冲刷之力。”[②] 再如采用堤旁植树的方式固堤，光绪三年（1877），高台县丰稔渠渠堤筑成之后，在堤岸两旁栽杨树三百株，“以固堤根”。[③] 镇番县修治西河，共修河堤六十三里余，“今春三月沿河两岸，遍植杨柳，以护堤身”[④]。嘉庆十一年（1806），镇番县下令“思患预防，沿河培柳”[⑤]。又如《开垦屯田记》中记载慕国琠在甘州三清渠的修治中，将“渠之两岸砌成帮沿，中用泥沙填实，再以柳椿管住，迨至土堡长芽柳椿行根，则两相并结，而渠岸永无坍卸之虞”[⑥]。不失为因地制宜之好方法。

因地取材修渠之法。如镇番县修治渠道多采用当地盛产的白茨柴和芨芨，“白茨柴，质坚硬，耐焚烧，因其茎修长绵软，结捆成束，最宜拦水堵坝，故县民每年按例分缴之柴草，多为此物”[⑦]。镇番农家谚中记载，春季来临家家户户都要去修治渠道，而且要“茨柴十个，芨芨带上”[⑧]，多就地取材，将白茨柴和芨芨作为修治渠道之物。再如前述甘州

---

① （清）黄文炜：《重修肃州新志》，《肃州·屯田》，第 85 页。

② （民国三十一年）《甘肃河西荒地区域调查报告（酒泉、张掖、武威）》，《农林部垦务总局调查报告》第一号，第六章《水利》第三节《灌溉方法》，第 33 页。

③ （民国十年）徐家瑞：《新纂高台县志》卷八《艺文下·知县吴会同抚彝分府修渠碑志》，高台县志辑校，张志纯等校点，甘肃人民出版社 1998 年版，第 455 页。

④ 《镇番遗事历鉴》卷一二，民国四年乙卯，第 499—500 页。

⑤ （道光五年）许协修，谢集成等纂：《镇番县志》卷四《水利考·河防》，第 212 页。

⑥ （乾隆四十四年）钟赓起：《甘州府志》卷一四《艺文中·文钞·国朝开垦屯田记》，第 1518 页。

⑦ 《镇番遗事历鉴》卷七，世宗雍正十三年乙卯，第 277—284 页。

⑧ 《镇番遗事历鉴》卷九，仁宗嘉庆十七年壬申，第 372—373 页。

三清湾水道修治过程中，慕国琠将民人用以御寒的湖草土垡作为固渠之物[①]，即就地选取简单、实用、经济的物料进行水渠的兴建。

上述这些渠道的修治方法，一般根据水情水势以及当地的实际物料而定，水低地高者往往架槽引水，山脉阻隔者往往凿洞引水、穿隧为渠，土质疏松者往往采用填枝固堤之法等。这些渠道修治技术在清代的河西地区已属难能可贵，促进了该地农业的发展。如肃州九家窑水渠通过“上流凿山开洞，引千人坝之水，逆流而上以避漏沙”的方法，使得九家窑荒地得以开垦，上寨等四堡熟地更可加倍丰收，“于民生军需均有裨益”[②]。肃州西洞子渠的兴建，也有益于该区的农业发展，乡谣曰“有人修起西洞子，狗也不吃麸刺子”[③]。人们利用凿洞所开水渠，形成了灌溉有赖、农业丰收的局面。

（二）渠道护理方法

河西走廊的沙质土壤以及水程较长等水源条件，促使清代该区形成特有的渠道管护方法。如慕国琠在修治甘州渠道中总结出了渠道的疏浚、堵御等方面的经验。在渠道的疏浚上，认为新旧渠道渠水过后往往积留泥沙，加之冬日多风沙，会导致渠道填塞，所以在春季开冻土松之时即应进行疏浚，名曰“挑春沟”。在挑春沟时，应根据渠道的深浅宽窄进行，不能划一而论，但其总的原则不变，即为宽挖、深挑、底平、沿厚为主。“宽挖则水流势缓，不致冲塌；深挑即风吹沙聚，不患填满；底平则水溜；沿厚则堤坚，此疏浚之要也。”在渠道的堵御中，认为沙渠的堵御要比土渠的修理更难，而对碱地的堵御则更需谨慎，“盖碱土虚浮，虽些小一穴，水必旋起，名曰钻洞，顷刻冲泛，竟无底止，非数车草土不能抢塞，所当周行审视，先事防维者也”。强调碱地渠的堵御要留心观察、事先防备。而对于逆流之渠的护理方法也有讲究，即“底更需逐渐

---

① （乾隆四十四年）钟赓起：《甘州府志》卷一四《艺文中·文钞·国朝开垦屯田记》，第1518页。

② 《清世宗实录》卷一二三，雍正十年九月庚戌，第624页。

③ （清）黄文炜：《重修肃州新志》，《肃州·水利》，第76页。

逞高，水流方顺，若高低不一，则高处阻隔而难上，低处积滞而不行，而相其高下之势，务在就底匍匐，逐步详审，乃得其概”。即使渠道修成之后也要经常查看以防不测，“渠成之后，不时查阅，每遇大风大雨必飞行防护，盖水击沿动，易于坍卸”①。再如，镇番县由于地近沙漠，“水微则滞、水涨则溢”，故在水利维修管护中颇讲究方式方法，“惟赖长民者相度形势统川湖之力，于河岸沙堤则增卑倍薄，移栽树柳以厚固其基，择地段坚硬仿古人置闸之法，量水大小以时蓄泄，庶倾塌无虞，狂澜可挽，一劳永逸，其或在是乎”②。其中“沙堤增卑倍薄”，“移栽树柳以厚固其基”，“地段坚硬置闸之法”，“量水大小以时蓄泄”等，均是适合镇番水利维修管护的方法。这样，人们因地制宜兴建起的水利工程就能够得到基本的管护与维修，保证了渠道的畅通与农业灌溉事业的顺利进行。

（三）渠道修治的制度规定与经费来源

水利灌溉为河西农业之命脉，在大力修建渠道工程之后，还需要建立一套相应的水利修治管理措施，如制定规章、配备人员、解决经费等，从而保证水利工程的正常运转。

关于规章制度，我们从相关文献中发现清末有关河西各县水渠修治的制度规定，现摘引于下：

> 古浪县，修渠情形：由农民自动集合挖修。需费：农民自备；临泽县，渠道浚治：每年清明节前三日各渠率夫挑修渠道、堤岸，遇有溃决，随时用柴草、树枝、沙石加以修补……需费：按粮派夫，自备用费；酒泉县，至渠道之管理，各县多有渠正、渠长……当盛夏水涨或闸坝坍塌，渠水泛滥需巡查修筑，冬日风多，或飞沙堆积沟渠壅塞则加以挑浚，分功合作，按粮派夫。敦煌县，渠道浚疏：每年夏秋二季，由十渠渠正督饬十渠渠长各集民夫修堤浚渠……需

① （乾隆四十四年）钟赓起：《甘州府志》卷一四《艺文中·文钞·国朝开垦屯田记》，第1518页。

② （民国八年）周树清、卢殿元：《续修镇番县志》卷四《水利考·河源·水利源流说》。

费：由各渠农民自备。防止水患办法：每年立夏分水后，于党河及十渠坪口各派看水寻堤夫一名，以防水发冲毁河堤。①

该规定对于河渠修理的时间、修理方法、修理人员、负责人、费用来源等都做了具体规定。如在修理时间上各县水渠修理各有规定，时间不一。有的为春季疏浚，有的是夏秋两季修浚，有的则是夏冬两季。修理方法主要是清理积沙、修补溃决、修筑坍塌闸坝等；修理人员主要为各渠百姓；负责人为水约、水官、农官、各渠头人等；修理费用主要为农民自备。总体来看各县的渠道修理方法不同，存在一定的差异，但大都有水渠修理管护方面的规定，这样有利于水利维护的规范化和制度化，使管理做到有章可循。

关于水利修治人员的职责规定。清代河西走廊对渠道修治人员也作了严格规定，河西水利修治人员一般为各家按粮出夫，不得优免，即使是缙绅等头面人物也得出夫修治。如乾隆八年（1743）古浪县令安泰刻碑规定："古浪向例使水之家但立水簿，开载额粮暨用水时刻，如有坍塌淤塞即据此以派修浚，无论绅衿士庶俱按粮出夫，并无优免之例。"② 乾隆七年（1742），甘肃巡抚黄廷桂奏："甘、凉、西、肃等处渠工应照宁夏之例，无论绅衿士庶按田亩之分数，一例备料勷办，其绅衿不便力作者许雇募代役。倘敢抗违即行详革……仍勒石以垂久远。"③ 对修渠派夫做了严格规定，即使缙绅不便力作者也要雇募代役，否则即行详革。这样，渠道修治的人力就得到了保证。

关于经费来源。清代各时期河西地区水利修治费用略有差异。官府下拨经费是一重要方面。如乾隆年间镇番县的渠道修治费用，大部来自官府拨给，如"至柳林湖大渠……每年风沙壅塞，堤岸冲决，俱须修治。

① （民国二十五年）李廓清《甘肃河西农村经济之研究》第一章《河西之农业概况》第一节《（四）水利》，胶片号：26396—26408。该文涉及清末河西各县水渠修理管护方面的内容，限于篇幅，仅摘录古浪、临泽、酒泉、敦煌县之相关内容。

② （民国二十八年）马步青、唐云海：《重修古浪县志》卷二《地理志·水利·渠坝水利碑文》，《中国西北文献丛书》，兰州古籍书店1990年版，第177页。

③ 《清高宗实录》卷一八一，乾隆七年十二月乙卯，第351页。

应请每年设立岁修银四百两，修浚之后，令该通判据实报销”[①]。再如肃州地区，乾隆元年（1736）甘肃巡抚刘於义上奏道，三清湾屯田需下拨岁修银二百四十三两二钱，柔远堡屯田渠道每年需下拨岁修银一百六十二两，平川堡屯田渠道每年需下拨岁修银三十六两，毛目城屯田渠道每年需下拨岁修银一百五十六两，双树墩屯田渠道每年需下拨岁修银一百五两六钱，九家窑山洞明沟每年需下拨岁修银二百两，“今以上三清、柔远、平川、毛目、双树、九家窑每年共需岁修银九百二两八钱。如此办理，庶屯政不致废坏”[②]。可知肃州各屯田岁修渠道银自三十六两至二百四十三两二钱不等。

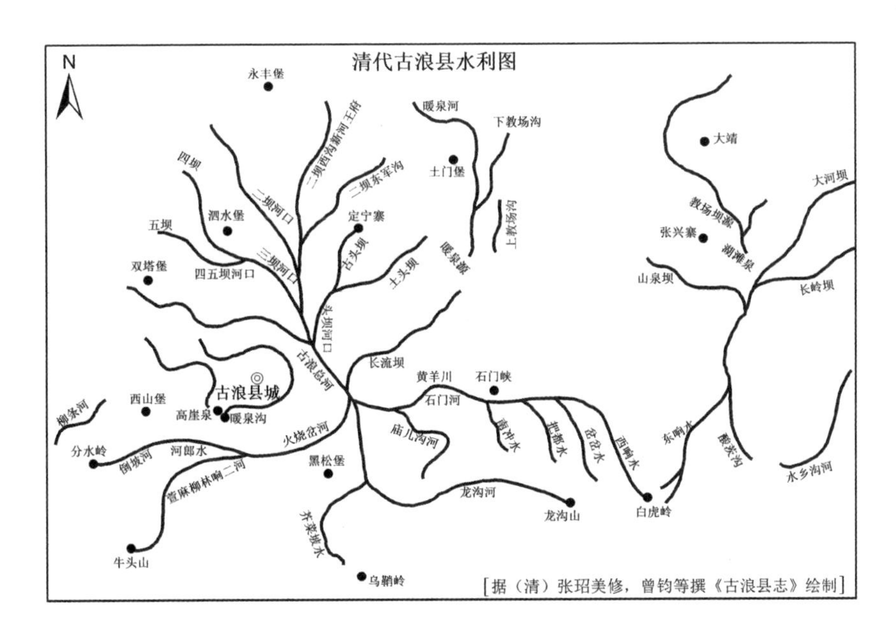

图3 清代古浪县水利图

清代中后期，河西某些县的岁修渠道银被裁，水利修治经费主要由

① 《（乾隆元年十二月初十日）甘肃巡抚刘於义为请定甘肃屯田善后事宜事奏折》，中国第一历史档案馆《乾隆朝甘肃屯垦史料》，《历史档案》2003年第3期，第23页。

② 《（乾隆元年十二月初十日）甘肃巡抚刘於义为请定甘肃屯田善后事宜事奏折》，中国第一历史档案馆《乾隆朝甘肃屯垦史料》，《历史档案》2003年第3期，第23—24页。

官员捐俸及百姓自筹等形式来解决。如镇番县，“旧志载岁修渠道银四百两，今裁，嘉庆十一年（1806）邑令齐正训……复捐廉俸三百余两，发当营息永为修河之资”[①]。康熙四十二年（1703）镇番“水利老人倡捐四百两，发当营息，充为修渠之资”[②]。以地方官或水官捐银的方式筹措水利修治费用。而肃州九家窑渠道还以设置公田的形式筹集修费，“筹置岁修公田……所获粮石收贮公所以备春工需用”[③]。同时还有农民自筹方式，如前所引“临泽县渠道浚疏需费：农民自备。高台渠道浚治需费：自备用费。敦煌县渠道浚疏需费：由各渠农民自备。古浪县修渠需费：农民自备”[④] 等。此外，清代镇番县官民还合力出资，“故修河工费合三渠四坝，岁计不下万余金，官民协办”[⑤]。渠道修治费用是关系到水渠正常运转的重要因素，清代河西走廊的水渠经费由最初的国家拨付，转而为基层社会自筹，甚至变为农民自备，这一转变显示出国家在修渠经费问题上，已由清初的全面投入，中间转而主抓急难险重，至于日常修治则逐步由基层自行解决。

清代河西走廊水利修治在制度上有章可循，在修治人员上按粮派夫、不得优免，在修治费用上官府拨给、百姓自筹、官民共筹等途径多样，可见，河西水渠的维护管理基本做到了有法可依，有人可用，有钱可支，能够保证渠道的修治与管护的正常运转。

四　分水制度与水资源管理体系

随着水利工程的大量兴修，清代河西地区建立起一套相应的水资源管理体系，从制度设立、人员管理等方面规范着该区灌溉事业的有序展开。

---

① （道光五年）许协修，谢集成等纂：《镇番县志》卷四《水利考·河防》，第212页。

② 《镇番遗事历鉴》卷六，圣祖康熙四十二年癸未，第246页。

③ （光绪二十二年）吴人寿修，张鸿汀校录：《肃州新志稿》，《文艺志·康公治肃政略》，第698页。

④ （民国二十五年）李廓清：《甘肃河西农村经济之研究》第一章《河西之农业概况》第一节《（四）水利》，胶片号：26403。

⑤ （民国八年）周树清、卢殿元：《续修镇番县志》卷四《水利考·河源》。

（一）分水制度

河西走廊水源稀缺，为了能够保证该区水利灌溉事业的顺利进行，就必须建立详尽严格的均水分水制度，对该地的水源作出统筹分配。一般而言，清代河西走廊的分水制度主要是指确立水源分配的水规水法，它通常具有严格性，同时在实际执行中，亦会根据具体情况不时变通。河西走廊水规的议定需该渠水官、绅耆、士庶代表等共同商议决定，水规议定后还需上呈县府。如清敦煌普利渠渠规的制订，由合渠绅衿、农约、水官、坊甲人等“公到会所”，重新“议定章程”。① 为确保水规的有效性，往往刻水规于石碑之上，立于水渠之旁，并会对违规者进行惩处，以确保水规的有效执行。

1. 严格的水规水法

河西走廊水资源有限，在农耕需水时节“水贵胜金”，为了能够公平合理地进行水利分配、防止多占与不均现象，清代河西各县制定了严格的均水法规，即所谓“渠口有丈尺，闸压有分寸，轮浇有次第，期限有时刻”②。“其坝口有丈尺，立红牌刻限，次第浇灌。”③ 清代河西走廊分水的严格性在诗中也有所反映，如：“杨柳重堤夏日长，轻装驰入水云乡。分水不是抡才典，也要亲掺玉尺量。”④ “年年均水起喧嚣，荷锸如云人语繁，沙浅冲平杨岸提，穿旁溢杏花寸香，细刻分阴冕，一滴俱关养命源，安得甘泉随处涌，万家沾溉自无言。”⑤ 即分水时几寸水源皆有规定。“查全县水利率皆按粮定时，惟海东水利虽按田亩远近粮石多寡分配昼夜，而实则粮水不合，每昼夜分作十分，凡厘毫丝忽小数均按分数

---

① （民国）吕钟：《重修敦煌县志》卷一一《艺文志·普利渠渠规碑记》，第555页。

② （乾隆十四年）张玿美修，曾钧等纂：《五凉全志》卷一《武威县志·地理志·水利图说》，第44页。

③ （乾隆十四年）张玿美修，曾钧等纂：《五凉全志》卷四《古浪县志·地理志·古浪水利图说》，第472页。

④ （民国三十年）吕钟：《重修敦煌县志》卷一一《艺文志上·诗·立夏赴各渠口分水》，第442页。

⑤ （民国二十五年）赵仁卿等：《金塔县志》卷一〇《金石·金塔八景诗·谷雨后五日分水即事》。

推算。”① 可见，分水时即使是非常细微的时间差别，也要计算清楚，其分水制度的严格性可见一斑。且当地人们对分水亦十分重视，如高台诗《均水赠镇夷堡》中云：“均水年年赴建康，天城按例接尘装。士民最是多情甚，杯酒欢迎侍道旁。”② 水规、分水均水是人们关注的焦点。

首先，清代河西走廊的水规严格限定了各地各渠坝的应浇水时，各分水时刻多根据纳粮数核算，有按粮均水法、点香分水法、按亩分水法等。如镇番县按照纳粮数计算各坝的浇水时刻，如“四坝，现征粮一千六百八十六石三斗一升零，该水九昼夜零时四个……更名坝，现征粮三百八十二石五斗八升零，该水二昼夜零时四个……东边外六坝，现征移坵粮二百二十六石七斗七升，该水时十一个”③。水时规定严格，极为细致周密。又如山丹县均水时也以按粮均水为主，即使是水口宽度都按粮限定：“暖二闸纳粮五百三十石四斗零，按粮均定水口宽八尺二寸五分……暖头闸纳粮五百零六石二斗五升零，按粮均定水口宽七尺八寸……附边山小沟子纳粮四十四石六斗，公议饶增闸口宽一尺一寸，深仍二寸五分。”④ 再如乾隆年间东乐县水规中将各坝点香分水时刻明确规定出来：“十九、十六坝夜晚应香五时，十九坝应扒三时七刻，十六坝应扒一时三刻。十九、十八坝白昼应香七时，十八、十九坝扒二时五刻、四时五刻。”⑤ 可知，分水不仅计算到时辰，而且计算到刻。沙州为按亩分水，浇水时闸口的分寸大小以木槽比量，“设有木槽比量分寸”⑥。敦煌县为按渠户数均水，“渠正丈量河口宽窄、水底深浅、合算尺寸、摊就分数，按渠户数多寡公允排水”⑦。渠正分水时要丈量河口宽窄、水底深浅，并严格计算尺寸才能摊就分数，按渠户数多寡公允排水。高台县则

---

① （民国）徐传钧、张著常等：《东乐县志》卷一《地理志·水利》，第426页。

② （民国十年）徐家瑞：《新纂高台县志》卷八《诗·均水赠镇夷堡·毛目县》，第497页。

③ （乾隆十四年）张玿美修，曾钧等纂：《五凉全志》卷二《镇番县志·地理志·水利图说》，第240页。

④ （道光十五年）黄璟、朱逊志等：《山丹县志》卷五《水利·五坝水利志》，第165页。

⑤ （民国）徐传钧、张著常等：《东乐县志》卷一《地理志·水利》，第426页。

⑥ 常钧：《敦煌随笔》卷上《沙州》，第382页。

⑦ （民国）《敦煌县乡土志》卷二《水利》，甘肃省图书馆藏书。

按修渠人夫均水，如该县纳凌渠上中下各子渠按出夫多寡使水，定期十日一轮，新开渠上中下各子渠按人夫多寡使水，乐善渠三子渠按人夫多寡照章使水等。① 无论是按粮均水、点香分水，抑或是按渠户数分水，河西各县分水水规的标准略有差异，但皆十分严格，甚至细化至几分几刻，以保证分水的公平性。

其次，清代河西水规将一年之水按季节分为春水、夏水、秋水、冬水等，并分为一牌、二牌、三牌、四牌等牌期，② 而且各水的时间也根据农时明确规定出来，不得违时。如永昌县水规规定，“每岁白露前后泡来年麦地曰浇秋水，其泡间年歇地至立冬乃已曰浇冬水，清明前后泡植杂禾曰浇春水，浸苗曰头二三水”③。将一年之水分为秋水、冬水、春水、头二三水等，并且每水之节气时期皆作出明确限定。再如敦煌县水利章程规定：“每年春间冰雪融化，河水通流，户民引灌田地，乘其滋润播种安根，谓之浇混水。”④ 将春季河水初融所浇之水称为混水。又如东乐县，将每年自惊蛰起至清明寅时止所浇之水称为闲水（或称为安种水），清明至立冬后六日止所浇之水称为正水。⑤ 虽然各县各水之称呼不同，但其浇水日期、浇水时间、浇灌次序等皆有严格规定。

2. 分水规章的变通性

清代河西走廊管水制度是颇为严格的，同时随着水量的增减、纳粮数的多少以及具体情况的不同，水规也呈现出较强的灵活性，即所谓：

> 有为调剂之说者，谓今古时会不同地势亦异，昔之同坝行水者今且分时短行矣，合未见有余分即形不足，其说诚似也。夫河渠水利固不敢妄议纷更，尤不可拘泥成见，要惟于率由旧章之中寓临时

---

① （民国）《新纂高台县志》卷一《舆地·水利》，第161页。

② 牌期是指由县府规定的使水日期、水量，用红字刻于木牌上，立于渠坝之上，各渠、支渠即坝，农户遵照执行，不得违背。见王培华《清代河西走廊的水资源分配制度——黑河、石羊河流域水利制度的个案考察》，《北京师范大学学报》2004年第3期。

③ （嘉庆二十一年）南济汉：《永昌县志》卷三《水利志》。

④ （道光十一年）苏履吉修，曾诚纂：《敦煌县志》卷二《地理志·渠规》，第121页。

⑤ （民国）徐传钧、张著常等：《东乐县志》卷一《地理志·水利》，第426页。

匀挪之法，或禀请至官，当机立决，抑或先差均水以息争端，毋失时、毋偏枯斯为得之，贤司牧其知所尽心哉。①

认为分水不能拘泥成见，可利用调剂与临时匀挪之法进行管理，但总体原则为“毋失时、毋偏枯”。如镇番县，雍正十年（1732）原定额征屯、科、学、更名等粮共七千四百五十二石有余，而实征粮数却少于原额定粮数一千余石，所以各水时也有相应改动，“依此粮额分水，则小倒坝每粮二百一十五石，该水一昼夜，大倒坝仍二百五十石，该水一昼夜。缘有加减之制，故四坝居极东，倒坝先之。渠口即通河，迄东为外河，柳林水路也；迄西接小二坝，通长约三十里，共征粮一千六百八十六石三斗一升零，该水九昼夜又四时。润河水：小倒坝该水七昼夜零七时外，润河水三昼夜零四时”②。即小倒坝由上述康熙年间的二百六十八石分水一昼夜③，变为二百一十五石该水一昼夜。随着纳粮数的变动水时也随之变化。再如镇番县之头坝由于沙患较多，往往导致沙淤沟塞，若浇水限定时刻往往导致田亩不敷浇灌，故亦采取了灵活变通措施：“故互相酌济不拘夏秋，分大二四各坝之水而为一，常行渠口例不再分昼夜时刻，其应分两昼夜零时二刻之水，仍照大二四各坝粮数多寡按时均添于各坝中，盖以应得之时刻而易为常行，亦因地变通之法也。”④ 所以浇水时头坝不限定时刻，将限时改为常行，即所谓“互相酌济不拘夏秋”之法，根据实际情况酌情调整水规。再以镇番县水规为例：“春水，自上而下，如遇山水猛发，一坝不能独容，各坝亦可开口，要亦酌水势之大小。”⑤ 遇到山水涨发之时，水量水势皆大，则需各坝同开以避水患。“轮浇春水亦有一而再

① （道光五年）许协修，谢集成等纂：《镇番县志》卷四《水利考·蔡旗堡水利附》，第236页。

② 《镇番遗事历鉴》卷七，世宗雍正十年壬子，第274页。

③ 《镇番遗事历鉴》卷六，圣祖康熙四十一年壬午，第246页。

④ （乾隆十四年）张玿美修，曾钧等纂：《五凉全志》卷二《镇番县志·地理志·水利图说》，第240页。

⑤ （道光五年）许协修，谢集成等纂：《镇番县志》卷四《水利考·牌期》，第208页。

再而三者，盖冰结于河，冰消则水大，春分之前三后四尤浩瀚异常，调剂轮流务希均沾实惠，虽润沟旷时亦所弗计，或以上游有余之水彼此通融，与川略同。”① 由于春季冰消时间不一，若河水结冰难以浇灌，则春水可以多次反复浇灌，即所谓“调剂轮流彼此通融”。“（镇番）四坝遇有河水倒失或微细时，得将其秋水额匀入各牌浇灌之。”② 如遇春水水量过小时可将秋水额数匀入。

再如山丹县，浇水时根据春水与冬水水量的不同分配点香时刻：“按均定水利每粮一石，头二两轮安种水以五寸香时行使，头二两轮冬水以七寸香时行使。”③ 敦煌县水利规则中规定：“渠分水寸数，暂照近年来源摊算，此后得按水势大小，随时酌量增减，以昭公允。”“立冬节为庄浪、新旧伏羌三渠开浇冬水之期，所有浇过冬水之七渠平口，应即一律封闭，将水退浇下三渠平均分浇，但上七渠水量减少，确有特别情形者，立冬退水时得延长五日或十日，至下渠于清明节后退浇春水时，亦得按日延长之。”④ 意即在特殊情况下，如水量减少时会变通冬水浇灌时间。永昌县水规中对出现的新情况，也采取灵活变通的措施：

> 盖自有明招民受地以来，迄今数百年之久随时损益经常之则，蔑以复加于兹，由旧无衍纷更则弊。若夫亢旱流缩引注维艰，或以两坝之水并为一坝，或以上下牌之水并为一牌，又或以数家之水并为一沟，亦权宜所不可少者，而灌之为法具于是矣。⑤

即在遇到亢旱流缩引灌维艰的情况下，则可在实际执行中采取各种调节措施，如将两坝之水并为一坝，或以上下牌之水并为一牌，又或以

① （道光五年）许协修，谢集成等纂：《镇番县志》卷四《水利考·牌期》，第209页。

② （民国三十三年十二月）《民勤县水利规则·敬告全县父老昆弟切实奉行民勤县水利规则》，甘肃省图书馆藏书。

③ （道光十五年）黄璟、朱逊志等：《山丹县志》卷五《水利·五坝水利志》，第165页。

④ （民国三十年）吕钟：《重修敦煌县志》卷六《河渠志·十渠水利规则》，第153页。

⑤ （嘉庆二十一年）南济汉：《永昌县志》卷三《水利志》。

数家之水并为一沟等，而这些调节措施仅是权宜之策，水规的基本原则是不容违犯的。故清代河西走廊的水规是严格而灵活的。

综上所述，由于分水关乎河西生计利益之重，故有清一代河西走廊普遍实施了严格的水规水法，明确规定分水的方法、分水的时刻、违规之人的惩处等方面的内容。同时针对不同的具体情况，水规当中也采用了一些调剂与变通之法。水规成为解决河西各地分水、行水问题的基本方式与途径。

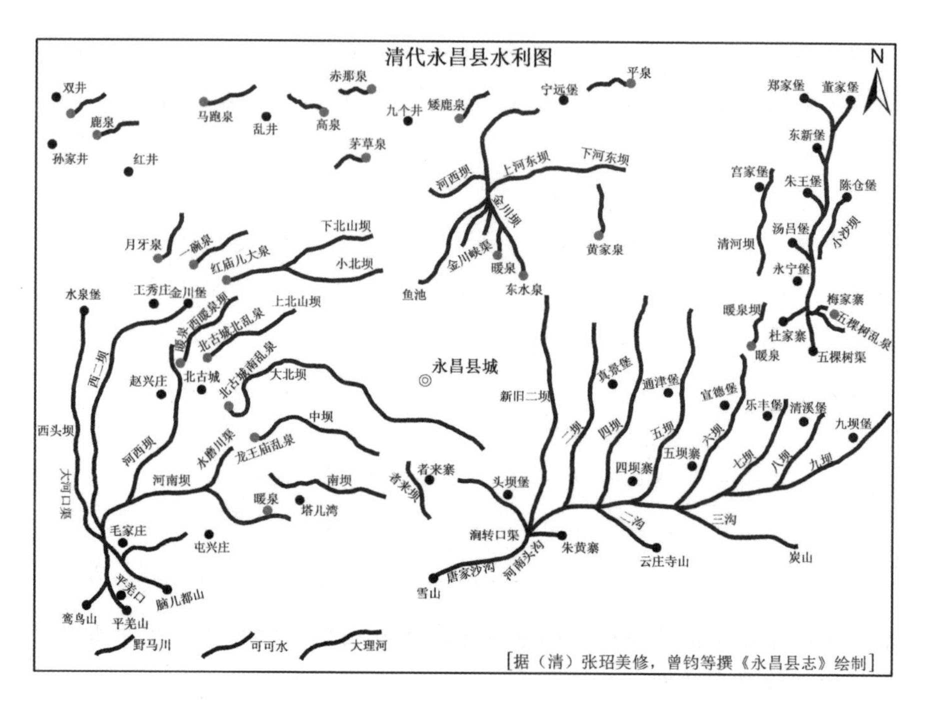

图4　清代永昌县水利图

（二）分水流程与水规的权威性保证

清代河西走廊分水的流程相对简单。分水是清代河西基层社会治理中的大事，一般在立夏开渠日正式展开。分水时节，各渠长、水官汇聚坝口，由水官全面负责分水事宜，地方官则派人或亲自监督。水官分水需严格按

照水规进行，正如诗文所言：“分水不是抡才典，也要亲掺玉尺量。”[①] 有时上下坝口还需派民夫前往监督，具体至各户分水量则按用水名册进行。水老保管各坝用水名册，并以此为据进行分水[②]。（道光）《敦煌县志》记载敦煌县分水过程如下：

> 渠正二名总理渠务，渠长一十八名，分拨水浆，管理各渠渠道事务，每渠派水利一名，看守渠口、议定章程。至立夏日禀请官长带领工书、渠正等至党河口，名黑山子分水，渠正丈量河口宽窄、水底深浅、合算尺寸、摊就分数，按渠户数多寡公允排水，自下而上轮流浇灌，夏秋二禾赖以收稔。[③]

立夏分水日地方官带领工书至分水口监督分水，渠正总管水利及每年的具体分水事宜。渠正下设渠长分管各渠渠道事务，每渠又专设水利一员，负责看守渠口、制定水规等事项。渠正、渠长、水利等各级水官在分水时节，至河口丈量河口宽窄和水底深浅，“合算尺寸”，按渠户数多寡公平分配水源，确保自下而上轮流浇灌。史载“其坝口有丈尺，立红牌刻限，次第浇灌，水利老人实董成焉”[④]。即坝口宽窄、浇水时间、浇灌次序、用水多少等皆由水利老人负责。

分水流程全程皆严格按照水规进行，任何个人不得随意更改。水规水法是河西走廊水资源分配的核心标准，水规水法的顺利推行是地区水利公平的重要保证。清代河西地区采取了立石碣、设水簿、惩处违规者等手段树立其权威性。

首先，立石碣、设水簿。保证分水有本可依及分水的公平性。清

---

① （民国）吕钟：《重修敦煌县志》卷一一《艺文志·立夏赴各渠口分水诗》，甘肃人民出版社2002年，第442页。

② （民国）马步青、唐云海：《重修古浪县志》卷二《地理志·水利》，第177页。

③ （道光）苏履吉、曾诚：《敦煌县志》卷二《地理志·渠规》，台北成文出版社有限公司1970年版，第121页。

④ （乾隆）张玿美修，曾钧等纂：《五凉全志》卷四《古浪县志·古浪水利图说》，第472页。

代河西地区为保证用水公平，各家皆有水簿。如古浪县，“向例使水之家但立水簿，开载额粮暨用水时刻，如有坍塌淤塞即据此以派修浚”①，可知该县各家各户皆有水簿，上记载本户所应纳额粮，并且按照额粮数量来推算用水数量及时刻，使用水有据可凭。除水簿制外，清代河西各县还往往将水规刻于石碣之上，以垂永久，以杜不公。康熙四十一年（1702），卫守备童振在镇番县立大倒坝碑，雍正五年（1727）知县杜振宜立小倒坝碑，俱在县署。② 再如乾隆八年（1743）古浪县令安泰刻碑规定：

> 兹蒙抚宪大人黄矜恤民瘼，加意水利饬令各分水渠口俱立石碣用垂久远，以防偏枯兼并之弊，兹遵宪示将各坝额粮额水并分水渠口长阔以及流出备由刊刻于后：一各坝渠口广狭不等各载于后；一各坝粮草多寡不一各载于后；一各坝各使水花户册一样二本印，一本存县，一本管水乡老收执，稍有不均据簿查对；一各坝修浚渠道绅衿士庶俱按粮派夫。③

为防偏枯兼并之弊，清代河西将各坝分水时刻、各坝渠口广狭、各坝应纳粮草数目等刻于石碑之上，保证分水有据可凭。

其次，惩处违反水规者。对违反水规者进行惩处是保证水规权威的重要手段，清代河西走廊对违反水规者有明确的规定。如敦煌《普利渠渠规碑记》记载：“迨后，非人崛起，以恶为能，故乱成规，于中舞弊……间有孔任，不遵规律例，即鸣官按律例惩治。”④ 该碑规定，对“以恶为能，故乱成规，于中舞弊”之人要按律例惩治。再如古浪县亦

① （民国二十八年）马步青、唐云海：《重修古浪县志》卷二《地理志·水利·渠坝水利碑文》，第177页。

② （乾隆十四年）张玿美修，曾钧等纂：《五凉全志》卷二《镇番县志·地理志·水利图说》，第240页。

③ （民国二十八年）马步青、唐云海：《重修古浪县志》卷二《地理志·水利·渠坝水利碑文》，第177页。

④ （民国三十年）吕钟：《重修敦煌县志》，《艺文志下·普利渠渠规碑记》，第555页。

规定，“若非已水不得强行邀截混征，如违禀县处置”①。规定不得强占水利。另如高台县规定对于违反渠规之人处以罚款，“不遵定章，擅犯水规渠分，每一时罚制钱二百串文。各县不得干预，历办俱有成案”②。乾隆二十四年（1759）七月甘州府规定，“嗣后如有刁徒争夺渠水及侵占地亩……许尔等执此鸣官究处”③。永昌县亦规定，“其有豪右逞强奸民侵略及凡争斗不能平者，则白诸县以治之”④。即对违反渠规者交由官府处置。

上述措施保证了水规的权威性，使得分水有章可循、有法可依，并进而保障了基层水利事务的有序展开。

（三）水官的设立与水资源管理体系

为了使水利规章得以顺利执行，清代河西走廊设有各类水官，专门负责分水均水、管水以及水利的修治等事项。清代河西管水人员的名称各地不同，并且还设有不同级别，大致有管水乡老、水利乡老、水利老人、渠正、渠长、水利、渠甲、田畯郎、水首等，有时还设有副职。本书将其统称为“水官”。⑤ 清代河西水官的主要职责均与水利事务密切相关，主要包括水渠修建与维护、分水均水、议定水规以及处理水事纠纷等。

1. 水官的设置及职责

清代河西水官名目较多，各地水官名称亦不同。下面分别对各地水官的设置及其职责进行考述。

管水乡老、水利乡老。乾隆年间古浪县水官有管水乡老、水利乡老

① （乾隆十四年）张玿美修，曾钧等纂：《五凉全志》卷四《古浪县志·地理志·渠坝水利碑文》，第474页。

② （民国十年）徐家瑞：《新纂高台县志》卷八《艺文下·重修镇夷龙王庙碑》，第450页。

③ （乾隆四十四年）钟赓起：《甘州府志》卷一四《艺文中·文钞·（国朝）附载给发执照》，第1494页。

④ （嘉庆二十一年）南济汉：《永昌县志》卷三《水利志》。

⑤ 此处的“官”泛指“管”，而并不特指其身份为“官”。本书认为“水官”是指官府委以某位百姓（往往是绅）以管理水利的职责，给予报酬及一定好处，并对其加以规范的人员。

等，乾隆八年（1743）《古浪水利规章》中记载了管水乡老及水利乡老的职责："一各坝各使水花户册一样二本印，一本存县，一本管水乡老收执，稍有不均据簿查对；一各坝水利乡老务于渠道上下不时巡视，倘被山水涨发冲坏或因天雨坍塌以及淤塞浅窄，崔令急为修整不得漠视；一各坝水利乡老务要不时劝谕化导农民，不得强行邀截混争。"① 可知管水乡老与水利乡老负责该县使水凭据即花户册的保管、该水坝（渠道）水利均分、水案的解决、水渠的修治、水规的执行等事项。

水利老人。如镇番县水官主要称为水利老人。水利老人简称为水老，专门负责河渠水利之事。康熙四十一年（1702），"始创设水利老人，专董河工事"②。而在此之前，镇番水利由水利通判掌管，后裁撤。再如清代古浪县也设有水利老人，其主要负责渠口的丈量、均水、水利的修治等工作。③ 除此之外，水利老人有时还要为修渠募集款项，"水利老人倡捐四百两，发当营息，充为修渠之资"④。有时还要劝导人民捐资兴建龙王庙等。"况神职司水府尤为生民所永赖……爰命川湖渠坝首领绅士农保水老各导其乡喻以事关利赖所在，自必乐输。"⑤ 可见水利老人的职责范畴较广，凡是与水利相关的诸事项皆要打理。

渠长、水利外委、渠正、水利、水利把总。如安西瓜州等地水官即包括渠长、水利外委、渠正、水利、水利把总等。乾隆十一年（1746），"安西哈密等处渠道增设渠兵八十名、水利外委一人。二十五年（1760年）量设渠长十名、渠兵八十名"⑥。渠长、水利外委等水官应主管水利修浚及均水事项。此外瓜州还设立水利把总管理水利事宜，"因于瓜州把总四员内，委用水利把总一员，兼设立夫役，以供驱使"⑦。可知瓜州设

---

① （民国二十八年）马步青、唐云海：《重修古浪县志》卷二《地理志·水利》，第177页。

② 《镇番遗事历鉴》卷六，圣祖康熙四十一年壬午，第244页。

③ （乾隆十四年）张玿美修，曾钧等纂：《五凉全志》卷四《古浪县志·地理志·古浪水利图说》，第472页。

④ 《镇番遗事历鉴》卷六，圣祖康熙四十二年癸未，第246页。

⑤ （道光五年）许协修，谢集成等纂：《镇番县志》卷二《建置考·重修龙王宫记》，第128页。

⑥ 《钦定大清会典事例》卷九三〇《工部·水利·甘肃》，第260—261页。

⑦ （清）黄文炜：《重修肃州新志》，《安西卫·瓜州事宜》，第458页。

水利把总，并下设若干夫役专事水利修浚及管理。又敦煌县水官包括渠正、渠长、水利，“渠正二名总理渠务，渠长十八名分拨水浆，管理各渠渠道事务，每渠派水利一名，看守渠口、议定章程。至立夏日禀请官长带领工书、渠正等至党河口分水，渠正丈量河口宽窄、水底深浅、合算尺寸、摊就分数，按渠户数多寡公允排水。”[①] 可知渠正总理水利及每年的分水事宜，渠正下设渠长分管各渠渠道事务，每渠又专设水利一员，负责看守渠口等事宜。职责分明、分工明确。

渠甲。如东乐县水官设有渠甲，其职责为“供水利粮草各差”[②]。即渠甲的首要任务为管理水利。

同时，河西一些地方有时还有以地方官兼任水官者。如雍正七年（1729）起肃州州同兼司水利，“惟是威虏等处去肃一百数十里大，地方官稽辖颇遥，臣愚意应设肃州州同一员，分驻威虏堡，既可化诲弹压，兼令专司水利，似于地方有益……文到准行”[③]。永昌县县令也曾兼管水利，“治水无专官统归县令，然日亲薄书，未遑遍履亲勘，于是农官、乡老、总甲协同为助以息事而宁人，其有豪右逞强奸民侵略及凡争斗不能平者，则白诸县以治之”[④]。所以，从总体看清代河西走廊各县基本皆有专人担任水官，且水官设置职责分明、分工明确。

总体而言，清代河西水官的职责明确且具体，史载：

> 应查明境内大小水渠名目、里数造册通报，向后责成该州县农隙时督率……或筑渠堤，或浚渠身，或开支渠，或增木石木槽，或筑坝畜泄务使水归渠中，顺流分灌，水少之年涓滴俱归农田，水旺之年下游均得其利，而水深之渠则架桥以便行人。其平时如何分力合作，及至需水如何按日分灌，或设水老、渠长专司其事。[⑤]

---

① （道光十一年）苏履吉修，曾诚纂：《敦煌县志》卷二《地理志·渠规》，第121页。

② （民国）徐传钧、张著常等：《东乐县志》卷一《地理志·保甲》，第419页。

③ （光绪二十二年）吴人寿修，张鸿汀校录：《肃州新志稿》，《文艺志·建设肃州议》，第676页。

④ （嘉庆二十一年）南济汉：《永昌县志》卷三《水利志》。

⑤ （民国）刘郁芬：《甘肃通志稿》，《民政三·水利》，第69页。

从上可见，一地水渠名目、里数、如何修渠、在哪里修渠、分水、日常修浚、水利纠纷的调处等皆由水官具体负责。而州县长官则为督率者，如农闲时监督分水、批准修渠、拨付水利经费等。水官在清代河西地区水利事务管理中发挥着重要作用，是确保渠坝修建与维护、分水均水以及议定水规等事务正常进行的关键因素。

除了明确规定水官的职责外，清代河西走廊还颇为重视水官的选任，力求选举出经验丰富、责任心强的水官，促进水利事业平稳发展。清代河西水官的选举方式：一为由官府委任熟识水利者，二为民众公举。如沙州以官府委任熟知水利者为水官，“户民到沙，既经授以田亩、水分已定，若无专管渠道之人，恐使水或有不均。易已滋弊，是以于各户内选择熟知水利者，委充渠长、水利之任”①。民众公选水官应在清末民初之时，“在各农村中又有人民公选或政府委派之水利员，监督修筑渠道，防洪、放水之责”②。如镇番县水官以按粮公举的方式产生，“因设水利老人，按粮公举以专责成，名曰水老，即其遗制也”③。

2. 水官的奖惩措施

为了使水官能公平合理分水，更好地完成本职本责，清代河西各县水规对水官设有一些相应的奖励与处罚措施。

先看对水官的奖励措施。如敦煌县水规规定，“各渠渠长已经优给薪金”④。即渠长等水官皆有一定的薪酬。再如乾隆二十年（1755）陈宏谋《饬修渠道以广水利檄》中言：

> 河西之凉甘肃等处，及至需水，如何按日分灌，或设水老渠长专司其事之处，务令公同定议，永远遵行。该府每年于雪水将化之前亲往查勘，通报查考，即以修渠之勤惰定州县之功过。遇有保举，

---

① （清）黄文炜：《重修肃州新志》，《沙州卫·水利》，第490页。

② （民国三十一年）《甘肃河西荒地区域调查报告（酒泉、张掖、武威）》，《农林部垦务总局调查报告》第一号，第六章《水利》，第三节《灌溉方法》，第33页。

③ （民国八年）周树清、卢殿元：《续修镇番县志》卷四《水利考·董事》。

④ （民国三十年）吕钟修纂：《重修敦煌县志》卷六《河渠志·十渠水利规则》，第153页。

将如何修渠，造入事实册内，以表实在政迹。不可视为无关紧要之末务。况河西在在皆可垦之田，因渠水不到废弃不耕者不少，多修尺寸之渠多灌数亩之地即可养活数户农民。地方官以牧民为职，此而不为经理所司何事。毋再视为民间自修之渠于官无涉也。①

可见，清廷每年都会对地方官进行考察，以修渠之勤惰定州县之功过，修水利、均分水成为考核的主要标准，亦是体现官员政绩的重要途径，并且水官可以此作为获得保举的条件。

除了有一定的奖励措施外，如果水官不能尽职尽责、偏私徇情则会受到惩处。如乾隆七年（1742）十二月甘肃巡抚黄廷桂奏："甘、凉、西、肃、等处渠工应照宁夏之例……掌渠乡甲有徇庇受贿等弊，按律惩治，并枷号渠所示众。仍勒石以垂久远。"② 如果渠长等水官对渠道的修治等事徇私舞弊，除了按律惩治外，还要枷号渠所示众，处罚颇为严格。再如古浪县乾隆八年（1743）水规中规定，"如有管水乡老派夫不均，致有偏枯受累之家，禀县拿究"③。即水利乡老派夫不均会受到相应处分。敦煌县水利规则也对水官种种违规行为的处置制定有具体规定：

第三十条，渠正、渠长、排水、水利人等，犯下列实事之一者得受除名、拘役之罚则：一、贿赂公举，运动充任者。二、请托放水，受人酬宴者。三、不遵时令，混乱节段者。四、串通卖水，翻板乱灌者。五、贻害渠防，致伤人民生命财产者。六、藉章滥罚，诈赃有据者。七、不服从长官依法命令者。八、纵容强梁，妨害水利者。九、才具庸劣，不勤职务者。十、嗾众浇水，扰乱渠规者。

第三十一条，渠正如有下列事实之一者得受罚薪、记过处分：

① 陈宏谋：《（乾隆二十年）饬修渠道以广水利檄》，贺长龄《皇朝经世文编》卷一一四《工政二十·各省水利一》。

② 《清高宗实录》卷一八一，乾隆七年十二月乙卯，第351页。

③ （民国二十八年）马步青、唐云海：《重修古浪县志》卷二《地理志·水利》，第177页。

一、派水不公，致起交涉者。二、约水不严，紊乱秩序者。三、视察不力，惰慢户位者。四、失察所属，过犯而不举发者。五、手续未清，擅离职守者。

第三十二条，渠长、排水、水利等，有下列实事之一者，得受罚金或体罚：一、扶同作弊，不顾名义者。二、包揽民夫，贻误渠工者。三、私营平口，损人利己者。四、私改成规，苛索乡愚者。五、本渠渠户如有贻误渠防，将水倒灌湖滩，波及官道、民田，知情而不纠举者。六、失守平口，放弃责任者（排水）。七、视察不力，脱渠倒坝者（水利）。八、传集渠户逾期不到，托故袒护者。①

该水规为民国十六年（1927）修订，但从中亦可大致了解河西走廊水官违规行为的表现及界定、处置方式等。对违规行为规定较细，使得水官违规处理有法可依。严格渠正、渠长、排水、水利等水官的管理与惩处，使水官能够严于律己，杜绝徇私舞弊现象，从而保证分水的正常进行。

从上述可知，清代河西地区设置多位水官，明确规定水官的职责、权限，严格水官奖惩措施等，水官的设置基本上做到了职责分明、奖惩有度，从水利把总至水利老人，水官层层设置，大至水渠的修治、水利纠纷的调处、水规的制订，小至渠道的日常维护、使水手册的保管等等，事关水利者皆可看到水官之身影。县府在水利事务的管理上更多的是宏观性的把控，乡村水官则负责具体的水务。地方官员与基层水官一起构筑了河西走廊水利管理组织体系。

五　水事纠纷与社会应对

清代河西走廊水资源匮乏，水事纠纷频发。在水事纠纷的调处上，地方政府主导着跨县、跨流域等大型水案以及严重违犯水规事件的处治，

① （民国三十年）吕钟：《重修敦煌县志》卷六《河渠志·十渠水利规则》，第153页。

并积累了较多成功的经验，对实现该区用水环境的持续平稳发挥着重要作用；与此同时，在具体水事纠纷调处过程中水官亦扮演着重要角色，从查勘水情、重订水规等方面与官府相配合。此外，官绅关系亦是清代河西走廊水案解决中需要考虑的重要因素。

（一）水事纠纷与政府应对

作为重要的社会资源，水与区域社会之间存在着广泛而紧密的联系。将水与历史时期的政治、经济、社会等问题进行综合研究，近年来尤为学界所关注。从水事纠纷的解决与应对机制中探究国家介入基层水利的方式、状态与成效成为区域水利社会史研究的重要视角。[①] 清代河西走廊水资源匮乏，"不足之日多，有余之时少"[②]，"年年均水起喧嚣"[③]，水案不绝于书。[④] 在水事纠纷的应对中，该区县级地方政府主导着跨县、跨流域等大型水案以及严重违犯水规事件的处置。

1. "亲诣勘讯"：调处大型水事纠纷

清代河西走廊水事纠纷大致可分为三种类型：一是河流上下游各县之间的争水，二是一县内各渠、各坝之间的争水，三是一坝内各使水利户之间的争水。[⑤] 这三种水事纠纷的主导处理者有所不同，第一类多为跨流域、跨县的大型水案，程度最激烈，由地方政府直接主导处理。第二种则往往由政府、县域内的水利吏役、地方绅耆等共同协同调处。对于民户之间的日常水利纠纷，地方政府往往退居二线，成为程序上的管

---

① 总体看学界对历史时期水事纠纷应对的相关探讨主要集中在山陕以及江南地区，且多以乡村力量主导水案处理为观察视角，对地方政府在水事纠纷处理中的意义的相关研究少见。

② （乾隆）张玿美修，曾钧等纂：《五凉全志》卷二《镇番县志·地理志》，第240页。

③ 《谷雨后五日分水即事》，（民国）赵仁卿等《金塔县志》卷一〇《金石·金塔八景诗》。

④ 学界对河西走廊水事纠纷的研究多集中于水案原因分析与史料梳理等方面，相关成果如王培华《清代河西走廊的水利纷争及其原因——黑河、石羊河流域水利纠纷的个案考察》，《清史研究》2004年第2期；李并成《明清时期河西地区"水案"史料的梳理研究》，《西北师大学报》2002年第6期等。

⑤ 王培华：《清代河西走廊的水资源分配制度——黑河、石羊河流域水利制度的个案考察》，《北京师范大学学报》2004年第3期。

理者，[①] 主要由渠坝水老、地方绅耆等随时处理。本处所谈大型水事纠纷则主要指第一种类型。

清代河西地区上下游、两县交界处水案多发，并且长期争水不决。此类案件非官府出面不能解决，一般先由涉事各县府出面协调，在各县府协调无果的情况下需更高一级官方出面调停处理。在水事纠纷调处决议出台后，地方官员还需亲自出面分水，以保证水案判决的有效执行。

首先，涉及两县或多县的水事纠纷一般须由各涉事知县亲自出面，在查勘、商议的基础上作出调处。如镇番《县署碑记》所记水事纠纷为三县争水，分别涉及镇番、永昌、武威三县，在水案的处理中需三县知县“亲诣勘讯”，[②] 共同商议并作出最终裁断。另如高台与抚彝两地争水案，因黑河西流，先由抚彝而流至高台，高台所属之丰稔渠口在抚彝厅所属的小鲁渠界内。清代屡发大水将渠堤冲塌，每当春夏引水灌田时多起争讼。光绪三年由于堤坝被水冲坏再次争水，水案处理由抚彝厅、高台县官员“约期会同履勘”，查清争讼原因，并断令丰稔渠派夫修筑渠堤。渠规重订后，投呈厅、县两处存案，并晓谕两渠绅民，遵照章程。[③] 再如清乾隆年间金塔、酒泉茹公渠水案，两县共用一水，因水源至金塔距离辽远，故起初金塔县令与肃州州判共同商定金塔坝得水七分、茹公渠得水三分。然上游民众认为对己不利而争讼，对此地方官府斟酌处理，“饬令拦柴以浇足三分为度”。但由于上游河低地高，原来的三七分水对上游而言又属不公，故民国十一年两地再次争水，由安肃道尹下令查勘处理，酒泉县长会同金塔县长斟酌情形，判令两地各得

---

① 程序上的管理，主要指民众上控后，官府下令水利管理人员查清案件起因，管水人员与地方绅耆、双方代表商议出解决方法后，上奏官府，官府作出最后批示即可。在这个过程中管水人员与地方精英是主要参与者与决策者，官府多为承认其议定结果，并以官府名义将议定结果刻立石碑，公之于众。因日常水事纠纷多发，因此主导日常水利纠纷处理的乡村绅耆以及管水吏役的作用日益凸显，并形成乡村水事管理权不断下移的态势，这已日益成为学界共识。

② （清）许协、谢集成：《镇番县志》卷四《水利考・县署碑记》，第221页。

③ （民国）徐家瑞：《新纂高台县志》卷八《艺文・下》，第455页。

水五分，[1] 水案一时得以平息。可见，多县共用一水所致水事纠纷及上下游争水需涉事各县府出面解决。

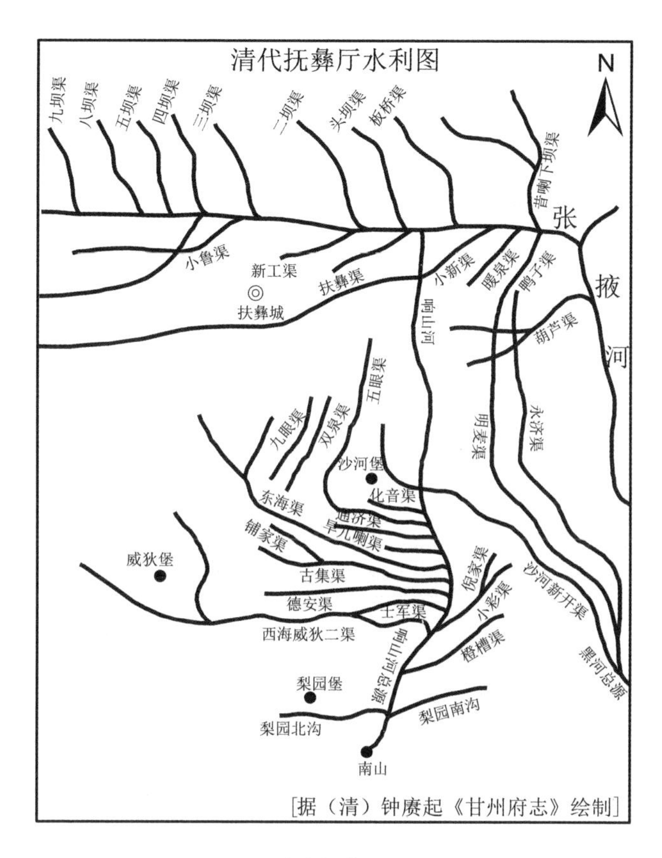

图5　清代抚彝厅水利图

其次，若县一级政府无法解决水案时，即需报由更高一级官府出面处理。如靖逆、柳沟两县共用一水，康熙年间靖逆户民私自在昌马河口建坝致河水改道，致使柳沟户民无水可用，此案延续十余年，多次兴讼无果，最终由肃州道亲自处理，按照两县户口的多寡，重新分配水源，

① （民国）赵仁卿：《金塔县志》卷三《建设·水利》。

解决水案。[1] 镇夷、高台两地水案中，上游多次有意截水，两地民众因争水几至打伤人命，水案持续多年得不到实质解决。雍正年间报由陕甘总督年羹尧，采取强力措施解决纷争。[2] 再如抚彝厅、张掖县两地民众争水，两地县府查勘后重新议定分水章程，然带头兴讼之民不服，于是案件移交甘州府，“嗣经卑府行该厅县等，即提集两造人等，会同查讯”[3]，在“两造口供，确查渠道水利情形，并历年勘断案卷”的基础上解决水事纠纷。

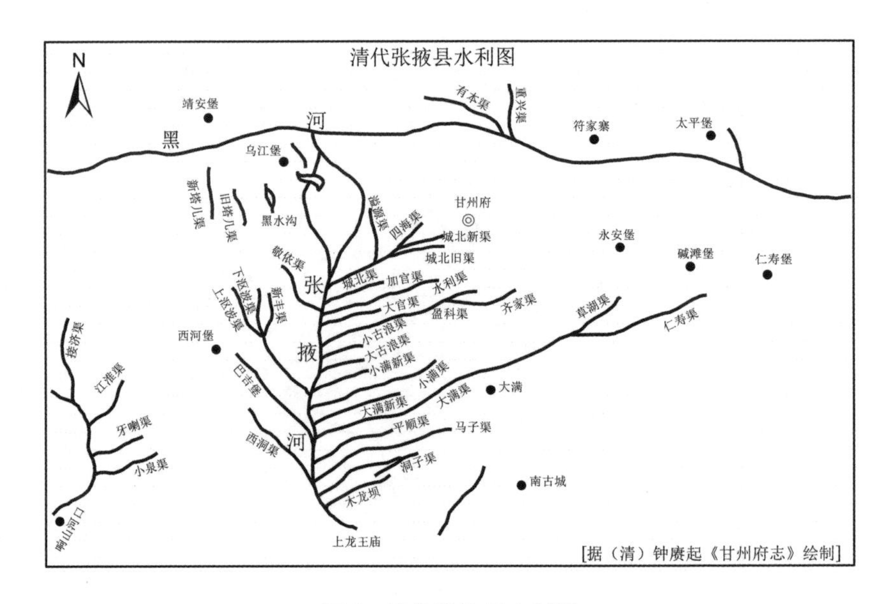

图6 清代张掖县水利图

再次，在水事纠纷调处判决出台之后，为确保判决顺利执行，还需由双方县官出面分水，以保障公平。如金塔、酒泉茹公渠争水案中，金塔、酒泉两县官员共同商定“屡年立夏后五日分水，同请金酒两处县长

---

① （清）黄文炜：《重修肃州新志》，《柳沟卫·水利》，第566页。

② 《附录镇夷闫如岳控定镇夷五堡并毛双二屯芒种分水案》，（民国）张应麒修，蔡廷孝纂《鼎新县志·水利》，第692页。

③ 《疏通水利碑文》，（民国）《创修临泽县志》卷五《水利志·水利碑文》，第154页。

会同来渠监视，以昭慎重，永免争端”①。在高台、镇夷争水案判决后，下游各县官员亲自参与水规执行，“斯时有肃州道至芒种前十日封闭上游渠口，均水下流，至嘉庆间改由毛目县丞以肃州道职衔行使职权，会同高台县照例封闭，至民元后省府以鼎新均水至要事前委派县长为水利分水委员会因之”②，地方官员需亲自出面分水，以确保水案调处决议的有效执行。再如安西、玉门两地水事纠纷中，上游民众偷截水源，为此安西县知事李芹友专赴玉门分水，查出私开口岸八道，随即将口岸填平，并严禁玉民侵占安西水利。③ 清代河西县府通过参与、督率分水，促进水事纠纷的解决。

清代河西地方政府通过调处跨县、跨流域等水案，梳理了各县的用水权利，成为解决地区重大水事纠纷的主导力量，并在其间扮演着无可替代的角色。此类水事纠纷须由双方县府出面解决，而非一地、一渠水利吏役或一地绅耆、民众的力量所能实现。

2. “鸣官究治”：惩治违犯水规者

河西地区水源匮乏，不遵水规者多见，“水路无常而人心不古”，④ 人为侵占水利的现象多见，在用水时节，各民户皆有“垂涎分润”⑤ 之意。清代河西走廊的水事纠纷多与此相关。对此清代河西地方政府会以官方名义严令各方遵守分水规章，并出面惩治不遵水规者及打压带头缠讼者，以保障基层用水环境的平稳。

一方面，清代河西地方政府会以官方名义严令各方遵守分水规章。一般而言，清代河西县府会将水案判决中所订立水规刻于石碑之上，立于水渠之旁，并在碑刻中书明“若有不遵合同碑记者，鸣官究治”⑥ 等

---

① （民国）赵仁卿：《金塔县志》卷三《建设·水利》。

② （民国）张应麒修，蔡廷孝纂：《鼎新县志》，《交通志·水利》，第692页。

③ （民国）刘郁芬：《甘肃通志稿》，《民政志·水利》，《中国西北文献丛书》，兰州古籍书店1990年版，第82页。

④ （光绪）吴人寿、张鸿汀：《肃州新志稿·文艺志》，第702页。

⑤ （民国）《民勤县水利规则》。

⑥ 《长流、川六坝水利碑记》，（民国）马步青、唐云海《重修古浪县志》卷二《地理志》，第177页。

话语，对不遵水规者进行震慑。如金塔水利碑刻载“胆敢藉端生事者，定行按律严惩”[①]，敦煌《普利渠渠规碑记》载，“间有孔任，不遵规律例，即鸣官按律例惩治”[②] 等。

另一方面，对于不惧官方严令而违反水规者，清代河西地方政府会采取相应手段进行惩治。惩处措施视违反程度而定，轻度违反者主要以罚钱、带枷等方式处置。如安西、玉门皇渠争水案，[③] 上游执意截水，除按妨碍水利科罪外，地方政府还勒令上游赔偿安民田禾损失。在高台、镇夷两地争水中，上游拦河阻坝，为确保上游不再偷截水源，地方政府特规定“十日之内不遵定章，擅犯水规渠分，每一时罚制钱二百串文”[④]。采取罚钱的方式保证水规执行。而对于明目张胆严重违反水规者，则会采取较为严厉的处罚措施。如甘州府张掖县《违规筑坝争占水利碑文》记载，[⑤] 张掖县东六渠和西六渠皆引自黑河水，嘉庆十六年张掖老农李运、张玉率同众农民违规筑坝，使水归入东六渠，西六渠百姓控讼于官。县府令东六渠填平新沟，但东六渠民李运等观望未填，拒不执行。张掖知县随即会同传集人夫，亲自督率填沟，但却发生了张掖县民徐得祥、王元恺等“向前拦阻填沟”，并恃众抗官的公然抗法事件。对此，张掖县府作出处理：“因其恃众抗官，经本厅会同张掖县通禀，批饬解犯赴省审办，尚无同谋纠众情事，审将徐得祥、王元恺从宽，均发往新疆充军，以儆刁顽。李运、张玉并无违断纠众情事，照不应重律，加枷号两个月示惩。”对带头抗官的徐得祥、王元恺充军新疆，对拒不执行县府裁断的李运、张玉等枷号两个月示惩。同时，对水利强霸而言清代河西官府亦会采取相应措施进行惩治。如

---

① （民国）赵仁卿：《金塔县志》卷三《建设·水利》。

② 《普利渠渠规碑记》，（民国）吕钟：《重修敦煌县志·艺文志》，第555页。

③ （民国）曹馥：《安西县采访录·水利》。

④ （民国）阎汶：《重修镇夷龙王庙碑》，徐家瑞《新纂高台县志》卷八《艺文·下》，第450页。

⑤ 《违规筑坝争占水利碑文》，（民国）《创修临泽县志》卷五《水利志》，第156页。

雍正年间镇番县校尉渠案中，镇番县府“严饬霸党”[①]，严格处理了上游私自筑堤的水利豪民，以保证水利公平。地方政府通过严惩拒不执行水规者，以确保官府权威，并解决水案。

除惩治违规者外，对于反复滋事、缠讼的民众河西地方政府亦会采取一定的处罚措施进行惩戒，以消泯民众的缠讼现象。如乾隆年间山丹上坝、十坝等争水，武威县府即对屡次缠讼之民王瑞槐拟以戒责以示惩儆。[②] 在张掖县江淮渠、接济渠水案中，江淮渠民王进贵等数次捏造在接济渠内留有小沟、水道之处，经抚彝厅会同张掖县查勘，认定“王进贵等藐视法纪，妄争水利，是以旋结旋捏，殊属刁徒。王进贵是为此案兴讼状头，予以杖责示警，其余陈栋等，从宽免究”[③]。地方政府通过惩处带头缠讼者及无端生事者，[④] 推动水规执行，以稳定基层水利秩序。

从上可见，清代河西地方政府通过惩治违反水规者、处置水利强霸、惩戒缠讼民众等方式清理水利管理的障碍，指导基层水利发展的方向，并维护着地区水利秩序的平稳。

3. “依成规以立铁案”：水事纠纷应对经验

在长期的水案处理中，清代河西地方政府摸索出一套较为实用的应对手段与调处经验，如第三方查勘、互换处理、故依原议等。

所谓“第三方查勘”，是指清代河西地方政府处理水事纠纷时，水案涉事方不参与水案的调查与处理，而由第三方出面调处。岳锺琪在《建设肃州议》中谈到，水事纠纷中两县“地方官各私其民”，致使案件

---

① （民国）谢树森、谢广恩等编撰，李玉寿校订：《镇番遗事历鉴》卷七，世宗雍正三年乙巳，第264页。

② （民国）徐传钧、张著常等：《东乐县志》卷一《地理志·水利》，第426页。

③ （民国）《创修临泽县志》卷五《水利志·水利碑文》

④ 地方政府对屡次兴讼者的打压，一方面可以消弭无端生事者对水利管理的干扰，而另一方面，不加清查动辄处理带头兴讼者，往往使水利不公的诉求无法申诉，反而易造成更大的水利纷争与不公。如甘州、高台居镇夷黑河上游，每至需水时即拦河阻坝，镇夷、毛双各堡涓滴不通。为此镇夷堡廪生阎如岳倡率里老居民不断申诉，但官府却对其“辄收押”，并且“乃甘州、高台民众力强，贿嘱看役，肆凌虐，备尝艰苦”（徐家瑞：《新纂高台县志》，第319页），使得下游带头兴讼之民屡次遭到官府打压。

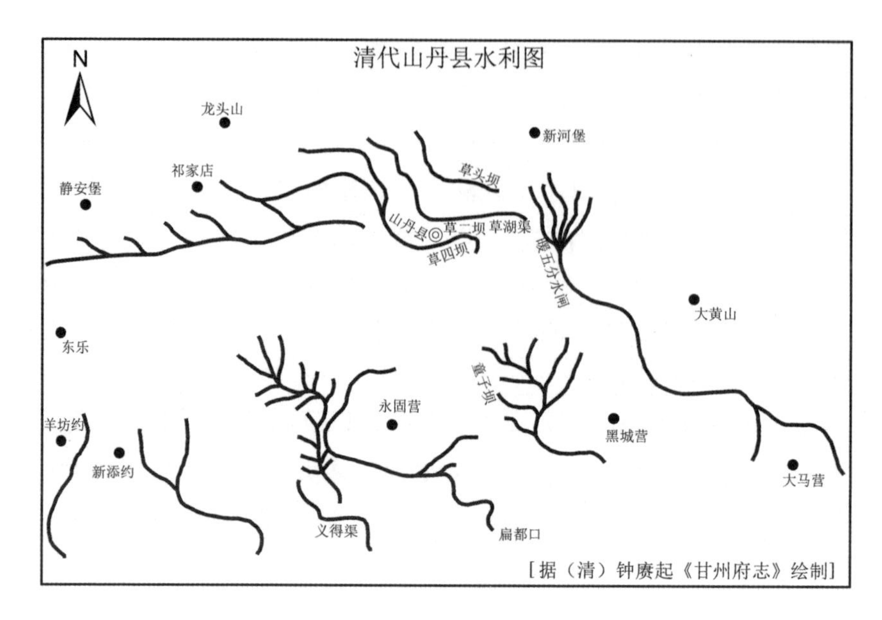

图7　清代山丹县水利图

“偏徇不结”。[①] 由此可见，水案处理中会出现各县地方官庇护本地民众的做法，为此有时需交由第三方清查处理，以保证公平。《鼎新县志》记载，由于高台地处上游截水，镇夷堡无水可浇，镇夷民众多次上诉无果，对此陕甘总督年羹尧批示“甘、肃二道查明详报，又批自甘、肃二道视之未免各为地方，自本部堂视之均为朝廷之赤子，必须秉公议妥，方可久经无弊，所以委令临洮府王亲诣河干细查水源”[②]，高台、镇夷上下游水利之争交由临洮府出面调查。再如乾隆年间山丹上坝、十坝水案中，由武威县查处[③]等皆是第三方查勘的案例。

“互换处理”是清代河西地方政府水事纠纷处理中的另一重要经验和方式，即在水案中的涉事双方互换监督、互换审理的方式。如安西、玉门争水，安肃道规定“倘玉门户民翻异则由安西县提案讯办，如安西

---

① （光绪）岳锺琪：《建设肃州议》，吴人寿、张鸿汀《肃州新志稿·文艺志》，第676页。

② 《附录镇夷闫如岳控定镇夷五堡并毛双二屯芒种分水案》，（民国）张应麒修，蔡廷孝纂《鼎新县志·水利》，第692页。

③ （民国）徐传钧、张著常等：《东乐县志》卷一《地理志·水利》，第426页。

户民翻异，则玉门县提案讯办”[①]，即采取互换审理的方式，安西不遵水规则由玉门县处理，玉门县不遵则由安西县处理。同时派下游黄花营人民巡视，杜绝上游截水，若下游发现上游截水而不加制止则下游受惩等。再如，镇夷、高台争水案中为防止上游不遵水规，分水时节在上游每一个渠坝的水口处皆派下游民众进行监督等。[②] 可见互换监督、互换审理的方式在清代河西地区水事纠纷处理中应用较为广泛。

清代河西水案处理中，地方政府往往强调“故依原议”，即水事纠纷处理中重视前任官员的判决，这是重要的水案处理原则。[③] 一般而言，控诉人上诉官府立案后，县署查勘时需调出之前官员断案案卷，历任各官俱需参照初案断勘。若有新的变动可酌情变通，并最后由更高一级官员做出裁断。同时亦会将此裁断刻立石碑，立于渠旁，成为新的判案依据。如山丹、东乐两县争水，[④] 县府处理时“仍归旧章”，主要按照以前官员处理的方案进行。再如康熙五十九年古浪县长流、川七坝争水，[⑤] 古浪县官方出面定槽帮高、底宽，并载明县志，成为以后判案的基础。民国时二坝再次争水时，即按照清代所定水槽高度判定。又如乾隆年间山丹上坝、十坝争水，县府判定时仍然“故依原议”，以乾隆元年、十四年甘州府的已有论断为准。[⑥] “故依原议”，是现任官员对上任官员判决的认可。此法利于水案的快速终结，同时也是保障历任官府权威的重要手段。

第三方查勘、互换处理、故依原议等是河西地方政府在长期水事纠纷调处中摸索出的有益经验，也是政府应对水事纠纷的重要手段。这些手段对公平解决水案、合理议定水规起着积极作用。清代河西地方文献

---

① （民国）曹馥：《安西县采访录·水利》。

② 《附均水章程》，（民国）张应麒修，蔡廷孝纂《鼎新县志·水利》，第693页。

③ 清代河西地区水案的处理中“故依原议”原则使用普遍，在日常小型水利纠纷中该原则仍通用，本处仅强调“故依原议”在官府处理水案时的作用。

④ （光绪）《山丹县志》卷四《地理》，甘肃省图书馆藏书。

⑤ 《长流坝水利碑文》，（民国）马步青、唐云海《重修古浪县志》卷二《地理志》，第177页。

⑥ （民国）徐传钧、张著常等：《东乐县志》卷一《地理志·水利》，第426页。

中对此有这样的评价："依成规以立铁案，法诚善哉，间有不平之鸣，曲直据此而判，仪、秦无所用其辩，良平无所用其智。片言可折，事息人宁，贻乐利于无穷矣。"①

4. "旋断旋翻"：政府力量的短板

通过调处大型水案、惩治违反水规者以及长期积累的水案处理经验，我们看到了清代河西地方政府在应对水事纠纷及基层水利管理中的积极作为。但从史料中我们还发现，政府所颁行的水利规章有时遭到来自地方的违抗，水规执行不力，国家权威受到挑战，政府力量出现短板。

在一些大型水案的调处中政府所判分水规章，有时受到来自民众的阻挠而不能有效执行。镇番、武威两县白塔河、石羊河水案中，武威民众私自筑堵草坝，侵占白塔河水利，镇番百姓上控凉州府，凉州府断令拆毁草坝，并"排栽木桩，明寻址界"，但武威百姓"旋断旋翻"，并不遵守，连续几年私自拆去界椿，阻塞渠口，引发镇番民众不满并闹事。且上游还因长期不遵水规而形成了既得利益群体，"该处垦地已久，生聚日繁，不忍遽行驱逐"，致使法令的执行更为困难。为此官府对上游私开渠口者与下游闹事者一并处理，"以九墩民不应违案截水，镇民不应滋生事端，同予责罚"，但却无法平息争端。上游继续偷截且屡禁不止，下游不断上控，地方政府疲于应付。② 再如，镇夷、高台两地水案中，上游屡次有意截水致使下游无水，地方政府多次均分水利，但由于下游民众故意刁难、不遵水规，下游仍然无水可用，康熙末年在地方绅耆的控诉下，两处合为一县，但争水仍得不到有效解决。③

水利章程的执行除遭到民众的阻挠外，还出现农约、士绅等地方头面人物公然与官府对抗、不遵水规的现象。如清康雍年间靖逆屯户堵水，

---

① （乾隆）张玿美修，曾钧等纂：《五凉全志》卷四《古浪县志·水利碑文说》，第479页。

② （民国）周树清、卢殿元：《镇番县志》卷四《水利考·水案》。

③ 《附录镇夷闫如岳控定镇夷五堡并毛双二屯芒种分水案》，（民国）张应麒修，蔡廷孝纂《鼎新县志·水利》，第692页。

肃州道断定分水口，然玉门农约“相继为奸”，强堵西口，安西直隶州批饬仍照旧章处理，玉民仍逞刁不服。[①] 官府出台的水规因遭到农约等人物的阻挠而无法顺利执行。再如，民国时期学者总结清代河西水事纠纷发生的重要原因即为“交界处之土劣士绅藉势抢夺，不按规定”[②]。可见所谓“刁生劣监，无知愚民”[③] 在水利章程的实际执行中会起到阻碍作用，并有头面人物带头违规。政府权威受到挑战。

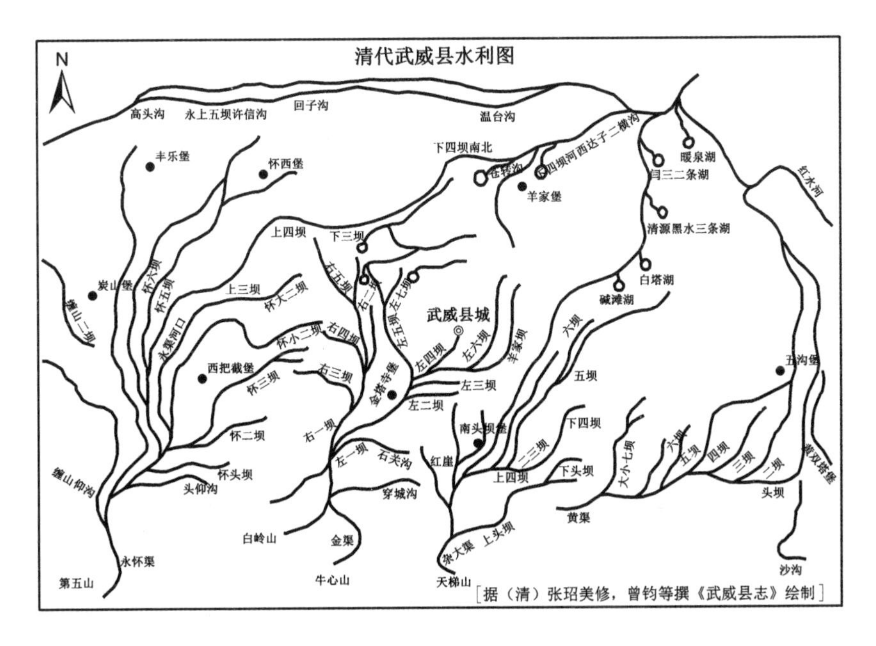

图8 清代武威县水利图

除此之外，一些地方官员在水事纠纷中不作为以及不谙水务，同样造成水案迁延不决及官府权威的下滑。如山丹、东乐共用弱水，“查弱水自山丹东南出泉后，即被截流灌田……西至东乐属之西屯寨以西及古城以下，通年无滴水流入”。并且上游截灌“历年如此”[④] 却看不到官府在

---

① （民国）曹馥：《安西县采访录·水利》。

② 《河西水系与水利建设》，（民国）江戎疆《力行月刊》第八卷。

③ （民国）赵仁卿：《金塔县志》卷三《建设·水利》。

④ （民国）白册侯、余炳元：《新修张掖县志》，《地理志·弱水源考》，第64页。

其中的作为，致使水案频发。再如据安西《三道沟昌马水口历年定案碑记》所载，乾隆年间，玉门农约借近私自偷开渠口，甚至“蒙混本官，饬令西渠百姓另于睡佛洞上山麓处所另开新渠，各该管官受其愚弄不查档案，遂竟指原定渠口为新冲，另开之渠口为原定，以致玉县奸民得计，而安西良民受害”①，农约蒙混官员，地方政府受其愚弄不查档案，以致玉门奸计得逞，安西水利受损。该案中官员对水利事务生疏，不能认真履行水利管理的程序，致使农约作弊、欺瞒官府。可见，水利法令执行力的疲弱、官员的不作为、乡村头面人物与地方政府关系的貌合神离等，皆是国家介入基层水利的短板。

综上，河西走廊水资源短缺，因水而起的水事纠纷是清代河西地区讼案的主体，“河西讼案之大者莫过于水利，一起争端连年不解，或截坝填河，或聚众毒打，如武威之乌牛高头坝，其往事可鉴已”②。水事纷争成为该区社会的重大关切。合理、及时、高效地解决水事纠纷，是实现地区水利公平与维护社会稳定的重要保障。在清代河西地区水事纠纷的应对中，我们可以看到，地方政府通过处理重大水事纠纷、梳理各县用水权力、惩治违反水规者、推动水规执行等，在地区水利管理中扮演着关键角色，发挥着不可替代的作用，并且在长期的水事纠纷应对中积累起了较多成功的经验。这些政府行为显示出国家在基层水利事务管理中的重要地位与意义。可以说，地方政府对水事纠纷的积极应对是区域水利秩序平稳的保障。

当然，我们也可见到清代河西地方政府制定之水规在执行中遇到的执行难、不执行甚至是群体抗法的现象。农约、绅耆等地方头面人物往往在其中扮演带头者的角色。这些现象不仅显示了国家权威在基层水利管理中的下滑，同时也显示了在河西走廊水利社会中国家权威与地方力量之间存在着复杂的权力博弈。由于“明清时期的官府对于乡村治理更多是一种危机式的处理方式，即除非发生严重的社会动荡和案件纠纷，

① （民国）曹馥：《安西县采访录·安西义田碑记》。
② （乾隆）张玿美修，曾钧等：《五凉全志》卷四《古浪县志·地理志》，第479页。

官府尽可能不介入乡村社会”[①]。“因此总体来说或相对来说，它只是居高临下、互不偏袒地处理纠纷。”[②] 所以，即使出现了国家权力的短势之处，也应正面评价地方政府在其间的意义与作用。

在水事纠纷的调处中我们看到了清代河西地方政府的作为以及在区域水利管理中的意义，它显示了国家在管理基层水利事务中的主要状态。对水案频发的河西走廊而言，地方政府在其间扮演何种角色意义重大。地方政府采取何种手段调控水事纠纷，以及采用何种身份介入水案，皆显示了清代国家基层水利治理的主要模式。

（二）水官与水事纠纷调处

上文讨论了官府在应对大型水案中的作用，那么对于渠坝之间的中小型水案的处理则离不开水官。（道光）《镇番县志》对水官处理水利纠纷的基本原则记载到：

> 夫河渠、水利固不敢妄议纷更，尤不可拘泥成见，要惟于率由旧章之中寓临时匀挪之法，或禀请至官，当机立决，抑或先差均水以息争端，毋失时、毋偏枯斯为得之，贤司牧其知所尽心哉。[③]

即水官处理水案时，既不能随意妄议纷争，又不可拘泥成见，需在“率由旧章”的基础上，“寓临时匀挪之法”灵活处理，赋予水官在水案处理中拥有较大权力。日常小型水利纠纷由水官根据水规全权处理，若水案较大难以断决，则需上奏官府，由水官作出案件报告报呈县府批示，其总的原则即为“毋失时、毋偏枯”。

以下以镇番水案为例来观察水利纠纷调处中水官的具体作用。我们

① 杨国安：《控制与自治之间：国家与社会互动视野下的明清乡村秩序》，《光明日报》2013 年 1 月 16 日。

② 赵世瑜：《分水之争：公共资源与乡土社会的权力和象征——以明清山西汾水流域的若干案例为中心》，《中国社会科学》2005 年第 2 期。

③ （道光）许协、谢集成：《镇番县志》卷四《水利考·蔡旗堡水利附》，第 236 页。

看到，水事纠纷的处理程序一般先由水官作出公议，然后上奏县府，县府据此作出裁断。这就是说，基层水官的公议结果是水事纠纷案件裁断的基础。乾隆十三年（1748）镇番县屯户与坝民互争水利，控于县府。镇番县府命当地水老确细勘察，作出公议结果。随即各坝水老等实地查勘，形成公议："春水四坝以清明次日起，六坝亦以清明次日起，冬水四坝以立冬第五日止，六坝自第六日起至小雪日止，相应附勒碑内并垂不休。"[①] 争议地亩的浇水规章由水官公议裁定，并上奏县府，县府据此作出定论。在水案公议的形成过程中，水官拥有很大发言权，其公议结果左右着案件的最终判决。

在水案的处理中，水官因熟知民情与水情，拥有丰富水利治理经验，往往可找到较好的纠纷解决途径，所作公议因此能够得到争议双方的认同，可以做到"息事而宁人"，[②] 并保证用水公平和实现基层社会秩序的稳定。乾隆年间，镇番县四坝下截红沙堡与狼湖二沟士民在议搭橙槽行水一事上，争议不休控于县府。对此四渠坝水老等经过实地查勘，认为"下截修筑橙槽实系沙河无底，难以相立"，对议搭橙槽行水一事作出调整："将狼湖二沟二百有零钱粮水利，亦从新河一牌使水，按立坪口两个，由西面浇灌。"该议定结果"同众确议情愿"[③]，争议双方皆无异议，水事纠纷得以解决，一度紧张的民众情绪得以缓解。

实际上，水利浇灌规章等一旦由水官议定后即具有较强约束力，成为日后解决水利纠纷的重要依据。乾隆年间，镇番县头坝土地被风沙掩压，头坝民户呈请县府酌地移垢于北边外红沙梁开种，故由四渠坝水老裁断将头坝长行三口夏水给各坝分浇，以此换取牌隙秋水三十昼夜，各坝头人且有甘结在案。然，十余年后，大二坝民户却复争红沙梁三十日秋水，双方复控于县府。对此县府主要依据之前水老议定章程断勘，[④] 因有水官议定的水利章程，故水案顺利解决。其间，由水官主导制定的

① （民国）《民勤县水利规则·敬告全县父老昆弟切实奉行民勤县水利规则》。
② （嘉庆）南济汉：《永昌县志》卷三《水利志》。
③ （民国）《民勤县水利规则·敬告全县父老昆弟切实奉行民勤县水利规则》。
④ （民国）《民勤县水利规则·敬告全县父老昆弟切实奉行民勤县水利规则》。

水利章程在水利纠纷调处中发挥着重要作用。

河西走廊水资源短缺，民众视水脉为命脉，在水源枯减的年代里，不遵水规、违规浇灌之事多发。因此，民众对分水一事亦“甚为重视”①。“从古到今，这里每县的人民一致认为血可流，水不可失，持刀荷锄、互争水流、断折臂足，无一退让，死者、伤者一年之内不知多少，足见问题之严重与真实性。”② 清代河西地区水案数量多、影响大，争水双方矛盾尖锐、不易化解，持续时间长、牵涉人数多，成为影响地方社会治理的重要因素。如何合理解决水利纠纷，也是衡量基层社会秩序稳定的重要标志，水利纠纷的调处在基层社会治理中的意义就显得尤为重要。我们看到，河西地方水官通过重新定水规、调处水利矛盾等活动，在化解民间水利纷争中发挥着关键作用，成为解决水利纠纷、维护社会治理的重要力量，并最终实现地方社会治理的有效展开。

（三）河西走廊水案中的官绅关系

在清代河西走廊的水案调处中，除去官府主导、水官辅助外，士绅在水案处理中的作用亦不可忽视。士绅在调节小型水利纷争中往往具有更大的优势。水案调处中，官绅之间存在着依附与对抗的双重关系。一方面，官府依靠士绅等调处民户之间的小型日常水利纠纷。另一方面，士绅也要依赖官府权威，维护自身的社会地位与权益，尤其在面对一些长期无法有效解决的顽固性水利纠纷中，士绅尤其需仰赖官府的支持。二者之间的对抗同样明显。在既得利益面前，士绅有时会成为官府实现地区水利公平的障碍，为此河西官府会采取相应措施管控士绅。而士绅亦会利用其在乡村社会的影响力，反制官府。

1. 合作与依靠

清代河西走廊水案多发且尖锐，在各种类型水案的处理中，官府与士绅之间的相互依附及合作关系普遍存在。清代河西走廊官绅之间的合

① （民国）李廓清：《甘肃河西农村经济之研究》第一章《河西之农业概况》第一节《水利》。

② （民国）江戎疆：《河西水系与水利建设》，《力行月刊》卷八《水利整治》。

作与依靠主要表现为两个方面，一方面，官府需要依靠士绅解决民间的小型水案，在大型水利纠纷的调处中士绅亦可辅助官府；另一方面，清代河西地区的士绅也时时处处要依靠官府权威，维护自身的社会地位与权益。

首先，官府仰赖士绅解决民户的日常水利纠纷，大型水案的调处中双方亦存有较紧密的合作关系。清代河西走廊因水源匮乏而致水利纠纷不断，民间小型水案层出不穷，政府往往无力亦无暇处理，因而官府一般会将小型水案的调处权统归于水官与乡绅。在清代河西走廊，水官与士绅往往本身就合二为一，即担任水官者多为士绅。据史料记载，河西水规中对渠长等水官的选举资格进行了限定，如敦煌县规定：

> 渠正非具有下列资格之一者不得公举。一、应在上下渠分轮流之列者。二、曾任渠长、排水者。三、曾任地方水利监察会会员者。四、办理乡区公益三年以上著有声望者。第二十五条，渠长非具下列资格者不得被选。一、充当排水一年以上者。第二十六条，排水非具有下列资格之一者不得充任。一、家道殷实者。二、在本渠有田地半户以上者。三、本渠坊会首、乡望素孚者。①

这样的规定，使得出任水官者多来自乡村上层的士绅地主等。士绅通过制定水规、兴建水渠等方式担负起了河西地区日常水案的处理工作。

在清代河西走廊的水规议定中士绅是不可或缺的成员。如，光绪十二年酒泉下四闸公议水规，绅耆、农约、士庶代表则是水规议定的既定三方势力。② 除参与渠规制定外，士绅还通过兴建水渠、修治渠坝的方式解决水利纠纷。如清光绪年间，甘州草湖、二坝共用弱水浇灌，后因

---

① （民国）吕钟：《重修敦煌县志》卷六《河渠志·十渠水利规则》，第 153 页。

② （民国）《甘肃河西荒地区域调查报告（酒泉、张掖、武威）》第六章《水利》第二节《灌溉方法》，《农林部垦务总局调查报告》第一号。

弱水微细，加之未能及时修筑渠坝，致使河堤崩跌，无水可灌，水案乍起。为此，二坝士绅于兴门认为如果能够导引山丹河水引灌即可解决问题，然而却遭到上下坝民的反对。在多次兴讼之后，二坝胜诉。因此在于兴门的带领下，疏渠导引山丹河水，开渠使水。① 我们看到士绅在调处各日常水利纠纷中尚能秉公持正。如，山丹县士绅马良宝担任暖泉渠水官，为人公正不屈、秉公处理水案，“河西四闸强梁，夜馈盘金劝退步，良宝责以大义，馈者惭去，于是按粮均定除侵水奸弊，渠民感德”。士绅毛柏龄亦是山丹暖泉渠水官，“秉公剖析，人称铁面公”②。清光绪十九年高如先被举为临泽二坝下渠长，“秉公持正，水利均沾”③。这些士绅能够较公正地处理水利纠纷，成为河西官府调处乡村日常水利纷争的臂膀。

士绅除了在上述小型水案的调处中扮演重要角色外，在大型水案的调节中亦能较好地辅助官府开展工作。清代河西走廊涉及多县及上下游的大型水案需由官府出面调停，而官府在调解水利纠纷时，士绅亦往往能够与官府合作，帮助官府调处水案。如乾隆二十七年酒泉县茹公渠水案中，酒泉、金塔二县争水，肃州州判与金塔县府在处理该案时，根据金塔士绅等人对案情的呈奏，判定金塔坝得水七分，茹公渠得水三分。④再如安西、玉门两地争水案中，因皇渠年久失修，无水浇灌，田苗悉枯。玉门、安西两处为此争讼不休。为此，安西县长曹馥“会商诸绅”，在与士绅商议的基础上成立了皇渠会。皇渠会通过各个士绅捐资积累资金以资助皇渠的修治，“积资生息岁作工食”，从此“庶几于渠无抛荒之忧，于年有丰登之兆也”⑤。得到了士绅的支持，皇渠会因而成立，水渠修治得到保障，水利纠纷亦从而解决。从上述大型水案调处中士绅的参与可见，士绅的支持可辅佐官府更好地解决水案。

---

① （民国）《甘州水利朔源》，甘肃省图书馆藏书。

② （清）黄璟、朱逊志等：《山丹县志》卷七《人物宦迹·孝义》，第275页。

③ （民国）《创修临泽县志》卷一二《耆旧志·高如先传》，第308页。

④ （民国）赵仁卿：《金塔县志》卷三《建设·水利》。

⑤ （民国）曹馥：《安西县采访录》，《叙·安西皇渠会叙》。

其次，士绅阶层需依靠官府权威以维护自身的权益，尤其在面对一些长期无法有效解决的顽固性水利纠纷中，士绅尤其需要仰赖官府的支持，方能获得水利公平。清代河西走廊一些水利纠纷往往持续很长时间，少则三五年，多则数十年，双方矛盾累积多年而得不到有效解决。处于纠纷弱势的一方士绅往往会带领民众上控官府，以求得官府支持从而获得水利公平。

清代河西地方士绅为民请命、依靠官府的代表还要数镇夷堡的阎如岳。康熙年间，甘州府高台县与镇夷堡共同使用黑河水灌溉，然而高台、临泽等县地处黑河上游，每年春季需水时节，地处上游的高台各渠拦河阻坝，造成下游镇夷堡无水可浇，两地民众因争水几至打伤人命。下游民众在镇夷堡绅耆阎如岳的带领下数次兴讼，“如岳倡率里老居民，申诉制府绰公，求定水规。辄收押，乃甘州、高台民众力强，贿嘱看役，肆凌虐，备尝艰苦，如岳百折不回。”[①] 地方绅民倡率里老居民为民请命，历经艰辛。康熙五十四年，阎如岳[②]带领民众“等遮道哭诉背呈受苦情由”，得到官府支持后，得以重订分水章程。然而，“孰知定案之后高民又有乱法之人，阳奉阴违或闭四五日不等仍复不遵”。康熙六十一年，恰逢年羹尧前往甘肃，阎如岳率领士民等“报辕苦陈受苦苦情”，为此年羹尧下令将两地合为一县，但仍然无法实现水利公平，“亦有刁民乱法先开渠口者仍复不少，镇五堡仍复受害”。雍正四年年羹尧再次途经肃州，镇夷五堡士民阎如岳等“携拽家属百事哭诉苦情”[③]。年羹尧采取强力措施，将地方官员革职查办，由安肃道派毛目水利县丞巡河，封闭甘、肃、高台渠口，并派夫丁严密看守渠口以防上游乱开渠口，至此该水案方得以解决，镇夷堡水利方有保证。后人为此修建阎公祠堂以彰显阎公事迹，“于芒种前十日祝如岳并年羹尧，至今不替”[④]，为民争水的阎公在地方

① （民国）徐家瑞：《新纂高台县志》，《人物·善行》，第319页。

② “阎如岳”在有些史志中将其书写为“闫如岳”。此处以“阎如岳”为准。

③ （民国）张应麒修、蔡廷孝纂：《鼎新县志》，《水利·附录镇夷闫如岳控定镇夷五堡并毛双二屯芒种分水案》，第692页。

④ （民国）徐家瑞：《新纂高台县志》，《人物·善行》，第319页。

上拥有很高声望。可见，面对上游强行违规，处于弱势的下游地区往往由乡村士绅带领民众控诉争竞，获得官府支持后方能保证应有的水权。阎如岳成为地方绅耆带领民众争取水利权力的典型，同时也清晰反映出士绅对官府权威的仰赖。

总体而言，清代河西走廊官绅之间的合作与依靠是双向的。一方面，官府依赖士绅为其解决日常的民间争水，在大型水案中士绅也可起到辅助作用。另一方面，从为民请命可清晰地体现出在水利不公面前，士绅阶层对官府的依赖。

2. 对抗与管控

在清代河西走廊实际的水事纠纷调处中，官绅之间也同时存在着对抗与冲突。士绅有时会因利益而成为基层水利不公的制造者，并因此站到官方的对立面，进而抗拒官府。为此，为实现地方良好的用水秩序及正常的官绅关系，河西地方政府会有一些相应的管控措施来约束士绅。

清代河西走廊士绅与官府的对抗主要源于个别士绅对乡村水利的危害。事实上，清代河西地区因士绅强霸水利而产生的水利不公不在少数，在既得利益面前，士绅与官府产生对抗亦不少见。据河西地方史料记载，所谓“刁生劣监”等地方头面人物有时会成为扰害地方水利的领导者与怂恿者，如安西县三道沟昌马水口案，安西、玉门争水，乾隆四十七、四十八、四十九年间，玉门农约相继为奸，强堵水口，并蒙骗官府，致使官府作出错误的判断，“以致玉县奸民得计，而安西良民受害”[①]。虽然此后安西直隶州重新作出批示，然而玉门民众在地方头面人物的支持下仍“逞刁不服”。[②] 士绅阶层公然带头对抗官府，造成水利不公。民国时期，有学者总结河西走廊水利纠纷产生的原因时曾言：

> 故各地争案之起还是在于：1. 分水之法失尽善。2. 交界处之土劣士绅籍势抢夺，不按规定。3. 一方人民之偷挖水渠，致使另一方

---

① （民国）曹馥：《安西县采访录·安西义田碑记》。

② （民国）曹馥：《安西县采访录·民政·水利》。

的愤怒。4. 贪官污吏之藉私偏袒，甚至怂恿民众，行暴豪夺。[①]

即河西走廊争水的原因中“交界处之土劣士绅藉势抢夺，不按规定”占重要一条，一些士绅不遵水规造成地区水利争执与不公。士绅在水利管理中的负面作用，已与官府期望的官绅合作以实现水利平稳的目的相背。为此，清代河西官府对士绅存在着相应的管控。

清代河西官府对士绅的管控可从以下几个方面谈起。

首先，官府会对破坏基层水利的士绅进行打压与震慑，以保证地方水利秩序的平稳。清宣统元年，金塔坝、王子坝争水，其间所谓“刁生劣监”多次翻控。为此，王子庄州同在水利碑刻之末刻明“如再有刁生劣监，无知愚民胆敢藉端生事者，定行按律严惩”[②]，以震慑不服管理的绅民。又如清代末年，敦煌下永丰、庄浪二渠因浇水顺序不当，上流豪绅强占水源，致使二渠未能按期浇灌，“屡因夺水滋事”。为此，地方官察知其弊，“抑强扶弱”，“勒令二渠与八渠同归一律，由下浇上”，方得利益均沾。[③] 再如，乾隆年间，山丹河浇灌山丹、张掖及东乐县丞所属共十八坝地亩，浇灌按照纳粮多寡分配水额。然上坝认为本坝纳粮多而水额少，因此士绅王瑞怀带领六轮闸口民众共同上控官府。甘州府细查后认为，“惊蛰时冰冻初开为时尚冷，先从下坝以次通浇而及于上坝，其时渐融，于地较近，通盘折算已无偏枯”。因此，王瑞怀等“始各恍然悔悟”，亦不再争控，原先跟随他上控的六轮闸口民众亦改口自称“实系牵捏混告”。对此，甘州府认为“王瑞怀等并不细查原委妄希占利，旅次滋讼殊属不合”，将王瑞怀等“拟以戒责以示惩儆”[④]。官府通过惩戒带头控官之士绅，以平息各方争执。在上述案件中，因为利益的不同，在官府看来，个别士绅已成为扰动基层水利平稳的带头人。而官府对士绅的惩儆以及士绅的败诉，则体现出官绅对抗中强力的官府多能占据

---

① （民国）江戎疆：《河西水系与水利建设》，《力行月刊》第八卷。

② （民国）赵仁卿：《金塔县志》卷三《建设·水利》。

③ （民国）《敦煌县乡土志》卷二《水利》。

④ （民国）徐传钧、张著常等：《东乐县志》卷一《地理志·水利》，第426页。

上风。

其次，对于与官府交好的士绅，官府打压的步伐与效果则会相应减缓。一般情况下，清代河西官府对所谓乡村“豪右逞强、奸民侵略”之事，都会出面“治之”。[①] 但如若官绅交好，那么官府则可能姑息不良士绅的作为。据陈世镕《古浪水利记》所记，古浪四坝、五坝共用一水，五坝在四坝之左，地稍高，稍有不均则五坝受旱。而四坝之豪绅胡国玺强占水利，在四坝之口开一汊港，“谓之副河，必灌满其正河，次灌满其副河，而五坝乃得自灌其河。古浪疆域四百里，其爪牙布满三百里。五坝之民饮泣吞声，莫敢谁何也。他坝岁纳数千金，以为治河之费，其征收视两税尤急。用是一牧羊儿而家资累万”。而胡国玺能如此胆大妄为，其重要原因即为“结交县令尹”，与官府交好，并以此挟制官府，“其假之权，不知自谁始，而为所挟制者已数任矣”。胡国玺扰害地方水利多年，受害民众诉讼不止，而几任县府对其劣迹管控不力，因而造成了严重的水利不公。因此，随着新任官员的到任，对胡国玺的惩治也就随之而来。

> 余至，五坝之民呈诉。余往勘验，实以其一坝而占两坝之水，藉以科派取利。即令毁其副河，以地之多寡为得水之分数。详请立案，胡国玺照扰害地方例惩办，而讼以息。特记之以诏后之令斯土者，尚无为地方奸民所挟制也。[②]

古浪县府立案详查，将胡国玺以扰害地方罪惩办。此案结案后，特告诫下任官员不要被地方奸民所挟制。从此案中我们可以看到士绅们通过交好县府官员，可缓和官府对其打压的力度与进程。

第三，除以国家权威对士绅进行打压外，清代河西官府还以各种手段对士绅进行笼络，并赋予士绅一定的特权，促使其更好地为官府服务。如乾隆七年十二月甘肃巡抚黄廷桂奏：甘、凉、西、肃等处渠工应照宁

---

① （清）南济汉：《永昌县志》卷三《水利志》。

② （清）陈世镕：《古浪水利记》，《皇朝经世文续编》卷一一八《工政·各省水利中》。

夏之例，无论绅衿士庶按田亩之分数，一例备料勷办，其绅衿不便力作者许雇募代役。[①] 即士绅可不必放下身段参与修治水渠等苦差，可通过雇募代役的方式保持体面。再如据《酒泉县洪水坝四闸水规》所记，洪水坝四闸绅耆农约士庶人等，每年为争当渠长兴讼不休。而士绅们争当渠长的一个重要原因即为，可获得诸如多浇水时的特权："旧渠长春祭龙神应占水四分，渠长各占水二十八分，农约每人应占水一分，字识应占水四分。"[②] 可见，官府赋予士绅各种特权，一方面可使士绅阶层能够更好地为官府服务，另一方面，士绅也可利用这些特权提升自身在基层水利社会中的地位。

最后，面对政府的管控，清代河西士绅也在适时地做出反抗与调试，官府并不能时时如意。如清乾隆年间，镇番县县令文楠在查勘该县水道的基础上，认为水道弯曲易淤，准备将"东河西改"，因此"议诸绅衿"。县令在与县里士绅商议以后，并未得到士绅们的支持，反而造成了"县人大哗，訾言纷纭"的局面，并最终致使该县令辞职。[③] 可知，士绅利用他们在基层社会中的深厚影响力，可在官绅权力博弈中占据上风。

可见，在多数情况下官府能够实施对士绅的管控。但其中也存在着特例，如士绅可通过交结官府从而减轻及逃避打压，士绅也可动用其在乡村社会中的影响力而使官府的管控失效，甚至反制官府。透过水案的调处，可以洞见清代河西官绅之间复杂的权力博弈。

借助士绅等地方精英来完成国家对乡村水利事务的管理是清代基层政治的重要特点。在水利纠纷频仍的河西走廊地区，政府将日常水利纠纷调处权力更多地下放给士绅等基层精英，官绅之间的互动与交集就显得更为繁复，而双方的关系会随着利益的变动而有所不同。一般而言，对于小型水利纷争，官府会全权委托士绅、水官等地方头面人物处理。

---

① （清）《大清高宗纯皇帝实录》卷一八一，乾隆七年壬戌十二月乙卯，第351页。

② （民国）《甘肃河西荒地区域调查报告（酒泉、张掖、武威）》第六章《水利》第二节《灌溉方法》，《农林部垦务总局调查报告》第一号。

③ （民国）谢树森、谢广恩等编撰，李玉寿校订：《镇番遗事历鉴》卷八，高宗乾隆五十三年戊申，第338页。

即在乡村日常水案的处理中，官府仰赖士绅与水官。在大型的水事纠纷处理中，水官、士绅也能够起到重要的辅助作用，协助官府完成水案的处理工作。与此同时，在一些上下游或多县的大型水利之争中，本身处于受害者与弱势地位的士绅则需要依靠官府的支持方能获得水利公平。官绅之间的依靠与合作在清代的河西走廊普遍展开。

需要说明的是，清代国家将基层日常水案调处权归于地方精英，一方面可借助地方头面人物的力量加强基层水务的治理，而另一方面却助长了这些人物在水利事务中的权势，清代河西走廊一些水利不公的产生本身就是源于士绅等的贪腐。官府放权给士绅管理基层水务，也确实带来了一些负面影响。同时，若士绅与官府水利利益相悖之时，双方的冲突与对抗就不可避免。因此，清代河西走廊的士绅与官府之间的关系会随着利益的变化而呈现疏密不同。冲突应是官绅各自展示其在乡村水利社会地位的一种方式，官府需强调其绝对权威，而士绅也需要不时地表现其在基层社会中的影响力。官绅之间的合作与冲突，都是在可控及可接受的范围内。也正因为如此，虽然清代河西走廊的水利纠纷数量多而繁复，但总体都能够得到平复。

以水案为切入点，可清晰地透见清代河西走廊水利社会中士绅与官府的微妙关系。二者既有合作倚靠，又有对抗与龃龉，但合作应是其主流。河西走廊水案中的官绅关系可为水利社会史的研究提供一个新的观察视角。

六 水利事业的发展与困境

随着清代在河西走廊水利工程的兴修，水规水法的设立，以及管水人员的选任等一系列措施的推进，该区水利渠道数量增长、灌田亩数增多、管水体系日益完备，水利事业不断进步。

（一）水利事业的进步与发展

根据上文对清代河西走廊水利渠道的统计，我们看到清代河西地区渠道工程数量大，水利事业获得长足发展。除此之外，我们还可以从明清两代及清代河西各县不同时期渠道数量、灌田亩数等的变化中看出河西地区水利的进步。我们选取东乐县、镇番县及高台县为例，探讨这几地的水利发展状况。

首先来看东乐县的水利发展状况。据（顺治）《重刊甘镇志》记载，明代东乐县有洪水头坝等灌渠15道，灌溉面积139034亩。[①] 据（乾隆）《甘州府志》记载，清代东乐县丞辖有水渠21道，灌溉面积154600亩。[②] 与明代相比清代东乐县水渠增加6道，灌溉面积增加15566亩，增长11%。清乾隆四十四年（1779）刊行的《甘州府志》[③]与民国初成书的《东乐县志》[④] 两书中对乾隆四十四年之前、乾隆四十四年（1779）与民国初东乐县的水利概况进行了记载，现据之列表如下：

表18　　**清代东乐县水渠灌田数变化表**

河渠名称		乾隆四十四年前灌田数	乾隆四十四年灌田数	民国初年灌田数
河渠	洪水河	781顷	447顷29亩	461顷83亩
	马蹄渠	29顷	分头、二沟，63顷88亩	分头、二沟，63顷88亩
	虎喇河	161顷	373顷78亩	505顷14亩
	酥油河	190顷	127顷54亩	144顷69亩
	募化大小渠	90顷	90顷	101顷54亩
	东乐渠	分7坝，200顷	今连后共开9坝，200顷	分9坝，132顷66亩
	山丹东西两泉	73顷	今增十三坝、十五坝、十六坝、十七坝、十八坝，5坝，245顷9亩	
	总计	1524顷	1546顷	

① （顺治）杨春茂著、张志纯等校点：《重刊甘镇志·地理志·水利》，甘肃文化出版社1996年版，第78页。

② （乾隆四十四年）钟赓起：《甘州府志》卷六《食货·水利·东乐县丞》，第611页。

③ （乾隆四十四年）钟赓起：《甘州府志》卷六《食货·水利·东乐县丞》，第611页。

④ （民国十一年）徐传钧、张著常等：《东乐县志》卷一《地理志·水利》，第426页。

从上表我们可以看到，乾隆四十四年（1779）东乐县较前期在渠坝数上增加了7坝2沟，灌田亩数上增加了22顷。对民国初修成的《东乐县志》，我们可以将其视为清朝末期的资料采用，若除去山丹东西两泉灌田数，乾隆四十四年（1779）灌田数为1301顷，清末东乐县灌田数为1409顷，相较多出100顷。这从一个侧面反映出清代东乐县水利事业的发展状况。

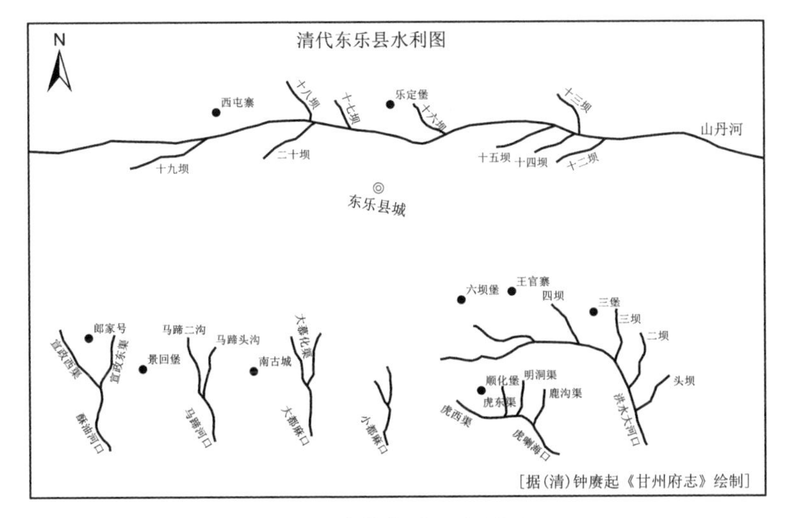

图9 清代东乐县水利图

下面我们再从清乾隆十四年（1749）《镇番县志》[①]、道光五年（1825）《镇番县志》[②] 两书的相关记载中，对乾隆时期与道光时期镇番的水利状况进行比较：

表19仅对沟渠的属沟数进行了比较，可以看到，道光年间镇番水道属沟的数目相比乾隆十四年（1749）增多，其中仅四坝增多16道、小二坝增加8道、更名坝增加1道，此三坝属沟共增加25道，并且新修了宋寺沟、大沟、河东新沟、大路属沟、红沙梁属沟、北新沟属沟、柳林湖

① （乾隆十四年）张玿美修，曾钧等纂：《五凉全志》卷二《镇番县志·地理志·水利图说》。

② （道光五年）许协修，谢集成等纂：《镇番县志》卷四《水利考》。

东渠三岔、大西岔、中渠四岔、附西渠南北二岔等沟渠。这反映出乾隆至道光期间镇番的水利事业获得了较大发展。

表19　**清代镇番县水利发展表**

	乾隆十四年（1749）	道光五年（1825）
沟渠数	四坝，属沟32道	四坝，分首四、次四，属沟48道
	小二坝，属沟15道	小二坝，属沟23道
	更名坝通，属沟3道	更名坝属沟4道
	大二坝，属沟27道	大二坝属沟24道
		宋寺沟、大沟二道
		河东新沟，属沟11道
		大路属沟19道
		移坵案之红沙梁属沟8道
		北新沟属沟2道
		柳林湖由外河行水至三渠口分为4渠一为东渠辖三岔，一为大西岔汇总直下，一为中渠辖四岔，一为附西渠辖南北二岔

我们再就高台县为例，对肃州地区的水利发展作一讨论。（顺治）《重刊甘镇志》记载明代高台县水渠灌溉面积92061亩，[①] 加上镇夷守御千户所之灌溉面积五万亩左右，[②] 共约有灌溉面积14万亩。据学者统计清代高台县水渠灌溉面积为194508亩，[③] 与明代相比增加了37%。再将雍正十三年（1735）至乾隆二年（1737）所修《重修肃州新志》[④]、民国十年（1921）所修《新纂高台县志》[⑤] 中高台县的水利概况进行比较，若将民国十年（1921）之县志作为清末资料加以使用，

① （顺治）杨春茂著，张志纯等校点：《重刊甘镇志·地理志·水利》，第85页。
② 唐景绅：《明清时期河西的水利》，《敦煌县辑刊》1982年第3期，第145页。
③ 唐景绅：《明清时期河西的水利》，《敦煌学辑刊》1982年第3期，第145页。
④ （清）黄文炜：《重修肃州新志》，《高台县·水利》，第341页。
⑤ （民国）徐家瑞：《新纂高台县志》卷一《舆地上·水利·附渠名·各渠里亩)》，第158页。

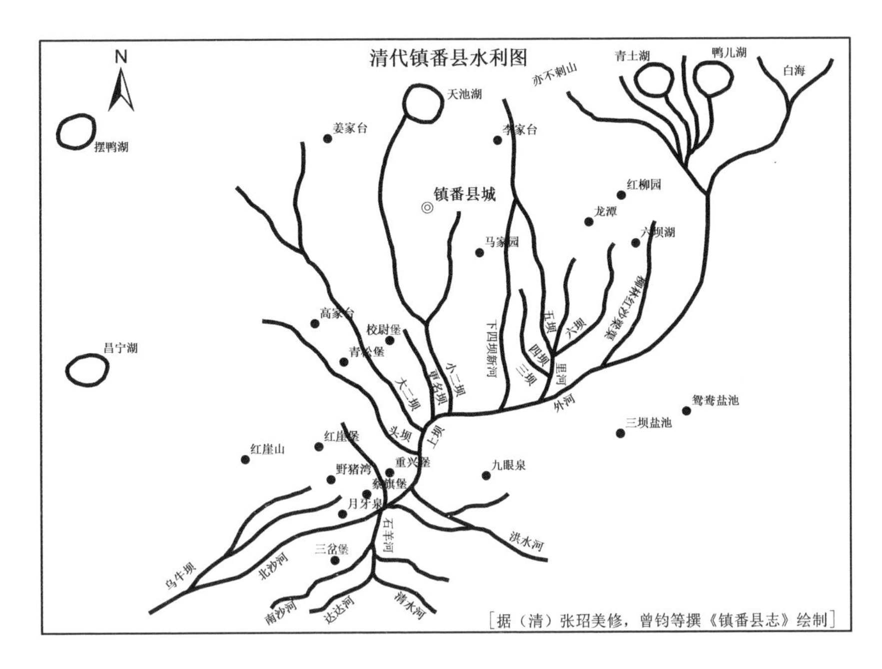

图10　清代镇番县水利图

发现在民国初年高台县共有渠52，雍乾年间高台县有渠29，之间共增加23道渠；在水道长度上，其中有记载的渠道：站家渠由原来的55里增长至60里，六坝渠由原来的20里增长至40里等。可见高台县的水利获得较大发展。

安西及敦煌县在明代曾被弃置关外，清代对其重新治理。根据上文《清代河西走廊水利渠道统计表》的梳理，有清一代在安西一地就新修水渠25道，仅敦煌地区新修水渠20道。清代安西州的水利事业亦获得了较大发展。

综上所述，仅据上文《清代河西走廊水利渠道统计表》不完全统计，清代在河西走廊新修水利工程就超过130处，灌溉面积超过21096顷36亩，规模大、数量多。这些水利工程的兴建有力地促进了河西地区水利灌溉事业的发展，为清代河西走廊农业垦殖奠定了坚实的基础。

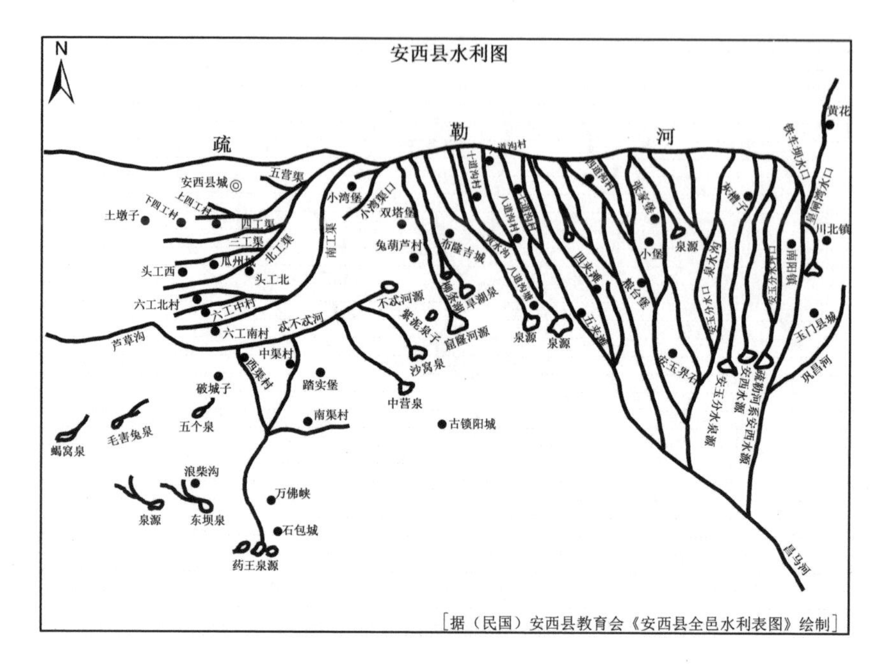

图 11　安西县水利图

（二）水资源利用中的困境与积弊

清王朝在河西走廊广开渠道，水利事业获得了长足发展，但与此同时各种困境与积弊亦随之出现。从清代河西地方文献记载看，河西水利发展中之不足及问题主要表现为水规不尽完善、水官徇私舞弊、奸民乱法违规、水规执行不力、水利技术落后、森林破坏水源日稀等。多种因素往往结合在一起，影响河西走廊水利事业的发展。

1. 水规不尽完善

如上所述，清代河西走廊的水规已较为完备，但其中仍存在一些不足与漏洞。河西地区多发的争水事件，“惟过去之争大都由于方法之未尽善，分水之未得均匀”①。可见，清代河西走廊水利中的不足有一部分源

---

① （民国）江戎疆：《河西水系与水利建设》，《力行月刊》卷八《水利整治》。

于水规不善。正如《甘肃通志稿》所记，雍正间甘肃巡抚陈弘谋檄各县修渠道、广水利，在河西凉、甘、肃等处所存在之问题：

> 渠身未尽通顺，堤岸多□坍卸，渠水泛滥道路阻滞……应查明境内大小水渠名目、里数造册通报，向后责成该州县农隙时督率，近渠得利之民，分段计里合力公修，或筑渠堤，或浚渠身，或开支渠，或增木石木槽，或筑坝畜泄务使水归渠中，顺流分灌，水少之年涓滴俱归农田，水旺之年下游均得其利，而水深之渠则架桥以便行人。①

渠道修治不及时、堵塞、坍塌、渠水泛滥的现象在甘、凉等地并不罕见，而改善水规则可很大程度上缓解上述弊病，所以提出“应查明境内大小水渠名目、里数造册通报，向后责成该州县农隙时督率，近渠得利之民，分段计里合力公修”之方法。又如古浪大靖地近沙砾之场，水渠分为三截，上游为山泉坝，中游为长流坝，下游为大河坝：

> 自前明至今二百余年，不知谁定轮灌之例，山泉坝首灌四十日毕，下注长流，长流灌四十日毕，下注大河，大河得水在八十日后，一有小旱，大河受之，故岁每不登，历任控诉，无处断之法。余则以田之望水，如病之望药，早得一日即早收一日之效，迟至八十日，则断难起死回生，乃酌定章程，改为二十日一轮，以二十日灌溉深透，余润亦足延十余日，更十余日则下轮已至，前后相接不至阔绝干枯，中闲未必全无雨泽，但得霢霂微滋，可无歉岁。②

由此可知，大靖水规中存有漏洞，上游、中游浇灌时间过长，而导

---

① （民国）《甘肃通志稿》，《甘肃民政志一·民政三·水利》，第28页。

② 陈世镕：《古浪水利记》，《皇朝经世文续编》卷一一八《工政十五·各省水利中》。

致下游前后不接、阔绝干枯，由于水规不善使该渠百姓受苦多年，在改善渠规之后下游农业才有所起色。另从安西、玉门两地争水案看：

> 安西有皇渠久矣，在玉门县境内，距县治三百里，清乾隆三年（1738）奉旨发国帑所辟沟引源泉总汇西泻贯注南北工小宛五百余户，旧无所谓皇渠会也，岁久失修，屡为玉民盗立口岸客，夏玉民忽堵塞诸口，点滴不流安民，安民田苗悉枯，始群寻水泉忿弛法外，卒遭拂逆，民国十六年（1927）春，省令调余署县篆，既下车户民共诉不平，然细究缘由，玉民挟近刁窃，乃由安西邑棍巧取渠银抛荒渠工所致，是则立制不善也。①

可见，安西、玉门两地水案产生源由为水规存有漏洞，才使得玉门挟近刁窃，堵塞渠口导致安西受旱，安西邑棍巧取渠银抛荒渠工而水渠不治，究其原因即“立制不善”。所以，水规本身存有的不足及漏洞是导致河西水利积弊及水利纷争的重要原因。

2. 人为因素影响

清代河西走廊由人为因素导致的水利积弊主要包括官员徇私舞弊、管理不善；民众有意截水、自觉意识较差；地方豪强把持水利等。

先看官员徇私舞弊、管理不善之弊。据文献记载，清代河西农业垦殖中官员徇私舞弊现象并不少见。如清雍正十二年（1734）十一月，由于镇番县属柳林湖屯田地亩开屯，经侍郎蒋泂估计开垦修筑渠坝、置备农具等项需银七万八千余两，“而办理率多私弊，所修渠工俱经冬水冲塌……又平地工价银七千八百两，委员潘治、石廷栋等朋比分肥短发银四千余两”②。官员在渠道修治中偷工减料，以致渠工冲塌，并贪污工价银等现象导致农业受损。

其次，水官之弊。水官在清代河西地区水利事务管理、纠纷调处以

---

① （民国）《安西县采访录三·叙·安西皇渠会叙》。

② （民国）《甘肃通志稿》，《甘肃民政志一·民政·三水利》，第71页。

及社会治理中扮演着重要的角色，与此同时，在基层权力运行中水官积弊又反过来制约着水资源的有效管理，这是我们认识水官与清代河西基层社会治理问题时必须要关注的一个重要侧面。

清代河西水官之弊首先表现为争当水官，选举舞弊。如光绪年间酒泉县渠长选任中出现弊政，史载：“洪水坝四闸绅耆农约士庶人等，为军兴以后每岁争当渠长，兴讼不休，有误水程，致碍农业……四闸轮流又按十四渠挨当，自十二年起每逢冬至挨次公举，勿得徇情滥保，而偏党不公，以碍水程农业。”① 酒泉县绅耆农约士庶人等争当水官，在每年进行的水官选举中恐出现徇情滥保、偏党不公的现象，为此诉讼不断，影响到地方水务与农业发展。水官选举舞弊，有碍水利事务管理的正常运行，造成社会不安。

惰慢尸位，扶同作弊，是清代河西水官的另一弊病。清代河西地区水官消极怠慢，不勤职务的腐败现象亦时有发生。如山丹县自乾隆年间下五闸合渠民众兴修白石崖以来，“奈未几物换星移，临河一带磨户并附近居民乘间而侵水者某某，侵地者某某，而今而后倘无有过而问焉者，上下三千二百余石官粮之渠口尽为渔人逐利之场矣”②。山丹下五闸居民侵地侵水却无人管理，水官疏于打理，上下渠口成为渔人逐利之场。古浪县“兹因水夫经理不善，于嘉庆二十年两造争讼”③。水官管水不力，造成水利混乱。再如，清代酒泉县渠长每年需更换闸椿两道，但也往往“有名无实”，“以危坏栋梁”④ 充数，水官作弊，有损水利。

河西水官之弊还表现为水官各怀私见，损人利己。由于清代河西走

---

① 《甘肃河西荒地区域调查报告（酒泉、张掖、武威）》第六章《水利》第二节《灌溉方法》，《农林部垦务总局调查报告》第一号。

② （道光）黄璟、朱逊志：《山丹县志》卷一〇，《艺文·建大马营河龙王庙记》，第441页。

③ （民国）马步青、唐云海：《重修古浪县志》卷二，《地理志·长流、川六坝水利碑记》，第177页。

④ 《甘肃河西荒地区域调查报告（酒泉、张掖、武威）》第六章《水利》第二节《灌溉方法》。

廊对所选水官出自上游或下游没有严格规定，[①] 造成上游水官为己谋利，损坏下游水利利益。光绪年间临泽县二坝上下游各推选一位渠长，高如先为下游渠长，认为上下游水渠分设渠长易产生“实权分歧、隔阂易起”的不利局面，“若渠长不得其人，下号田禾屡受干旱，每年秋收荒歉堪虞”。于是高如先提议上下游水渠仅设一名水官，“以专其责”。然而“奈两号首领昧于大义，各怀私见执迷不悟，未得如愿。以致民国十年，下号竟受大旱”[②]。水官不能将上下两号民众利益通盘考虑，导致下游农田受旱。

水官利用一己之权额外多占水时之现象亦较为普遍。如上文所引光绪十二年（1886）《酒泉县洪水坝四闸水规》所载：“查得每年渠长恒由多占水时从中取利，屡次兴讼，累误众户农田水利……恐其仍蹈故习，各于应占水时外润占水时图得利肥家自厚。”[③] 渠长等不顾旱荒频仍、饥馑荐臻，多占水时从中取利，民众因此屡次兴讼，农业生产受到牵累。更有甚者，水官还操纵水权，据民国时期《民勤县水利规则》记载：“民勤水利规则创于清初康雍以还……一百余年来河夫会首操纵水权，习弊相仍。”[④] 水官操纵水权，积弊日滋。

水官管理中的漏洞与官府监督缺失，导致弊政产生。清代河西县府对水官具有相应的管理措施，如水官的选任需得到县府认可、水官不能尽职尽责、偏私徇情则会受到惩处等。[⑤] 但上述水官的选任、奖惩等事项，却往往由所谓的“总寨公所”或“会所”等民间组织发起。“公所”

① 对山陕地区渠长的选任，韩茂莉的研究认为渠长基本上产生于渠道中下游地区，以此来制约上游地区，维护中下游渠段的用水权力，渠长人选来自下游渠道的原则通行于山陕两地各大灌渠。（韩茂莉：《近代山陕地区地理环境与水权保障系统》，《近代史研究》2006 年第 1 期）。

② （民国）《创修临泽县志》卷一二，《耆旧志·高如先传》，第 308 页。

③ （民国三十一年）《甘肃河西荒地区域调查报告（酒泉、张掖、武威）》，《农林部垦务总局调查报告》第一号，第六章《水利》第三节《灌溉方法》，第 34 页。

④ （民国）《民勤县水利规则·敬告全县父老昆弟切实奉行民勤县水利规则》。

⑤ 清代河西县府对水官的管理措施，如乾隆七年（1742）甘肃巡抚黄廷桂奏：“掌渠乡甲有徇庇受贿等弊，按律惩治，并枷号渠所示众。”（《清高宗实录》卷一八一，第 351 页）如果情节严重还会上奏县衙，严格处理。如乾隆八年（1743）古浪县水规中规定：“如有管水乡老派夫不均，致有偏枯受累之家，禀县拿究。”（马步青、唐云海：《重修古浪县志》卷二《地理志·水利》，第 177 页）

由地方绅耆、各渠渠长以及士庶代表组成，农闲时节召集会议，“每于八月十五日渠长散工下坝之后，均以十六七八等日，本年渠长转集四闸，众等齐来总寨公所共同交付，本年水工芨芨账簿于众户由四闸众等公举正直数人，接阅乾坝水时人工芨芨账簿清查众户”①。议定内容主要包括渠长的选举、水官的奖惩、渠规的修订等。一般情况下，地方官府不会直接参与，官府的督率作用缺失。其议定结果需上奏县府，但由于县府对水官奖惩的具体操作不甚了解，加之官府对“总寨公所”或“会所”等组织的放权，由公所议定的结果上奏县府后，随即会得到官府认可。由于官府监督不够以及缺乏严密的组织与管理松散，易于造成水利弊政。

再次，民众有意截水、自觉意识缺乏，破坏水利公平。如肃州地区，由于上游人民刁难，下游用水维艰：

> 但水路无常而人心不古，即如二沟在城东二坝口上，该沟粮轻而水有余，每于立夏后拦河截水灌淹间湖，不肯让二墩坝得浇涓滴，虽扯降兴讼定有成案，而该坝据水上流每当使水吃紧之时故意刁难，二墩户众望水如命，只得致酒约贿，冀其放水一缕以救燃眉，每年花钱不下二三百串，均纳国赋而苦乐如此，凡此之类所在皆有。②

高处截水有意刁难，导致低处受旱，下游百姓只得致酒约贿才肯放水一缕，“凡此之类所在皆有”，可见此种现象并不少见，可谓“水路无常而人心不古”。再如镇番县，因地处武威下游，“水源皆导于武威”，雍正三年（1725）“武威县之校尉渠民筑木堤数丈，塞清河尾泉沟，以绝下游。果尔则镇人为涸辙之鲋矣”③。武威民众特筑木堤，有意截水，

---

① 《甘肃河西荒地区域调查报告（酒泉、张掖、武威）》第六章《水利》第三节《灌溉方法》。

② （光绪二十二年）吴人寿修，张鸿汀校录：《肃州新志稿》，《文艺志》，第702页。

③ （光绪）刘春堂、聂守仁：《镇番县乡土志》卷上《政绩录》，第496页。

导致位处下游的镇番县水涸苗枯。再从镇夷闫如岳控定镇夷五堡并毛双二屯芒种分水案来看，康熙五十八年（1719）两地水案始定，“孰知定案之后高民又有乱法之人，阳奉阴违或闭四五日不等仍复不遵”，即使康熙六十一年（1722）将两所并归一县，却“亦有刁民乱法先开渠口者仍复不少”。故至雍正四年（1726）又重定水利章程，并规定官府在分水日之前要专门“派拨夫丁，亲诣甘高封闭渠口，浇灌镇夷五堡并毛双二屯田苗，令夫严密看守以诡整端凌遵无违等”[①]。从此水案来看上下游争水主要源于上游乱法之人阳奉阴违不遵水规，私自先开渠口，导致下游受旱，水案纷争持续多年，重定章程之后，还需官府专派夫丁严密看守，以防奸民违规乱开水口。

3. 水利技术落后

从上文河西走廊水利的修治中我们看到，清代该地区的水利修治往往因地取材，技术相对简单。如水利工程大多是以泥、草等物垫底和填充渠坝两沿，水闸也多用草闸，故渠坝渗水明显，导致水流减小、农业受损，史载：

> 祁连山北之甘肃走廊地带……渠底墙皆就地采用之沙与乱石，在渠口或交错处则用乱树枝及芨芨草……然亦需年年修理，故此项工料为河西水利上之一大消耗。各渠渗漏量甚大，往往水竭于渠而地则无水可灌，致成旱象。[②]

河西水渠的修建中渠底渠墙皆就地采用沙与乱石修筑，在渠口或交错处则用乱树枝及芨芨草，这样导致河西水渠的渗漏量很大，而这皆与水利修治技术息息相关。

除了水利工程修建所用工料简陋外，由于河西各县土壤含沙量大，

---

① （民国）张应麒修，蔡廷孝纂：《鼎新县志》，《水利·附录·镇夷闫如岳控定镇夷五堡并毛双二屯芒种分水案》，第692页。

② （民国三十一年）《甘肃河西荒地区域调查报告（酒泉、张掖、武威）》，《农林部垦务总局调查报告》第一号，第六章《水利》第三节《灌溉方法》，第33页。

水渠修建时往往出现随挖随塌的现象。如临泽县，由于旧有水渠如昔喇板桥渠、八坝渠、九坝渠等沙积严重，“每逢风吹，即致被沙起，最易淹蔽渠身，渠身一经沙填，水即不流”①。所以板桥民众咸议谋开新渠，但所开新渠“率多沙质，随挑随坠……终未成功”②。其中技术层面的问题较为突出。

此外清代河西水利修治中还常遇水低地高的情况，人们也往往无能为力。如雍正三年（1725）提督甘肃总兵官臣路振声奏，“臣领兵回汛经过沙州卜隆吉等处遍踏一带地土，堪以耕种者虽有，而细看形势地高水卑难以引水灌溉者颇多”③，沙州布隆吉等处由于水低地高，许多耕地无法灌溉。“又河流均源出于祁连山，坡度陡而水流急，冲刷甚而河床日深，地势较高之田已感灌溉困难……此本区水利之改良不可容缓也。”④ 再如临泽县，“惜泉小流细，水低地高，其低地故不致受旱，然高地究束手无策”⑤。“又河低地高，水难上就……终未成功。”⑥ 清代河西地区并不能完全解决灌溉中所存之水低地高问题，水利修治技术需要提高。

清代河西走廊由于水利修建技术的低下，往往形成渠堤不固、水渠改道的现象，从而导致水灾的发生。“河西水利问题在于灌溉，而排水不为人所重视……原有渠道狭窄，不能尽容，随致淹没田禾，或沙石太多，淤塞渠道，随至渠道常改，或左右扩张，往往致有数里，乃至十余里宽之石滩，良田村落牺牲者不可胜记。”⑦ 由于渠道狭窄、渠堤松垮，往往酿成水患，水患对农业的破坏加剧。正如诗中所言“伏秋汛涨寻常事，谁信冬来灌百川，一片汪洋成泽国，数家村落变

---

① （民国十八年）《临泽县采访录》，《艺文类·水利文书》，第527页。

② （民国十八年）《临泽县采访录》，《艺文类·水利文书》，第527页。

③ 雍正三年八月《提督甘肃总兵官臣路振声具奏》，《雍正汉文朱批奏折汇编》第五册，第630条，第914页。

④ （民国）李式金：《甘肃省的蜂腰》，《水利》。

⑤ （民国十八年）《临泽县采访录》，《艺文类·水利文书》，第527页。

⑥ （民国十八年）《临泽县采访录》，《艺文类·水利文书》，第527页。

⑦ （民国三十一年）《甘肃河西荒地区域调查报告（酒泉、张掖、武威）》，《农林部垦务总局调查报告》第一号，第六章《水利》第四节《排水方法》，第35页。

江田，凿冰难透波心月，压草终浮水底夭，筑堰未成堤又溃，焚香祷告意凄然”①。

总体而言，清代河西走廊水利修治技术是有限的，其主要表现为：其一所修渠道皆用沙土、乱石、柴草等建筑物，密封性差，水流渗透严重，形成“水竭于渠而地则无水可灌”的现象。其二水渠多依地形而建，流经面积扩大，水量损失明显。其三，渠道修建中沙塌问题日益严重，对此人们无能为力。其四，对于泉小流细、水低地高的情况，人们多束手无策。渠道修治技术尚处落后。

4. 水源减少

清代以来，随着草林的砍伐、环境的破坏，本来缺水的河西走廊由于缺少了森林对水源的涵养，积雪减少，水源日稀。如古浪县，“无如近年以来，林木渐败河水微细浇灌俱坚”②。水源林破坏，水源减少，农田浇灌日艰。又如，“昔日祁连山森林茂盛，积雪多而水源畅旺，水受山林之调剂，流缓，故水患不大，近年来数千里山林俱被滥伐，水少而灌溉不足，农田苦旱”③。由于水源林的砍伐，春水稀少、农田受旱。再如武威县，“间逢木饥火旱，山雪既微川源复弱，不无奸民劫浇者”④，水源也日益稀少。再如镇番，“水既发源武威，则镇邑之水乃武威分用之余流，遇山水充足可照牌数轮浇，一值亢旱武威居其上流先行浇灌，下流微细往往五六月间水不敷用”⑤。导致下游受旱的原因为山水不足。水源日稀引起水利问题愈来愈多。

综上所述，清代河西走廊水资源利用所存在的困境与不足主要表现为水规不完善、水官执行不力、水渠修理技术低及人为破坏等，人为因

---

① （民国二十五年）赵仁卿等：《金塔县志》卷一〇《金石·诗》。

② （民国二十八年）马步青、唐云海：《重修古浪县志》卷二《地理志·水利·长流、川六坝水利碑记》，第177页。

③ （民国三十一年）《甘肃河西荒地区域调查报告（酒泉、张掖、武威）》，《农林部垦务总局调查报告》第一号，第六章《水利》第四节《排水方法》，第35页。

④ （乾隆十四年）张玿美修，曾钧等纂：《五凉全志》卷一《武威县志·地理志·水利图说》，第44页。

⑤ （乾隆十四年）张玿美修，曾钧等纂：《五凉全志》卷二《镇番县志·地理志·水利图说》，第240页。

素与渠规不善往往相连为患。需要说明的是，即使存有上述问题及不足，清代河西走廊水利开发的成就仍是主要的，应予肯定。从实际情况来看其存在的问题及弊病并不能阻碍河西水利的整体正常运行，这从清代河西灌溉农业所获得的发展当中即可体现出来。

第四章　“务使野无旷土”：清代河西走廊的屯田与垦荒

清朝立国后，基于“实边”的考量，在河西走廊积极推广“务使野无旷土，人尽力田”[①] 的政策，采取了广开屯田、鼓励垦荒等措施，农业垦殖取得了实效，促进了本区社会经济的发展。

一　屯田的分布与垦种

河西之重屯田，其来已久。自汉武帝开疆，自武威以迄敦煌屯田棋布，于是凉州水草畜牧为天下饶，富庶甲于内郡。魏晋至唐亦皆因其遗制。清朝自雍正十年（1732）以来，因于西北用兵，军需繁重，大学士西林鄂公巡边，仿效汉唐作法，在河西走廊设置屯田，从此拉开了河西屯田的大幕。“于是总督武进刘公与协办军需侍郎蒋公在嘉峪关以东屯田，大将军查公与都御史孔公在嘉峪关以西屯田，在关西此今分授营兵耕种，在关东此则募百姓克当屯户，现在设官督种，分粮以为边防军需之用，以省河东輓运之烦。”[②] 清代河西屯田为该区历史上屯田规模最大、范围最广的时期，“其实行地域之广、类别之多、时间之久，都超迈了前代”[③]。屯田地点散布于河西各县。

① 《清宣宗实录》卷四〇二，道光二十四年二月丙午，第 22 页。

② （民国二十五年）赵仁卿等：《金塔县志》卷一〇《金石・屯田论》。

③ 王希隆：《清代西北屯田研究》，兰州大学出版社 1990 年版，第 9 页。

（一）屯田的地域分布及概况

清朝建立后，以“屯田为安边便民，足食足兵之良法”[①]，认为“古圣帝王筹边之策，首重屯田，所以充军储抒民力也”[②]，在河西地区广开屯田。雍正期间，针对河西走廊“谷米腾贵，办理军机尤先粮饷，崎岖修阻輓运维艰”的状况，于口外之赤金、柳沟、安西、沙州、瓜州等处广开屯种。雍正十年（1732），特命甘肃诸大臣调拨银钱，在嘉峪关口内外、柳林湖、毛目城、三清湾、柔远堡、双树墩、平川堡等处，相度土宜，开垦试种，穿渠通流，以资灌溉。[③] 清代在河西走廊的屯田区主要为：凉州柳林湖屯田、昌宁湖屯田，甘州府平川堡屯田，肃州九家窑屯田、三清湾屯田、柔远堡屯田、毛目城屯田、双树墩屯田、九坝屯田，安西卫靖逆、赤金，渊泉县之柳沟、布隆吉尔屯田等。[④]

《重修肃州新志》对清代河西屯田的重要区域及屯田概况作了详细记载，现分述于后。

九家窑屯田[⑤]：九家窑，位于肃州南山之麓，距离州城150里。有耕地面积约一二万亩，皆为平原沃土。屯田灌溉水源为千人坝水（今马营河），坝水至马营庄便渗入漏沙，伏流地下，为民间不争之水。由于河流潜流地下，耕地高于河面十余丈，必须以凿山开洞的方法建渠，并于15里之外调水，还需要提升水位20丈之高，然后方能泻出山麓灌溉田亩。由于工程浩大、花费巨大，无人敢应。雍正十年（1732），大学士鄂尔泰经略陕甘到达肃州，开始修建该段水渠。由州判李如琎分工协理、鸠集人夫工匠，凿通大山五座，穿洞千余丈，开渠1500丈。经过反复修缮，二年以后水到渠成。起初试种4000亩，第二年种至上万亩，两年皆

① 《清宣宗实录》卷二二四，道光十二年十月丁卯，第347页。

② （乾隆四十四年）钟赓起：《甘州府志》卷一四《艺文中·文钞·国朝开垦屯田记》，第1518页。

③ （乾隆四十四年）钟赓起：《甘州府志》卷一四《艺文中·文钞·国朝开垦屯田记》，第1518页。

④ （民国二十五年）赵仁卿等：《金塔县志》卷一〇《金石·屯田论》。

⑤ （清）黄文炜：《重修肃州新志》，《肃州·屯田》，第85页。

获得丰收。起初雇夫役承种，其后招贫民认种，将所获粮食的一半用于边贮。同时设屯田州判一员对其进行管理，并在此地开渠筑坝、建房、借给农民牛、犁、籽种等物以资耕种。

柳林湖屯田①：柳林湖屯田地处凉州府镇番县城东160里、东边墙门外135里。幅员广大，周围方圆数百里，即今民勤县湖区。雍正十一年（1733）开设渠道，水源为镇番大河（石羊河干流下游）之水，并堵筑西河使其全数东归柳林湖。自西河口起至大、二、更名坝以下、边墙以东，皆培筑堤岸将渠水堵御不使水流疏泻，流过抹山至哨马营，有总渠一道，然后分东、中、西三渠，复开岔渠数十道，各长数十里不等。地亩则在渠身左右，编列字号，每号约以千亩为率。在东渠有西春水湖、东春水湖、注水湖、古庄基、鹊窝湖、山水湖、红柳嘴、东西板槽等名。编列：天、元、调、阳、万、丰、辰、赍等二十八号，屯户523名。中渠有红沙长湖、营盘、大红沙湖、铁姜湖、石山湖、珍珠湖、苦水井湖、西板槽下等名。编列：万、民、乐、业、共、享、升、平等37号。屯户552名。西渠有古槽、西白土墩湖、西明沙湖、苦蒿湖、蓬科湖、顺山湖、外西渠等处。编列：坐、朝、问、道、周、发、商、汤等37号。屯户561名。西渠之尾，复有潘家湖4600亩，屯户32名。雍正十二年（1734）以上三渠计开地约120000亩。此后，扩充复招新户1031户。

柳林湖屯田开设以来，组织建设了一批配套设施：在抹山东北址建造公馆一区，共21间，作为统理官的办事之所；抹山西南里外有小公馆一区，共7间。其余三渠分驻人员，共住土房25间；在抹山基址，南向大河造龙王庙三间，作为祭祀祈祷之所；在抹山建造仓厫，由于柳林湖屯田每年需籽种约一万数千石，冬天运至城中保藏，到春季复又运出城外种植，十分繁费，于是便在抹山建造仓厫，围墙周长74丈4尺，中座西向东仓厫十间，座北向南仓厫十间，还有十间木料已成但尚未盖成，又建仓院大厅三间、围墙门楼一座、仓门墙一堵、仓门外小房两间、厫神庙三间等；挖井数口，柳林湖夏季缺水，必须挖井以解决用水问题，

① （清）黄文炜：《重修肃州新志》，《肃州·屯田·附载》，第88页。

除小珍珠湖原有旧井之外，在山水湖、春水湖、纸捻湖、红岗、白墩子、营盘、砂槽子等处，新开井九口，各方圆四丈，深1、2、3丈余不等；修建桥梁以利交通，柳林湖开垦时水道漫布，尤其一到夏秋多雨时节人马便难以通行，于是建桥18座，又建大桥1座，便于车马通行。随着柳林湖屯田的开垦，位于外西渠口的抹山成为赴湖区以及进城往来的交通要道，车畜人众，烟火殷繁，竟成市集。

昌宁湖屯田[①]：昌宁湖屯田位于永昌县西北100里，距离宁远堡40里，即今民勤县昌宁乡之域。由于永昌县士民贡生王建国等急公好义自愿自备工本，收获所得则官民平分。于是雍正十二年（1734）、十三年（1735）两年，经永昌县知县汪志备每年借给麦种200石，秋收时除扣还籽种外仍补给工本200石，然后官民平分。雍正十二年（1734），官民各分得粮食303石7斗5升，十三年（1735）官民各分得粮食129石，到乾隆元年（1736）停种。

三清湾屯田[②]：三清湾屯田地处高台县城东南15里，雍正十一年（1733）开设。其渠道自张掖县鸭子渠起至屯地止，共长16200丈，计90里。内分“仁、义、礼、智、信”五号，每号二、三、四千数百亩零不等，共有地亩16232亩7分6厘。此为初开第一屯。屯田官员为原任南宁知府慕国琠总理、通判廖英专管水利，嘉兴州同赵谷锡、云南武生段子凤分管地亩。

柔远堡屯田：柔远堡屯田地处高台县城西南十里，雍正十一年（1733）开。其渠道自抚夷堡西渠起至红泥沟渠尾止，共长11929丈，合计66里2分。又开“正”字号岔渠，自“亨”字号起至“利”字号尾止，共长2389丈5尺，合计13里2分。共计14318丈5尺，合79里5分。内分“元、亨、利、贞”四号，每号一千百十亩不等，共有耕地5108亩。雍正十二年（1734）下种甚少。其屯田官员包括驿丞李洪绶、州同荆有庆、县丞王敷等。

---

① （清）黄文炜：《重修肃州新志》，《肃州·屯田·附载》，第88页。

② 以下三清湾、柔远堡、平川堡、毛目城、双树墩、九坝屯田区资料皆源自（清）黄文炜《重修肃州新志》，《高台县·屯田》，第362页。

平川堡屯田：平川堡屯田地处张掖县北边80里，东边自板桥堡边墙外起，西至五坝堡边墙外止，距离高台县城15里，即今临泽县平川乡之域，雍正十一年（1733）开设。其渠道即在平川各坝接修开浚，共修整旧渠四处，用人工90工；新开渠长1350丈。计开地2169亩5分。平川堡屯地十分肥沃，每年收成辄过十余分，甚至达到20分，而开垦之花费又最为廉俭，官民从中获利颇丰，但惜其屯地面积不甚广阔。经理之官员，开始时由张掖令李廷桂兼管，继而委任主簿黄河文，继委驿丞李洪绶。以上三屯，现归地方官高台县主簿管理。

毛目城屯田：毛目城屯田地处镇夷口外160里、双树墩之北80里，与天仓、威远皆为古人屯耕战守之处，即今金塔县鼎新镇之域，雍正十一年（1733）开设。其渠道远引黑河之水，包括大常丰渠一道，自龙口起至尾止计长68里9分；小常丰渠一道，自口至尾，计长27里3分；新开常丰渠一道，自口至尾，计长17里2分，内编列“天地元黄”等30号，每号五六七百余亩不等，共有耕地18025亩。管理之官员，起初为原任山东布政司孙兰芬，后为原任江苏布政司赵向奎接管，此外还有效用镇夷千把总田进录、刘勇等。

双树墩屯田：双树墩屯田地处镇夷口外80里，即今金塔县芨芨乡双树村一带，雍正十一年（1733）开设渠道，以黑河之水灌田。自渠口清流益墩起至风窝山止，计长2700丈，合15里。后经查核实长16里6分。内分“大、有、年”三字号，每号各520亩，共有耕地1562亩5分。管理的官员由县丞倪长庚负责，同时州判任邦怀为常往协助者，州判李如琏为末后接管者。以上二屯由高台县丞管理。

九坝屯田：九坝屯田地处高台县西北20里边墙外。雍正十一年（1733），该地民众初次呈垦，原开新渠并疏浚旧渠共长1736丈，合9里6分，开地1216亩。十一年（1733）下糜粟种80石，除去籽种官民各分粮食95石3斗5升。十二年（1734），下麦糜粟种109石8斗4升，除去籽种官民各分粮食90石9斗8合零。由于地土硷沙太重，收获量很少，屯民垦请交还开渠、筑坝诸费并牛车农具银两，经管屯州同吴敦徽会同高台令程元度，详细呈报总理屯田侍郎蒋洞会商以后，

奉文停种。

除了上述屯田地点外，清代在安西境内也开设有屯田，如靖逆、瓜州屯田等。雍正十年（1732）于安西属之大湾（今瓜州县城周围）、小湾（今瓜州县小宛农场一带）开屯，在柳沟属曰踏实堡、双塔堡，在赤金（今玉门市赤金镇）属之惠回堡、火烧沟开屯，在靖逆（今玉门市玉门镇）属之红柳湾、头道沟、昌马河开屯，又雍正十一年（1733），王兵备在三道沟（今瓜州县三道沟镇）开地1000石。[①] 在瓜州五堡、三十里井子、蒙古包、小湾、踏实各处屯田[②]等。

以下我们对清代河西屯田概况列表说明。

表20 **清代河西走廊屯田分布及概况表**

地名	屯田亩数	屯户数	时间	所在位置	资料来源
镇番柳林湖	249850	2498	雍正十二年（1734）	镇番县城东160里	《五凉全志》卷二《镇番县志·地理志·田亩》，第228页
安西靖逆卫	16000	561	雍正五年（1727）	在近城四面及花海子、红柳湾、大东渠、破堡子一带	《重修肃州新志》，《靖逆卫·户口田赋》，第588页
	871		雍正十年（1732）至十三年（1735）		
永昌昌宁湖	1600		雍正十二年（1734）	永昌县西北100里	《清代奏折汇编——农业·环境》，第36页

① （清）黄文炜：《重修肃州新志》，《靖逆卫·屯田》，第594页。

② 《乾隆四年（1740）陕甘总督鄂弥达十二月二十日（1月18日）奏》，《清代奏折汇编——农业·环境》，第34—35页。

续表

地名	屯田亩数	屯户数	时间	所在位置	资料来源
高台柔远堡	6415		雍正十一年（1733）	高台县城西南10里	徐家瑞《新纂高台县志》卷三《建置·田赋赋税》，第220页
高台平川堡	2298		雍正十一年（1733）	张掖县北八10里	
高台三清湾	16232		雍正十一年（1733）	高台县城南15里	
肃州九家窑	14000		雍正十二年（1734）	肃州城南150里	《重修肃州新志》，《靖逆卫·户口田赋》，第588页
肃州毛目城	18025		雍正十一年（1733）	镇夷口外160里	
肃州双树墩	1562		雍正十一年（1733）	镇夷口外80里	
肃州九坝	1216		雍正十一年（1733）	高台县西北20里	
靖逆、赤金	8800	230	乾隆四年（1739）		《清朝文献通考》卷一〇《田赋十屯田·考四九四六》
布隆吉尔	7025	240	乾隆四年（1739）	安西渊泉县之柳沟	《清朝文献通考》卷一〇《田赋十屯田·考四九四六》
柳沟卫属之佛家营	2640	92	乾隆五年（1740）		《清代奏折汇编——农业·环境》，第86页
赤金卫属之上赤金、紫泥泉二处	1750	80	乾隆八年（1743）		《清代奏折汇编——农业·环境》，第86页

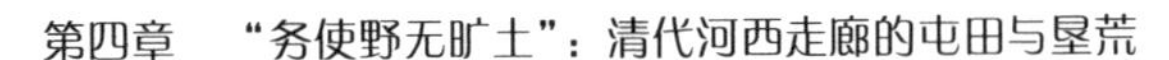

续表

地名	屯田亩数	屯户数	时间	所在位置	资料来源
瓜州屯田					《清朝文献通考》卷一〇《田赋十屯田·考四九四六》

根据上表我们可以得出如下几点结论：首先清代在河西走廊开设屯田多在清前中期，其开屯时间多在雍正五年（1727）至乾隆八年（1743）之间。其次，清代河西所开屯田面积广大，河西屯田区共开地超过348284亩，屯田户数超过3701户。再次，清代河西所开屯田涉及凉州、甘州、肃州、安西四府州，较为集中在肃州与安西两地，但面积最大之屯田区为凉州镇番柳林湖屯田区，为249850亩，以肃州九坝面积为最小，仅1216亩，同样屯户最多者亦应为柳林湖屯区，为2498户。总体看，清代在河西走廊所开屯田面积大、分布广，在很大程度上是以实边备战等为目的，但却实际上促进了地区农业社会的发展。

（二）屯田作物与垦种方法

下面分别从主要种植作物、试种制度、屯田耕种方法等方面，对清代河西走廊屯田的种植情况进行探讨。

主要种植作物：一般来说，清廷在河西组织的屯垦中农作物结构较为单一，[①] 主要包括小麦、青稞、糜子、豌豆，附以瓜菜。如雍正十一年（1733），兵备道王全臣于瓜州屯田共种粮5000石，内种小麦4500石，青稞500石，此外还有瓜州五堡回民开垦种植瓜菜地2000亩。雍正十二年（1734），王兵备又开垦屯田1800石，全部种植小麦。又文武效力官员及役兵民人等，自备工本，共开地800石种植小麦与青稞。以上共有籽种地7750石，瓜菜地2000亩，[②] 可知河西屯田以小麦种植为大宗。

① 萧正洪：《环境与技术选择——清代中国西部地区农业技术地理研究》，中国社会科学出版社1998年版，第76页。

② （清）黄文炜：《重修肃州新志》，《安西卫·瓜州事宜》，第458页。

乾隆二年（1737）九月初五日，甘肃巡抚德沛奏：“甘属每年口内、口外各处屯田下过籽种数目例应奏报。查肃州道所属之三清湾、柔远堡、平川堡、毛目城、双树墩、九家窑等处共下过麦、豆、粟谷、青稞、糜子京石粮5422石5斗7升。又凉庄道属之柳林、潘家二湖共下过麦、豆、青稞、糜、谷京石粮14315石4斗9升零。又安西道属之柳沟、靖逆、赤金等处兵屯共下过籽种京石小麦、莞（豌）豆、青稞1629石2斗5升。”① “按鼎新气候不匀雨量稀少，科地广种糜谷，屯多种麦类。”② 可知河西屯田以麦为主，兼种青稞、糜、谷等。除此之外还种植胡麻、菜子以磨清油。乾隆二十五年（1760）陕甘总督杨应琚奏称，由于运输清油路途遥远，脚力维艰运输困难，所以建议在河西种植胡麻等作物，“请饬兰州藩司，采买菜子胡麻运送肃州，按照各屯需用油觔分别给种，仍行文各该处办事大臣，于明春相度种树，以省运费”，并且胡麻菜子等物种植皆得丰收，“查各该屯田处所，种植靡不有收”③。

试种制度：河西屯田在开垦之初，往往会进行一段时间的试种，如收成尚可，则继续种植，否则停止种植。如凉州府永昌县属昌宁湖屯田1600亩地处边外，向无水利，于雍正十二年（1734）饬令效力贡监生等自备人工、牛具暂行试种。开垦之初，因有冬雪淤冰藉以浇灌，收获尚可。雍正十三年（1735），土性不能如初，更兼雨泽缺少，收获减半。迨乾隆元年、二年（1736、1737），冬暖无雪，地实干燥，难以播种，最后“勘得昌宁湖地方向系边外沙碱荒区，水干土燥，实在难于播种，呈请停止试种”④。同时还对新品种进行试种，如乾隆二十六年（1761）二月二十五日陕甘总督杨应琚奏，“即如巴里坤素称塞外极寒之区，今则试种豌豆，已渐有成效。安西附近内地更非巴里坤可比，是以近年来，各属亦间有试种豌豆已获有收者。俱令农民及时广为试种，如能种植有收，

① 《乾隆二年（1737）甘肃巡抚德沛九月初五日（9月28日）奏》，《清代奏折汇编——农业·环境》，第14页。

② （民国）张应麒修、蔡廷孝纂：《鼎新县志》，《舆地志·物产》，第684页。

③ 《清高宗实录》卷六二七，乾隆二十五年十二月庚子，第1050页。

④ 《乾隆五年（1740）甘肃巡抚元展成三月十九日（4月15日）奏》，《清代奏折汇编——农业·环境》，第36页。

将来即可将额征之粮酌量多寡，改征豌豆。其屯田种获豆石，除扣还原借籽种外，照例官四民六分收”[①]。遂在安西推广试种豌豆。

屯田耕种方法：河西走廊土壤盐碱含量较高，故河西屯田有一套特有的耕作方法，慕国琠在《开垦屯田记》[②] 中对此作了详细说明。首先，由于一田之内土壤盐碱度含量不同，所以同时播种者，往往会形成两种局面，即有的生长正常，而有的作物则无法正常生长。“故同时播种而其间有发不发之分，发者高大穗实，收获倍于他处，不发者毁腐成灰。”其次，在耕作中，除了一般的叠埂、犁田、锄草与内地无异外，河西垦田耕种的关键之处在于浇水法。浇水法主要在于验苗察土，苗、土秉性各不相同，要按照其性质确定浇水时间的迟早及浇水的多少。稍不经意，则会导致黍禾受伤，秀而不实。所以开垦新地时皆先要泡水，将碱气排出，在地土将干的时候，再摆篙播种，也可以用手撒种。等到苗长出四五寸，地土已完全干燥时，方开始浇水，名曰头水。由此渐次浇灌，到收获时统共浇水不过五六次。而至浇秋水、浇冬水时尤其不可耽误，“盖碱气性熟雪水性寒，经此可以消降。八月至九月中，名浇秋水。九月半后至十月初旬，名浇冬水。水入地冻，春和融化，即可耕种。过此，水凝冰厚，人力难施矣”。所以河西走廊屯田耕种方法的核心在于适时浇水。第三，河西地区节气与内地亦有所区别，要按节气实施不同的农业活动，“次年惊蛰后，土面稍松，犁锄可施。春分前后，播夏禾种，立夏前后播秋禾种。时届立秋收割夏禾，一逢霜降即割秋禾，迟则苗穗经霜，望脆籽落”。看来河西农业种植与土壤的碱气轻重、浇水的时机以及节气的不同有紧密关系。

二　屯田的管理

清朝在河西开设屯垦的同时，相应地采取了一系列措施对屯田进

---

① 《乾隆二十六年（1761）陕甘总督杨应琚二月二十五日（3月31日）奏》，《清代奏折汇编——农业·环境》，第201页。

② （乾隆四十四年）钟赓起：《甘州府志》卷一四《艺文中·文钞·国朝开垦屯田记》，第1518页。

行管理。其措施主要包括设置屯官、加强屯官的奖惩、订立屯田条例等。

（一）设置屯官

清代河西各地几乎皆有屯官设立。雍正元年（1723），沙州添设一千总，“令专管种地事务”①。雍正十一年（1733），将原设于安西之同知一员，移驻瓜州，专门办理水利屯田事务。② 雍正十三年（1735）十二月，“于凉州府添设通判一员，驻劄镇番，专管屯田，仍责成凉州道督查。高台县添设县丞一员，驻劄镇夷堡，专管毛目城、双树墩屯田。添设主簿一员，专管三清湾、柔远堡、平州堡屯田。肃州、添设州判一员，驻劄九家窑，专管屯务，兼查南山一带地方事件。其肃高二处屯田，俱责成肃州道督查”③。即在河西屯区设置了通判、专管屯田的县丞、主簿、州判等屯田官员，其职责即为专管屯田。并针对屯官仍属不敷使用的状况，于乾隆年间又添设了协理屯务官员，“但臣念各屯地方辽阔，少者数十里，多者百余里，今虽设有专员承办，至于催趱耕种、照料收获、督率夫役，仍需有协理之人。至各屯渠道虽已疏浚成功，每年或沙土湮塞，或水发冲决，皆需随时浚治修补，庶可垂之久远”④。再如乾隆元年（1736），又添设柳林湖水利通判，专管柳林湖屯田事。⑤ 乾隆二年（1737），又因为水利通判人数过少，在柳林湖屯田处设立其他屯官：“柳林湖等处屯田地方辽阔，屯户众多，原设通判等官仅止数员耳目难周，酌留熟谙屯务之生监农民，并设立屯长、总长、渠长分理，所需口粮盘费在预存公项内动拨。”⑥ 即清代柳林湖屯田所设屯官应包括屯田通

---

① 《钦定大清会典事例》卷一七九《户部·屯田·西路屯田》，第24页。

② 《清世宗实录》卷一二七，雍正十一年正月丁未，第668页。

③ 《清高宗实录》卷九，雍正十三年十二月甲申，第322页。

④ 《（乾隆元年十二月初十日）甘肃巡抚刘於义为请定甘肃屯田善后事宜事奏折》，中国第一历史档案馆《乾隆朝甘肃屯垦史料》，《历史档案》2003年第3期，第23页。

⑤ （乾隆十四年）张玿美修，曾钧等纂：《五凉全志》卷二《镇番县志·官师志》，第259页。

⑥ 《钦定大清会典事例》卷一六五《户部·田赋·屯田》，第658页。此外《清朝文献通考》卷十《田赋十屯田》称：柳林湖设屯田官员为屯长、总甲。

判、屯长、总长、渠长等职。肃州道屯田也设有屯官，乾隆元年（1736），甘肃巡抚刘於义关于屯田事上疏云：

> 三清湾原分五号，每号应设总甲一名、屯长一名，又五号共设渠长二名，计十二人……柔远堡原分四号，每号应设总甲一名、屯长一名，又四号共设渠长二名……平川堡原分四号，应总设乡耆一名、勤慎妥役一名，计二名……毛目城原分三十号，每三号应设屯长一名，共计屯长十名，外设渠长四名……计十四名；双树墩原分三号，应总设屯长一名、渠长一名……九家窑原分百户，每三十三户零应设屯长一名，共设屯长三名，又外设渠长二名。①

即肃州所设屯官包括总甲、屯长、乡耆、勤慎妥役等专司屯务，其中毛目城屯区设14名屯官，三清湾屯区12名，柔远堡屯区10名，九家窑屯区5名，平川堡屯区2名，双树墩屯区2名。乾隆七年（1742）清廷又重申设立屯官的必要性，“并驻劄九家窑之肃州州判、驻劄毛目城之高台县县丞、驻劄柳林湖之凉州府通判、经理各处屯田，均关紧要，应照旧设立”②。另如，雍正初年在敦煌屯田中还设立农长等。③

在实际屯垦中，屯官、农长等的职责则更为具体。如：

> 分给地亩，从前户民到敦煌每户应给地一顷……令丈量地亩人役用步弓，每亩长三十弓宽八弓，丈定亩数，按照六隅编列字号，传集乡约、农长，将应给各隅之地，令其阄分。次令约、长将所分一州、县之地，令各户自行阄分。分给明白，即签订字号、牌桩，注明本户原籍县份、姓名、地亩顷数、段落四址。通计二千四百五

---

①《（乾隆元年十二月初十日）甘肃巡抚刘於义为请定甘肃屯田善后事宜事奏折》，中国第一历史档案馆《乾隆朝甘肃屯垦史料》，《历史档案》2003年第3期，第23页。

②《清高宗实录》卷一六七，乾隆七年五月甲戌，第114页。

③（道光十一年）苏履吉修，曾诚纂：《敦煌县志》卷二《地理志·乡农坊甲》，第113页。

户，共给地二千四百五顷，督令尽力开垦。[1]

可见屯长、乡约等要负责丈量土地、为民户分配土地、填报户民花户册、督令百姓尽力开垦等工作。除此之外，还要给予民户农业耕作方法上的指导，"其生地内有荒墩、土堆，令其刨平，红柳树根，令其挖刨，将地面开垦平正，然后分畴迭埂，耕犁泡水"[2]。同时，还要度量农民勤惰进行奖惩，"量人力之多寡，别开地之勤惰，责令各农长日具报单查考，多者赏之，少者惩之，民情亦为鼓励。已经开垦种植者，现获丰登，膏腴之产，足为农业永赖"[3]。乾隆二十三年（1758）下令：军营屯田事关紧要，要求屯官"随时鼓舞屯田兵丁，令其筑墙、建造土房，俾伊等各得栖身之所。由是开辟地亩渐加宽广，将来收获自必充裕，可以无需自内运粮，此永远可行之事也"[4]。可知屯官还需随时鼓舞屯兵耕作。再如屯官还要掌管招徕屯民、征收屯税等。"乾隆四年（1739）覆准，陕西安西镇属口外屯田尽行开垦，尽可藉民田营田以供兵食，嗣后陆续招募农民商贾及兵之有余丁者承种，所获粮穀，民得六分、官收四分，委安西道与通判管理督率。余地听百姓报垦纳粮。"[5] 除此之外屯官还要掌管水利兴修等事务，如柳林湖屯田通判，"每年查看渠工、兴修水利"[6]。这在第三章《"水是人血脉"：清代河西走廊的水资源利用与管理》中已叙述，不赘。

（二）设立屯官奖惩制度

清代河西不仅设置屯田官员，还对屯田官员严格考核、建立奖惩制度。如乾隆元年（1736）甘肃巡抚刘於义在《甘肃屯田善后事宜》的奏

---

① （清）黄文炜：《重修肃州新志》，《沙州卫·水利》，第490页。

② （清）黄文炜：《重修肃州新志》，《沙州卫·水利》，第490页。

③ （清）黄文炜：《重修肃州新志》，《沙州卫·水利》，第490页。

④ 《乾隆二十三年（1758）管陕甘总督事黄廷桂正月初二日（2月9日）奏》，《清代奏折汇编——农业·环境》，第163页。

⑤ 《钦定大清会典事例》卷一六五《户部·田赋·屯田》，第659页。

⑥ 《清高宗实录》卷一一〇，乾隆五年二月甲申，第639页。

折中谈及河西屯官所实行的奖励政策：

> 至新设之凉州府通判、肃州州判、高台县县丞、主簿，俱经管屯务，朝夕奔走，督率料理，不比平常佐杂闲员。凉州府通判应照宁夏府水利通判之例，每年给养廉银六百两、公费银三百六十两；肃州州判、高台县县丞、主簿应照肃州州同每年三百两之例。高台县县丞所管屯田在毛目城口外，每年给养廉银二百四十两。其肃州州判、高台县主簿每年各给养廉银二百两。庶俯仰宽裕，得以尽心屯务矣。①

可知河西屯官之俸禄较多，即给予屯官较高的待遇，促使其尽心屯务。同时对屯官的处罚亦毫不手软，如敦煌乡约、农长等官员“或有办理不公，则合隅户民另再公举，禀官验充”②，严肃处理。再如雍正元年（1723）十二月，靖逆将军大学士富宁安奏报，该年屯田官员粮食收获量存在较大差距，一些官员的收获量较高，为原领种子数的十倍或十倍以上，而有些官员收获量低，仅为三倍、四倍不等，对此清廷下令对获得丰收的官员议叙奖赏，对收成少者惩处：“视耕田所得多少予以议叙治罪之事，既属军务著从严议之。”对收三倍之凉州游击程尚仁等官员，“理应即刻交部查议，唯现值军机之际，将该等之人明职送部在案。俟事毕时，再照例查议。将该等之人来年仍派出耕田效力。若收获多，则奏明免去查议，收获仍少，将本年少收之情陈报，一并参奏，交部严加议处”，凡收获多者各记录三次议叙，少收者照例处分。“如此则可劝勉官兵各图效力，且于耕田之事亦为有利。”③ 这样，制定了明晰的屯田官员奖惩措施，既可以鼓励效力官员勤力屯垦，又可以对官

---

① 《（乾隆元年十二月初十日）甘肃巡抚刘於义为请定甘肃屯田善后事宜事奏折》，中国第一历史档案馆《乾隆朝甘肃屯垦史料》，《历史档案》2003 年第 3 期，第 24 页。

② （道光十一年）苏履吉修，曾诚纂：《敦煌县志》卷二《地理志 · 乡农坊甲》，第 113 页。

③ 《议政大臣和硕裕亲王保泰等奏议叙屯田多收之员折》，中国第一历史档案馆译编《雍正朝满文朱批奏折全译》上册，第 980 条，黄山书社 1998 年版，第 544 页。

员起到警戒作用。

（三）专设屯田条例及章程

除了设置屯官、设立屯官奖惩机制外，清代还专设了屯田条例，对屯田活动中出现的具体问题进行规范。如雍正十一年、十二年（1733、1734）肃州所定屯田条例，现引于下：

> 一、凡开渠、筑坝、平地，雇募人夫，每日每名给工价银六分，面一斤八两，米四合一勺五抄。若米面本色不便，愿领折色者，照依各地方时价计算给银。
>
> 一、招募屯户既定之后，所需籽种和州县存仓之粮、或不敷，方行采买。总系在官借给，秋成后，先行扣还。然后将余粮官民各半平分。
>
> 一、凡开渠、筑坝、打墙、盖屋、丈尺工程，总照依土方、部颁定例。
>
> 一、凡屯田需牛车、农具，计籽种每百石需牛二十四只，每只银十两，需车六辆，每辆银七两。又，凡牛一只，需农具银一两六钱。凡有多寡，以此核算。官为借给，分作五年扣还。
>
> 一、地居口外无房屋者，每籽种一百石，酌给窝铺五间，每间给银二两四钱，牛圈六间，每间给银一两二钱，日后免其追交。
>
> 一、管理屯田，需用委官、生、监、农民。若地在口外，照依嘉峪关西屯田事例，一官二役，每日给银六钱。若在口内，照口内佐、杂、办差之例，一官一役，每日给银一钱六分。其生、监无论口内外，给银一钱八分，农民无论口内外，每日给银一钱。
>
> 一、地居口外，委官人等，未便露处，每一千石，酌盖土房十间，每间给银八两或五两不等。
>
> 一、屯田所收草束，屯户等需喂牛之用，故不分于官，全归屯户。
>
> 一、青黄不接之时，酌量借给口粮，当年秋收，照数于屯户所

分之内扣还。

一、所下籽种，因地土厚薄，每亩多寡不同，小麦则每亩一斗六、一斗四、一斗二以至八九升不等、青稞、豆，照依小麦。糜子则每亩五六七升不等。粟谷则颗粒尤细，每亩一二升不等。①

上引屯田条例涉及了屯田官员、屯户、雇募人夫、工程的修建、各种农具、牛只等内容。首先限定了官员、屯民等每日的薪酬，“若地在口外，一官二役，每日给银六钱。若在口内，一官一役，每日给银一钱六分。其生、监无论口内外，给银一钱八分，农民无论口内外，每日给银一钱”。其次，官员及屯户皆有一定的优惠政策，如为官员、屯户盖房酌支银两，官府借给屯户籽种、牛只、车辆等、青黄不接时借给口粮、免受屯户屯田所收草束等。第三，规定了屯田收获粮的分配，即为“扣还籽种后余粮官民各半平分”。第四，规定了开渠、筑坝、平地，雇募人夫每日工价银数、粮数等。第五，规定开渠、筑坝、打墙、盖屋、丈尺等工程需要依照依土方部颁定例。第六，规定籽种每百石需牛、车数及牛只、车辆的价格标准。第七，对屯田小麦、青稞、豆、糜子、粟谷等作物的每亩下种量做了规定。如此细致明确的屯田问题规定，是屯垦活动实施的重要依据。此外，乾隆二十四年（1759）瓜州一带由于先前所安插之吐鲁番回民移归故土，所遗地土设屯招佃，为明确税收、以节虚靡，陕甘总督杨应琚还奏请订立瓜州屯务永久章程等。② 这些屯田条例的制定及实施规范了河西的屯垦发展，促进了河西农业的开发。

三 屯田的收成与产量

我们从河西方志及相关史籍中了解到，清代河西走廊屯田的总体产量不高。如鼎新，“按鼎新气候不匀雨量稀少，地土沙碱性成，农作物仅

---

① （清）黄文炜：《重修肃州新志》，《肃州・屯田》，第85页。

② 《（乾隆二十四年七月十二日）陕甘总督杨应琚为请定瓜州屯务永久章程事奏折》，中国第一历史档案馆《乾隆朝甘肃屯垦史料》，《历史档案》2003年第3期，第38页。

俟河水灌溉以致农产物不丰，又有屯地、科地之别，科地广种糜谷，屯多种麦类，惟产量不佳”①。而且有些屯田区因为产量不佳而被撤销，如前述凉州府永昌县属昌宁湖屯田，于雍正十二年（1734）开始试种，起初还有收获，此后收成便一直下降，于是乾隆五年（1740）“呈请停止试种”②。又如肃州九坝屯区，“因地硷沙，不能获息，奉文停种”③。又靖逆之昌马湖官屯地，自雍正十一年（1733）开垦，“缘地碱薄，收离靖颇远中隔打坂驮载甚艰”，于雍正十三年（1735）奏明停止。④ 而一些产量较高的屯区如高台平川堡屯区，“每年收成辄过十余分，并几及二十分，而开垦之费又最为廉俭”，“但惜其不广”，却面积狭小，只有屯田2298亩。雍正七年（1729）十一月，陕西署督查郎阿奏称，安西厅属之瓜州并小湾、踏实堡三处屯区其近渠左右与附近踏实堡之奔巴儿兔地方（今瓜州县东巴兔乡），有可垦荒田数万亩，却无报官承垦之人，“细推其故，缘现在屯种人户每户仅给田三十亩，以常年七分收成计之，止收京斗粮二十一石，除扣还原借籽种、口粮、牛料并官分四分外，各屯户仅余粮三石数斗，工本多属不敷”⑤。可知瓜州等处屯田收获量少，扣除各种费用后，往往不足工本。又如肃州九家窑等处屯田，

> 共地三万六千一百三十一亩，每年所需口食、岁修、运粮脚价及九家窑州判官役养廉、俸工共需银二千八百余两，均系动支公帑，而官分粮石递年减少，即如乾隆十一年（1746）官收平分京斗粮三千九百七十一石三斗七升零，折仓斗粮二千七百七十九石九斗五升零。以麦、稞、糜、粟四色牵算照市价每粮一石估值银一两，止共该银二千七百七十九两零。以所入之数，较之所出，不惟无余，兼

---

① （民国）张应麒修，蔡廷孝纂：《鼎新县志》，《舆地志·物产》，第684页。

② 《乾隆五年（1740）甘肃巡抚元展成三月十九日（4月15日）奏》，《清代奏折汇编——农业·环境》，第36页。

③ （清）黄文炜：《重修肃州新志》，《高台县·屯田》，第362页。

④ 常钧：《敦煌随笔》卷下《户口田亩总数》，第388页。

⑤ 《乾隆二十四年（1759）陕甘总督杨应琚七月十二日（9月3日）奏》，《清代奏折汇编——农业·环境》，第186页。

且不足……且屯民所分一半之粮又不足养赡。[①]

九家窑屯田收获量低，收获与支出相抵不仅没有结余，反而不足。所以总体而言清代河西屯田的产量不高。下面对清代河西走廊屯田的收获情况列表说明。

表21　**清代河西走廊各处屯田收成概况表**

屯田地点	下籽种数	共获粮数	时间	收成指数	资料来源
凉州府属之芨芨滩	60、70石	170、180石	雍正十一年（1733）	2分8厘	《清代奏折汇编——农业·环境》，第80页
瓜州回民屯田	5035石2斗9升	34549石1斗1升	乾隆四年（1739）	6分8厘	《清代奏折汇编——农业·环境》，第34页
	9石3斗1升	95石5斗4升	乾隆四年（1739）	10分	
小湾地方	1863石4斗8升	11053石2斗8升	乾隆四年（1739）	5分9厘	
	16石9升	160石7斗8升	乾隆四年（1739）	9分9厘	
踏实堡	79石8斗8升	424石6斗5升	乾隆四年（1739）	5分3厘	
以上瓜州五堡、三十里井子、蒙古包、小湾、踏实各处	520石 7524石5升	4158石6斗8升 50442石4升	乾隆四年（1739）	7分9厘 通盘合算收成6分7厘	

① 《乾隆十二年（1747）甘肃巡抚黄廷桂六月初一日（7月8日）奏》，《清代奏折汇编——农业·环境》，第100页。

续表

屯田地点	下籽种数	共获粮数	时间	收成指数	资料来源
安西道属之靖逆、卜隆吉、双塔、柳沟、赤金、惠回堡等处	1630石2斗5升	6980石8斗	乾隆十年（1745）	3分至10分不等	《清代奏折汇编——农业·环境》，第94页
凉庄道属之柳林、潘家二处	14668石4斗9升	30987石	乾隆十一年（1746）	2分1厘	
瓜州	5039石3斗	20057石5斗3升	乾隆十三年（1748）	3分9厘	《清代奏折汇编——农业·环境》，第107页
瓜州五堡、三十里井子、蒙古包、小湾、踏实各处	7428石1斗	40630石5斗6升	乾隆十三年（1748）	通计收成5分4厘	《清代奏折汇编——农业·环境》，第113页
凉州、肃州、安西各处	28656石2斗8升		乾隆十五年（1750）	自2、3分以上至9分以上不等	《清代奏折汇编——农业·环境》，第120页
凉州、肃州、安西各屯田	22559石4斗1升		乾隆二十一年（1756）	自2分以上7分以下不等	《清代奏折汇编——农业·环境》，第156页
柳林、潘家湖，柔远、平川、毛目、双树墩、九家窑、靖逆、卜隆吉、双塔、柳沟、赤金、惠回堡、瓜州、五堡、十工并小湾、踏实各处	26440石9斗4升	82346石4升	乾隆二十四年（1759）	自1分7厘以上起至7分5厘以上不等	《清代奏折汇编——农业·环境》，第195页
肃州所属之九家窑、柔远、平川、毛目、双树等处	3703石	10282石	乾隆三十三年（1768）	自2分2厘至5分不等	《清代奏折汇编——农业·环境》，第230页

续表

<table>
<tr><th>屯田地点</th><th>下籽种数</th><th>共获粮数</th><th>时间</th><th>收成指数</th><th>资料来源</th></tr>
<tr><td>肃州所属之九家窑、柔远、平川、毛目、双树等处</td><td>3703石</td><td>9008石</td><td>乾隆三十五年（1770）</td><td>自2分1厘至4分7厘不等</td><td>《清代奏折汇编——农业·环境》，第241页</td></tr>
<tr><td>肃州所属之柔远、平川、双树、毛目等处</td><td>1499石9斗</td><td>4713石4斗</td><td>乾隆四十四年（1779）</td><td>3分1厘</td><td>《清代奏折汇编——农业·环境》，第278页</td></tr>
<tr><td>肃州所属之柔远、平川、双树、毛目等处</td><td>1499石9斗5升</td><td>4907石8斗</td><td>乾隆五十七年（1792）</td><td>3分2厘</td><td>《清代奏折汇编——农业·环境》，第321页</td></tr>
<tr><td>肃州所属之柔远、平川、双树、毛目等处</td><td>1550石</td><td>4918石6斗9升</td><td>嘉庆三年（1798）</td><td>3分1厘</td><td>《清代奏折汇编——农业·环境》，第334页</td></tr>
<tr><td rowspan="2">柳林湖</td><td>10500石</td><td>65388石6升</td><td>雍正十二年（1734）</td><td>6分2厘</td><td rowspan="4">《重修肃州新志·肃州·屯田》，第88页</td></tr>
<tr><td>11565石9斗9升</td><td>84731石9斗3升</td><td>雍正十三年（1735）</td><td>7分3厘</td></tr>
<tr><td rowspan="2">昌宁湖</td><td rowspan="2">200石</td><td>807石5斗</td><td rowspan="2">雍正十二—十三年（1734—1735）</td><td rowspan="2">4分
2分2厘</td></tr>
<tr><td>十三年458石</td></tr>
</table>

续表

屯田地点	下籽种数	共获粮数	时间	收成指数	资料来源
三清湾	1445石3斗3升	4413石9斗9升	雍正十一年（1733）	3分	《重修肃州新志》高台县，屯田，第362页
	1710石2斗8升	8140石1斗2升	雍正十二年（1734）	4分7厘	
	973石8升	5897石2斗2升	雍正十三年（1735）	6分	
柔远堡	376石7斗2升	1534石1斗2升	雍正十三年（1735）	4分	
平川堡	58石4斗	1060石9斗4升	雍正十一年（1733）	每年收成辄过10余分，并几及20分，而开垦之费又最廉俭但惜不广	
	145石8斗	1720石1斗6升	雍正十二年（1734）		
	119石3斗6合	1944石3斗4升	雍正十三年（1735）		
毛目城	1403石5斗4升	8918石1斗	雍正十二年（1734）	6分3厘	
双树墩	83石6斗1升	1268石1斗9升	雍正十一年（1733）	15分1厘	
	188石4斗7升	892石5升	雍正十二年（1734）	4分7厘	
九坝	80石	270石7斗	雍正十一年（1733）	3分3厘	
	109石8斗4升	291石8斗	雍正十二年（1734）	因地硷沙，不能获息，停种	
安西、柳沟、靖逆、赤金等处	3439石	19652石	雍正十年（1733）	5分7厘	《重修肃州新志》，《靖逆卫·屯田》，第594页

从上表看，清代河西各屯区收成基本上平均在四分左右，总体收成欠佳。超过十分（即收获量为下种量的十倍）者甚少，如平川堡屯田，瓜州回民屯田在乾隆四年（1739）、双树墩屯田在雍正十一年（1733）也达到了十分以上的收成。究其原因，应包括如下几点：首先，河西屯区大多地处绿洲边缘，所在地土脉瘠薄，地力贫瘠，如肃州高台所属九家窑、三清湾、柔远堡、平川堡、双树墩、毛目城六处屯田，“三清湾碱重沙多……随于乾隆九年（1744）题请归民升科……五处屯田当日开辟之始，原系老荒，土脉尚厚，收成粗稔。历今十数年来地方拔泄殆尽，岁收日减”[①]。即本身地土不厚，加之历经十几年的开垦，土地肥力下降，收成日减。其次，农民视屯田非己产，不能尽力耕种。如肃州九家窑屯田于雍正十一年（1733）凿山浚渠开设屯田，招民百户佃种，“民视官田非己产，一切垦治粪壅不无遗力。而田渐硗瘠，岁入平粮仅千石有奇，加以官役之供支，屯田重困”[②]。又如镇番柳林湖屯田，原垦一千九百八十余顷，续垦三百七十五顷，岁给籽种口食所收粮石官四民六，乾隆二十三、四年（1758、1759）以来，分收粮石渐次减少。究其原因，“缘民情视为官田不甚勤种，且屯民二千四百余户散处一百六十余里，地方官耳目难周殊鲜实效”[③]。再如口外安西厅所属之瓜州屯田，均在安西厅属之瓜州并小湾、踏实堡三处，“加以四六分收之议，小民每视为官田咸怀观望”[④]。故，清代河西屯田区产量不高。虽然如此，河西屯田在本区开发中所具有的政治、军事等方面的意义仍不应低估。

---

① 《乾隆十二年（1747）甘肃巡抚黄廷桂六月初一日（7月8日）奏》，《清代奏折汇编——农业·环境》，第100页。

② （光绪二十二年）吴人寿修，张鸿汀校录：《肃州新志稿》，《文艺志·康公治肃政略》，第698页。

③ 《清朝文献通考》卷一〇《田赋考十屯田·考四九四五》。

④ 《乾隆二十四年（1759）陕甘总督杨应琚七月十二日（9月3日）奏》，《清代奏折汇编——农业·环境》，第186页。

四　荒地开垦政策

清王朝除了在河西走廊大兴屯田之外，还积极鼓励百姓及各地开展垦荒活动，以扩大垦地面积，促进农业发展。需要说明的是该处垦荒与前述屯田有一定区别，此处所述垦荒是指除官方所开屯田之外，河西各地方及民间开垦荒地的活动。

清朝建立以后，随着人口的不断增长，针对人多地少的问题，采取了鼓励垦荒的政策以解决民食，曾多次发布垦荒政令，劝民垦荒。如顺治元年（1644）下令："州县卫所荒地无主者，分给流民及官兵屯，有主者令原主开垦，无力者官给牛具籽种。"[①] 雍正元年（1723）下令，"听民相度地宜，自垦自报，地方官不得勒索，胥吏亦不得阻挠"[②]。乾隆十三年（1748），陕西巡抚陈宏谋覆奏，米价日增，"补救之方一在开辟地利"，鼓励垦荒[③]。道光二十四年（1844），"至甘省报明水冲沙压案内，著富呢扬阿确加履勘。遇有堪以垦复之处，即将应复地亩，随时咨报，不得任听该委员等畏难捏禀，阻隔不行"[④]。可以说垦荒政令贯穿清朝的始末。

在河西地区清政府同样积极推行垦荒政策。乾隆二十二年（1757）大学士管陕甘总督黄廷桂建议，应将瓜州所剩回民未种荒地19000余亩，照开垦例招民认垦，官府借给籽种口粮，按年征还，"至所垦地先令于熟地接水处开起，由近而远，试种一年后，如水足有收，即照民地升科"[⑤]。乾隆十四年（1749），由于甘州所属之聂贡川及山丹县属之大草滩因民族聚集、土质差、水源少等原因而无法开垦，对此前大学士侍郎蒋溥奏称，"凡系可垦之地，节经招民开垦，并给兵屯粮，间有未开旷

① 《钦定大清会典事例》卷一六六《户部·田赋·开垦一》，第673页。

② 《清世宗实录》卷六，雍正元年四月乙亥，第137页。

③ 《清高宗实录》卷三一六，乾隆十三年六月，第197页。

④ 《清宣宗实录》卷四〇二，道光二十四年二月丙午，第22页。

⑤ 《清高宗实录》卷五四七，乾隆二十二年九月，第971页。

土，非无水可引，即沙石难耕，均未便轻垦”。意即只要是能够开垦的土地都已尽力开垦了。[①] 而对于像柳林湖这种能有所收获的耕地“自不敢漫无查察，致成废弃”[②]。可见清王朝对于垦荒政策的推行以及官员的执行都是不遗余力的。

同时清王朝还设立了一些优惠政策以鼓励民众垦荒。如对于无力垦荒者给予资助。康熙五十三年（1714），准许将甘省所属村堡中的荒地拨给无地之人耕种，并动用库银帮民买给牛种[③]。同时还借给银钱帮助兴工，如乾隆十年（1745），甘肃巡抚黄廷桂五月初十日（6月9日）奏请借银330两，帮助农民开垦甘州府属一工城、寺儿堡等处荒地，“所借银两分为四年完交，自属益民之举”[④]。乾隆二十六年（1761）三月二十四日，陕甘总督杨应琚奏，“查得肃州金塔寺等处有可耕荒地一万余亩，饬委该州酌议招垦，并奏请借给银二千两，以为垦地牛工、开渠疏凿之用，已蒙圣恩俞允。”并且“此外如再有可垦荒地……一例办理”[⑤]。借给垦荒者银钱以备耕作。在具体垦荒中，还有减免垦荒田地之赋税等策。如乾隆五年（1740）规定，陕西甘肃所属砂碛居多之山头地角之地及碱卤之地，听民试种，免征租赋。[⑥] 清王朝采取各种措施促使百姓开荒。

有清一代大力倡导垦荒，多次发布鼓励垦荒政令，并从物力、财力、人力等各方面提供支持，借给垦荒者牛只、籽种等农资，还借给银钱帮助兴工等。这一系列举措促进了清代垦荒事业的发展，在河西走廊也出现了垦荒的热潮。

---

① 《清高宗实录》卷三五一，乾隆十四年十月乙巳，第856页。

② 《清高宗实录》卷三五一，乾隆十四年十月乙巳，第857页。

③ 《清朝文献通考》卷二《田赋二田赋之制·考四八六八》。

④ 《乾隆十年（1745）甘肃巡抚黄廷桂五月初十日（6月9日）奏》，《清代奏折汇编——农业·环境》，第87页。

⑤ 《乾隆二十六年（1761）陕甘总督杨应琚三月二十四日（4月28日）奏》，《清代奏折汇编——农业·环境》，第201页。

⑥ 《清朝文献通考》卷四《田赋四田赋之制·考四八八四》。

五 垦荒区域与数量

清代在河西走廊大力垦荒，垦荒地点遍布河西各县。我们根据河西方志及《清实录》等文献资料所记载的河西各县各年向中央上报的新垦田数，对清代河西垦荒概况进行统计。

表22 **清代河西走廊垦荒地点与数目表**

地点	垦荒亩数	时间	资料来源
赤金	119 1167 5400 265	雍正二年（1724） 雍正三四五六等年（1725、1726、1727、1728） 雍正五年（1727） 雍正十二、十三等年（1734、1735）	《重修肃州新志》《赤金所·户口、田赋》，第608页
柳沟卫	2120 1293 79	雍正五年（1727） 雍正十一年（1733） 雍正十二年（1734）	《重修肃州新志》《柳沟卫·户口田赋》，第567页
安西厅	124532 3962	雍正五年、七年、十一年（1727、1729、1733） 雍正十二年（1734）	《重修肃州新志》《安西卫·户口田赋》，第446页
高台	482 1012 3031 580 248	雍正三年（1725） 雍正四年（1726） 雍正五年（1727） 雍正五年（1727） 雍正十一年（1733）	《重修肃州新志》《高台县·田赋》，第348页
古浪	22114		《五凉全志》卷四《古浪县志·地理志·田亩》，第463页
靖逆卫	4311	雍正六年（1728）	《清高宗实录》卷七九，乾隆三年（1738）十月甲辰，第245页

续表

地点	垦荒亩数	时间	资料来源
赤金所属	341	雍正八年（1730）	《清高宗实录》卷一一四，乾隆五年（1740）四月壬申，第669页
赤金卫	60	乾隆元年（1736）	《清高宗实录》卷二五四，乾隆十年（1745）十二月戊戌，第283页
武威县	460	乾隆四年（1739）	《清高宗实录》卷一四二，乾隆六年（1741）五月甲子朔，第1042页
口外柳沟卫所属布隆吉等处	1728	乾隆七年（1742）	《清高宗实录》卷一七三，乾隆七年（1742）八月丙辰，第221页
张掖县	2700	乾隆九年（1744）	《乾隆十年（1745）甘肃巡抚黄廷桂五月初十日（6月9日）奏》，《清代奏折汇编——农业·环境》，第87页
张掖县	2000	乾隆十年（1745）	
甘州府属一工城	数千亩		
甘州府属瓦窑堡	4000、5000		
甘州府属寺儿堡	4000、5000		
瓜州	19554	乾隆二十二年（1757）	《清高宗实录》卷五四七，乾隆二十二年（1757）九月，第971页
安西厅属之瓜州并小湾、踏实堡三处与附近之奔巴儿兔地方	20460	乾隆二十四年（1759）	《乾隆二十四年（1759）陕甘总督杨应琚七月十二日（9月3日）奏》，《清代奏折汇编——农业·环境》，第186页
肃州北乡金塔寺等庄边外黄水沟一带	10000	乾隆二十五年（1760）	《乾隆二十五年（1760）陕甘总督杨应琚十一月二十九日（1761年1月4日）奏》，《清代奏折汇编——农业·环境》，第199页

续表

地点	垦荒亩数	时间	资料来源
肃州金塔寺边外之北有夹墩湾	1200		（民国）赵仁卿等纂《金塔县志》卷一〇《金石·夹墩湾开垦田亩碑序》
肃州金塔寺等处	12000	乾隆二十六年（1761）	《乾隆二十六年（1761）陕甘总督杨应琚十月十六日（11月12日）奏》，《清代奏折汇编——农业·环境》，第206页
安西所属渊泉县之四道沟等处玉门县之头道沟等处	10000		
高台县毛目等处	5200	乾隆二十六年（1761）	《清高宗实录》卷六四七，乾隆二十六年（1761）十月辛卯，第254页
查肃州金塔寺等处	17000	乾隆二十七年（1762）	《清高宗实录》卷六六一，乾隆二十七年（1762）五月壬戌，第403页
肃州威鲁堡	12000		
镇番柳林湖	233223	乾隆二十八年（1763）	《镇番遗事历鉴》卷八，高宗乾隆二八年（1763）癸未，第318页
安西府属渊泉县之柳沟布隆吉尔等处	8000	乾隆二十八年（1763）	《清朝文献通考》卷一〇《田赋十屯田·考四九四六》
甘肃高台县	510	乾隆三十五年（1770）	《清高宗实录》卷九九四，乾隆四十年闰十月丙辰，第288页
安西府源泉、玉门、敦煌三县	5000	乾隆三十七年（1772）	《乾隆三十七年（1772）陕甘总督文绶正月十九日（2月22）奏》，《清代奏折汇编——农业·环境》，第228页
甘肃山丹县	700	嘉庆八年（1803）	《清仁宗实录》卷一一〇，嘉庆八年（1803）三月癸卯，第464页

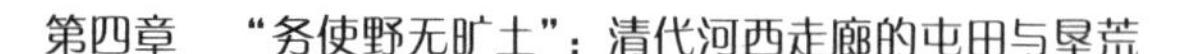

续表

地点	垦荒亩数	时间	资料来源
山丹县	702	嘉庆十七年（1812）	《清仁宗实录》卷二五九，嘉庆十七年（1812）七月壬午，第507页
镇番六坝、柳湖	1305	嘉庆二十一年（1816）	《镇番遗事历鉴》卷九，仁宗嘉庆二十一年（1816），第379页
古浪县	549	道光二年（1822）	《清宣宗实录》卷三七，道光二年（1822）六月甲子，第666页
安西州	50	道光十一年（1831）	《清宣宗实录》卷一九七，道光十一年（1831）九月辛未，第1104页
高台县	1958	道光三十年（1850）	《清文宗实录》卷一七，道光三十年（1850）九月辛卯，第236页

根据上表统计，清代河西走廊新垦地亩5459顷33亩。此外，还有一些有关垦荒数目的笼统记载。如嘉庆八年（1803）陕甘总督惠龄疏报，甘肃靖远、盐茶、山丹、镇番、中卫、五厅县开垦地58顷90亩。[①]嘉庆十八年（1813）户部议准陕甘总督那彦成疏报，“秦、靖远、秦安、正宁、古浪、五州县及红水县丞所属开垦地二十二顷九十七亩有奇”[②]。嘉庆二十年（1815）户部议准陕甘总督先福疏报，“皋兰、山丹二县，开垦地三顷八十七亩有奇”[③]。道光十二年（1832）户部议准陕甘总督杨遇春疏报，“靖远、环、二县并王子庄州同所属开垦地六顷八十九亩有奇”[④]。如果加上这些数字，清代河西走廊垦荒数目应不止上数。

① 《清仁宗实录》卷一〇八，嘉庆八年二月癸亥，第448页。
② 《清仁宗实录》卷二七一，嘉庆十八年七月癸酉，第673页。
③ 《清仁宗实录》卷三一一，嘉庆二十年十月乙亥，第134页。
④ 《清宣宗实录》卷二一八，道光十二年八月辛卯，第132页。

六　屯田与垦荒的成效

随着屯田与垦荒政策的推行，清代河西走廊的农业获得长足发展，在屯田数量与垦荒数量上皆比前代大量增加，社会经济发展也呈现出繁荣景象。

首先，屯垦数量增加。如安西县“今已满三年共增开屯地七千六百余亩，分归积粮六千六十余石。此屯田之成效也”①。若与明朝在河西走廊的屯田总数相比，清代河西屯田数目已有了较为明显的增加，试列表说明：

表23　　**清代河西走廊屯田亩数表②**

<table>
<tr><th colspan="2">地点</th><th>原额屯地</th><th>内除节年荒芜地、被水冲崩地、现荒未垦地、节年冲压地</th><th>实熟屯地</th></tr>
<tr><td rowspan="4">凉州</td><td>武威县</td><td>11600顷60亩</td><td>1256顷63亩</td><td>10343顷96亩</td></tr>
<tr><td>镇番县</td><td>3986顷19亩</td><td>720顷15亩</td><td>3266顷4亩</td></tr>
<tr><td>永昌县</td><td>5851顷68亩</td><td>2739顷74亩</td><td>3110顷94亩</td></tr>
<tr><td>古浪县</td><td>3936顷35亩</td><td>918顷24亩</td><td>3018顷10亩</td></tr>
<tr><td rowspan="4">甘州</td><td>张掖县</td><td>7674顷29亩</td><td>1963顷92亩</td><td>5710顷36亩</td></tr>
<tr><td>东乐县丞</td><td>1402顷13亩</td><td>30顷18亩</td><td>1371顷95亩</td></tr>
<tr><td>山丹县</td><td>4088顷92亩</td><td>1315顷39亩</td><td>2773顷52亩</td></tr>
<tr><td>抚彝厅</td><td>1699顷12亩</td><td>477顷64亩</td><td>1221顷48亩</td></tr>
<tr><td rowspan="4">肃州</td><td>本州</td><td>4554顷22亩</td><td>2411顷88亩</td><td>2142顷34亩</td></tr>
<tr><td>王子庄州同</td><td>627顷62亩</td><td>21顷8亩</td><td>606顷54亩</td></tr>
<tr><td>高台县</td><td>3874顷26亩</td><td>2390顷80亩</td><td>1483顷46亩</td></tr>
<tr><td>毛目县丞</td><td>52顷33亩</td><td></td><td></td></tr>
</table>

① 常钧：《敦煌随笔》卷下《屯田》，第392页。

② （宣统元年）长庚：《甘肃新通志》卷一七《贡赋下》，第16—22页。该表之统计时间为光绪三十二年（1906）。

续表

地点		原额屯地	内除节年荒芜地、被水冲崩地、现荒未垦地、节年冲压地	实熟屯地
安西	本州	1746 顷 29 亩	298 顷 15 亩	1448 顷 5 亩
	敦煌县	1225 顷	191 顷 36 亩	1033 顷 63 亩
	玉门县	521 顷 20 亩	106 顷 78 亩	414 顷 41 亩

表 24 **《明会典》载明代河西屯田亩数表①**

地名	屯田数
甘州左右中前后五卫	5751 顷 21 亩
肃州卫	2049 顷 21 亩
镇番卫	2223 顷 46 亩
永昌卫	992 顷 10 亩
山丹卫	1279 顷 86 亩
凉州卫	2652 顷
高台守御千户所	809 顷 43 亩
镇夷守御千户所	508 顷 96 亩
古浪守御千户所	622 顷 29 亩

以上统计清代河西屯田数为 37998 顷 74 亩，明代河西屯田数为 16888 顷 52 亩。清代河西的屯田数接近明代的两倍，土地垦殖范围、力度大为加强。

其次，社会经济获得发展。除了屯田数目的增加外，清代在河西的屯垦、开荒活动，还促进了河西走廊的社会繁荣与经济发展。如雍正十二年（1734）七月，协办军需总理屯田侍郎臣蒋泂上奏：

窃臣于雍正十二年（1734）九月十三日，在镇番县柳林湖，督

① （民国）《甘肃通志稿》，《财赋一 · 贡赋》，第 108 页。

催收获屯粮，兼筹乙卯年扩充地亩、为永裕边储之计，据双树屯委员、州同任邦怀、试用倪长庚详称："高台县属双树墩地方，在镇夷堡口外，自开垦到今，人烟日盛，庐舍加增，皓皓熙熙，皆是康衢之里，殷殷穰穰，无非击壤之俦，昔为远郊旷野，今尽平畴绣陌"，兹查镇夷口外双树墩地方，弱水长流，合黎环拱，自开屯以来，翼翼禾苗，户享尧年之乐，春秋报赛，酒醴馨香。①

随着双树墩屯田的开垦，该地社会发展也呈现出一派繁荣景象。再如柳沟卫，明朝时"鞠为茂草，无复田畴、井里之遗"，随着清代在此设立屯田，社会经济状况发生了变化，"于是井疆日辟，穑人成坊，极边新设之民，皆有含哺故腹之乐矣"②。再如安西所属五卫地方：

向系砂碛无人之地，近年以来开渠引水，皆已垦殖，回民垦户村庄布列俨同内地。今年山中雪水甚旺，而雨泽又比往年为多，麦禾茂盛，丰收有望……商民车辆往来，贸易络绎不绝。③

安西社会经济也随着屯田的兴起等得以发展。再如肃州之西桃赉河常马尔鄂敦他拉等处及布隆吉尔地方，通过垦荒及民人的垦种，"渐至富饶"④。肃州之北口外、金塔寺地方通过垦荒，"人民渐集，于边疆大有裨益"⑤。镇番，"今大半开垦居民稠密不减内地，延东而下移坵换段，迤逦直达柳林湖，耕凿率以为常"⑥。可以说达到了清代垦荒"务使野无旷土，人尽力田，俾民食边储，并收实效"⑦ 的目的。

---

① （清）黄文炜：《重修肃州新志》，《高台县·为恭报嘉禾书》，第428页。

② （清）黄文炜：《重修肃州新志》，《柳沟卫·户口田赋》，第567页。

③ 《乾隆二十年（1755）甘肃巡抚陈弘谋五月二十四日（7月3日）奏》，《清代奏折汇编——农业·环境》，第146页。

④ 《清世宗实录》卷二〇，雍正二年五月戊辰，第334页。

⑤ 《清圣祖实录》卷二六九，康熙五十五年七月丁亥，第639页。

⑥ （乾隆十四年）张玿美修，曾钧等纂：《五凉全志》卷二《镇番县志·地理志·里至》，第224页。

⑦ 《清宣宗实录》卷四〇二，道光二十四年二月丙午，第22页。

第五章　“广种糜谷”：清代河西走廊的农作物品种与种植

河西走廊地处西北干旱区，赖绿洲水源灌溉，农作物品种以麦类、杂粮等为主，同时黑河沿岸还生产稻类作物，其他作物如棉花等亦有出产，且多为一年一熟，部分作物亦有复种者。从种植技术上看，清代河西走廊农作物种植方式一般较为粗放，但亦讲究休耕，重视施肥等。

一　农作物品种

河西走廊各县由于自然条件大同小异，其农作物种类亦无较大之差异。现将清代河西的主要农作物品种及种植等分述于下。[①]

（一）麦类作物

1. 小麦

清代河西走廊小麦种类较多，种植面积大，是河西走廊最主要的农作物品种之一。[②]“小麦种类甚多，随地皆植，为食粮要品。”[③] 并且食用

① 因河西传统农作物品种各时期基本雷同，本节在论述时采用了一些民国时期资料，以反映清代河西农作物概况。

② （民国三十一年）《甘肃河西荒地区域调查报告（酒泉、张掖、武威）》，《农林部垦务总局调查报告》第一号，第七章《农业经营》第一节《作物种类》，第35页。

③ （民国十年）徐家瑞：《新纂高台县志》卷二《舆地下·户口物产》，第189页。

人数亦多，“边方食此独多”①。如武威县，民食以麦为大宗。② 镇番，“邑介沙漠无异物，川湖所产麦为先”③。东乐，小麦产额最多。④ 从河西走廊各地的县志看，各县基本都有小麦的种植，甘州府、凉州府、肃州都种植小麦，安西鼎新县亦有小麦的种植，“惟鼎新土质含碱多不丰收，亦水分缺乏土地攸关耳”⑤。

小麦的品种。河西小麦虽种类繁多，但多属于春小麦系统，其主要原因为河西气候干燥，冬季温度过低。以气温而言，无霜期较短；以雨水论，十月至翌年三月之半年期间，雨水雪水两缺；复加以冬季大风肆虐，故小麦虽适应力大，亦无法生长，必待春季解冻雪水流下，农民始着手耕种。因为自然条件的限制在河西几乎无冬小麦的栽培。春小麦性寒燥，凡在北纬30—60度之间之壤土及砂质壤土，温度由四月至七月各月平均为摄氏30—35度者，生长最宜。而河西各县具备此种条件，故春小麦的栽培面积最广，生长情形亦较好。⑥

清代河西走廊春小麦品种较多，以色泽分有红白二色，白者穗红而面白、性不耐煮，红者穗白而性粘，可为长面且耐煮。⑦ 其色白者曰白麦，红者曰红麦，无芒者曰光头麦，仲秋下种者为冬麦⑧。此外“土人因穗状、实色之异，有红大头、白大头、红光头、白光头、红毛头、白毛头、金包银、银包金”等各种名称。⑨ 而其中品种以武威为最多，计十种：小虹麦、小白麦、红旱麦、冬落麦、兰州麦毛麦、庆阳麦、白光头麦、红疙瘩麦、白疙瘩麦；次为玉门，约八种：红小麦、红大头麦、红光头麦、紫麦、小白麦、金包银麦、白大头麦、疙瘩麦；次为张掖，

---

① （清）黄文炜：《重修肃州新志》，《高台县·物产》，第377页。

② （民国）《甘肃省志》第三章《各县邑之概况》第六节《甘凉道》，第91页。

③ （道光五年）许协修、谢集成等纂《镇番县志》卷三《田赋·物产附》，第191页。

④ （民国）《东乐县各项调查表》，《东乐县植物调查表》，甘肃省图书馆藏书。

⑤ （民国）张应麒修，蔡廷孝纂：《鼎新县志》，《舆地志·物产》，第684页。

⑥ （民国三十一年）《甘肃河西荒地区域调查报告（酒泉、张掖、武威）》，《农林部垦务总局调查报告》第一号，第七章《农业经营》第一节《作物种类》，第36页。

⑦ （光绪二十二年）吴人寿修，张鸿汀校录：《肃州新志稿》，《风俗志·物产》，第535页。

⑧ （民国二十八年）马步青、唐云海：《重修古浪县志》卷六《实业志·物产》，第216页。

⑨ （民国十年）徐家瑞：《新纂高台县志》卷二《舆地下·户口物产》，第189页。

共四种：白麦、红麦、大麦子、小麦子；最少为酒泉，仅三种：大头白麦、大红麦、小红麦。以栽培面积论，武威以红早麦为最广，张掖以大麦子占多数，酒泉农民喜种大头白麦，玉门农民则喜爱红毛麦，而这都缘于产量高使然。① 小麦惟甘州最佳，“颗粒比关中倍大无异山东白麦，民间食粮此为上色”②，可见小麦质地佳良。

小麦耕种时期及方法。农历七八月间，雪水下山时，即着手疏通支渠，引水入田名曰泡水，经数昼夜大部水份下渗，任其干至适当程度，即开始犁耕，犁田用牛马或骡马。一耕一耙后，即放置下来。翌年春复，耕耙一次，并施基肥料，种类以大粪为主，施粪后再泡水一次，稍干即播种。时期为三月，方式系撒播。播后再耙一次，发芽及生长期中视情形再泡水一二次，以后即行普通管理。③

小麦耕种之管理。河西气候干燥，加之土壤碱性较重，田中无甚杂草，即使有种类亦不甚多，故普通除灌水外，中耕除草工作甚少。又因撒播麦苗过密，无法耕锄，如行除草者，概于开花期前行之。④

小麦之收获。收获期因地而异，普通在七月初旬至八月初旬，其收获方法各地大体相同，如镇番县系以镰刀收割，刈后平铺于场中，略加曝晒，即可脱粒。⑤

小麦收获后的脱粒及调制。脱粒时先将麦捆松散平铺于场中，以牛骡或二驴拉石碾，压脱粒后，即将麦草以木叉或木扒堆于一边，再将麦粒连谷堆起，于迎风之处以木掀挑扬调制妥当，即收之入仓。⑥

---

① （民国三十一年）《甘肃河西荒地区域调查报告（酒泉、张掖、武威）》，《农林部垦务总局调查报告》第一号，第七章《农业经营》第一节《作物种类》，第36页。

② （光绪二十二年）吴人寿修，张鸿汀校录：《肃州新志稿》，《风俗志·物产》，第535页。

③ （民国三十一年）《甘肃河西荒地区域调查报告（酒泉、张掖、武威）》，《农林部垦务总局调查报告》第一号，第七章《农业经营》第一节《作物种类》，第36页。

④ （民国三十一年）《甘肃河西荒地区域调查报告（酒泉、张掖、武威）》，《农林部垦务总局调查报告》第一号，第七章《农业经营》第一节《作物种类》，第36页。

⑤ 《镇番遗事历鉴》卷九，仁宗嘉庆十七年壬申，第372—373页。

⑥ 《镇番遗事历鉴》卷九，仁宗嘉庆十七年壬申，第372—373页。

2. 大麦

大麦在河西农作物中亦占有较重要的位置。俗名黑大麦，成熟颇早，[①] 实能造酒制糖，亦可作面。[②]《群芳谱》记“青稞麦、黑穬麦，大抵与大麦一类而异种”[③]。清代河西大麦名称有三种，一名连皮，堪饲牲畜[④]，将皮碾去可作碎珍煮食，兼可作酒；一名京大麦，“状似小麦而肥大，面既堪食，碾去皮，可作麦仁饭，亦堪酿酒”[⑤]；一名酒大麦，只可为蒸面榛子乃食之粗粝者。[⑥] 清代河西各县所植大麦品种不一，如古浪、东乐有黑白两种[⑦]，肃州府属有连皮、京大麦、酒大麦三种。同时各地的利用方法亦有不同，如肃州作麦仁饭、酿酒、蒸面榛子等，鼎新将大麦代米，乡人名曰针子，“兼能生芽可以作饴，邑人多以此作炒面食之”[⑧]，镇番则将白大麦除了食用外，还用以饲马，“黑者入药”[⑨]。并且在荒年大麦往往成为饥民渡荒之主要食粮，即所谓“青科大麦，最能度荒”[⑩]。可知大麦在河西农作物中占有重要地位。

除了上述称呼外，河西所产大麦其品种还可分为二种：一为连壳大麦，通称之曰大麦。二为离壳大麦，通称曰青稞。前者多做饲料或酿造料，后者大部食用。栽培面积在武威、张掖、酒泉三县中俱以青稞为广。大麦之耕种方法，管理调制等与小麦略同，惟播种时期或略有早晚。[⑪]

除小麦、大麦之外，清代河西走廊的麦类作物还包括荞麦、燕麦、回回大麦、芽麦、玉麦等品种。荞麦，据《本草纲目》言：荞麦一名莜

---

① （民国）《甘肃通志稿》，《甘肃舆地志·舆地十四·物产·植物》，第178页。

② （民国十年）徐家瑞：《新纂高台县志》卷二《舆地下·户口物产》，第189页。

③ （民国三十二年）《创修临泽县志》卷一《舆地志·物产》，第55页。

④ （清）黄文炜：《重修肃州新志》，《高台县·物产》，第377页。

⑤ （清）黄文炜：《重修肃州新志》，《高台县·物产》，第377页。

⑥ （光绪二十二年）吴人寿修，张鸿汀校录：《肃州新志稿》，《风俗志·物产》，第535页。

⑦ （民国二十八年）马步青、唐云海：《重修古浪县志》卷六《实业志·物产》，第216页。（民国）徐传钧、张著常等：《东乐县志》卷一《地理志·物产》，第424页。

⑧ （民国）张应麒修，蔡廷孝纂：《鼎新县志》，《舆地志·物产》，第684页。

⑨ 《镇番遗事历鉴》卷七，世宗雍正十三年乙卯，第277—284页。

⑩ 《镇番遗事历鉴》卷九，仁宗嘉庆十七年壬申，第372页。

⑪ （民国三十一年）《甘肃河西荒地区域调查报告（酒泉、张掖、武威）》，《农林部垦务总局调查报告》第一号，第七章《农业经营》第一节《作物种类》，第37页。

麦，一名花荞。李时珍曰：“荞麦之茎弱而翘然，易长易收磨面如麦。”[①]有甜、苦、大稜、小稜四种[②]，赤茎，高尺余，叶为三角形，花色淡红，熟则紫，美丽可观，实具三棱老则色黑，磨粉而食亚于麦面。[③] 种最迟，须至立秋前后。[④] 肃州及府属之金塔、镇番、鼎新各县皆有种植。鼎新地区由于大麦缺乏，所以“多以此代面条食之”[⑤]。

燕麦，以麦芒形似燕尾得名，一名羽麦，亦名莠麦、冰麦。[⑥] 其主要用途为饲畜，“可饲牲畜且不待粪壅，故植之者颇获其利”[⑦]，可知燕麦易种植、用途广、获利丰。清代河西贫苦人家则用其来糊口，“土人用之饲畜，贫家亦作食品”[⑧]。

玉麦，据《甘肃通志稿》记载为“尤微细，气香性粘，夏种秋收”[⑨]。较小麦细而长。[⑩] 清代东乐县[⑪]、镇番县[⑫]等有种植。

芽麦，与小麦不同其色接近赤色，其质坚重，成熟之期较其他麦类早收半月，从前未有，于雍正二年（1724）冬商人自河东携至肃州，始行播种。[⑬]

回回大麦，河西以前并无此种，由西域带来，种之亦不甚多，形大而圆，色白茎穗异于他麦，又名西天麦。[⑭] 肃州等地有种植。

---

① 《本草纲目·谷部》卷二二《谷之一·麻麦稻类十二种》，文渊阁《四库全书》本，第773册，第447页。

② （民国二十八年）马步青、唐云海：《重修古浪县志》卷六《实业志·物产》，第216页。

③ （民国十年）徐家瑞：《新纂高台县志》卷二《舆地下·户口·物产》，第189页。

④ （民国）《甘肃通志稿》，《甘肃舆地志·舆地十四·物产·植物》，第178页。

⑤ （民国）张应麒修、蔡廷孝纂：《鼎新县志》，《舆地志·物产》，第684页。

⑥ （民国十年）徐家瑞：《新纂高台县志》卷二《舆地下·户口物产》，第189页。

⑦ （民国二十八年）马步青、唐云海：《重修古浪县志》卷六《实业志·物产》，第216页。

⑧ （民国十年）徐家瑞：《新纂高台县志》卷二《舆地下·户口、物产》，第189页。

⑨ （民国）《甘肃通志稿》，《甘肃舆地志·舆地十四·物产·植物》，第178页。

⑩ （民国）徐传钧、张著常等：《东乐县志》卷一《地理志·物产》，第424页。

⑪ （民国）《东乐县各项调查表·东乐县植物调查表》。

⑫ （清乾隆十四年）张玿美修，曾钧等纂：《五凉全志》卷二《镇番县志·地理志·物产》，第233页。

⑬ （清）黄文炜：《重修肃州新志》，《肃州·物产》，第122页。

⑭ （光绪二十二年）吴人寿修，张鸿汀校录：《肃州新志稿》，《风俗志·物产》，第535页。

（二）稻类作物

稻本产于亚热带，然清代河西一带仍有生长，足以证明河西绿洲农业环境是较为优良的。河西产稻以张掖为最著名，其农产即以白米为大宗。[①] 其余各县如高台、酒泉、临泽、武威等县亦均产之。稻性喜高温多湿，河西各地虽稍高燥，然其土壤水源尚不成问题，只是温度稍低。[②]

根据河西地方志记载，甘州地区为清代河西稻的主产区，其原因在于黑河绿洲水量较为丰盈之故。清建立初期，河西稻的种植尚不广泛，如康熙三十二年（1693），护军统领苏丹等疏言“臣等查甘州、凉州、在西北陲，所植之苗惟麦黍豌豆而已。甘州所属虽略种稻，而不甚多”[③]。“稻，旧志有红白二种。昔高台、镇夷种之，亦不甚广。”[④] 到了清代雍正年间以后，稻的种植开始日益广泛，“今则甘州城北门外乌江窑子延至黑河北、柳树堡、板桥、平川、三、四、五坝，以及张掖县属黑河南、抚夷、新添、三工、双泉等堡，俱广种稻”[⑤]。“今黑河沿岸普植之，邑商运销于酒泉、安西、敦煌、哈密等处，获利甚丰，亦农产大宗也。”[⑥] 对甘州等地水稻种植情况，诗歌也赞曰：“甘州城北水云乡，每至深秋一望黄。穗老连畴多秀色，实繁隔陇有余香。始勤东作同千耦，终庆西成满万箱。怪得田家频鼓腹，年丰又遇世平康。”[⑦] 黑河沿岸一度广植稻米。

清代河西走廊稻有糯粳二种，粘者为糯，俗称江米，可酿酒，并制糕糖。不粘者为粳，俗称白米，为食粮佳品，[⑧] 肃、甘皆产之。[⑨] 而凉州

---

① （民国）《甘肃省志》第三章《各县邑之概况》第六节《甘凉道》，第91页。

② （民国三十一年）《甘肃河西荒地区域调查报告（酒泉、张掖、武威）》，《农林部垦务总局调查报告》第一号，第七章《农业经营》第一节《作物种类》，第15页。

③ 《清圣祖实录》卷一六〇，康熙三十二年九月丙辰，第755页。

④ （清）黄文炜：《重修肃州新志》，《高台县·物产》，第377页。

⑤ （清）黄文炜：《重修肃州新志》，《高台县·物产》，第377页。

⑥ （民国十年）徐家瑞：《新纂高台县志》卷二《舆地下·户口·物产》，第189页。

⑦ 郭绅：《观刈稻诗》，（民国）白册侯、余炳元：《新修张掖县志》，《艺文志·张掖县乡土志·诗词》，第402页。

⑧ （民国十年）徐家瑞：《新纂高台县志》卷二《舆地下·户口·物产》，第189页。

⑨ （民国）《甘肃通志稿》，《甘肃舆地志·舆地十四·物产植物》，第178页。

府稻以镇番出者佳，肃州府稻以高台出者佳，甘州以张掖出者佳。[①] 尽管河西走廊稻的质地优良，但产量却不如南方，究其原因一方面因为气候偏凉，另一方面为种植方法不当，“惟土人不谙制畦、插秧之法，只散播籽种于田间，听其自生，故收入不及南方优胜”[②]。“稻，肃地鲜有，种者未得种法也，惟高台宜之，然亦只知撒种于田任其自生，不似南方插秧之法。”[③] 清代河西走廊种稻并不插秧，而是撒种任其自生，种植粗放。不谙种植方法限制了河西稻的产量。

（三）杂粮

清代河西走廊杂粮大致包括粟、高粱、玉蜀黍、青稞、马铃薯、豆菽等类。

粟，俗名小米、糜子、黄米或谷，河西县志当中将其称为黍，叶长而狭细，种迟而获早。[④] 其粒黄、大而明润。[⑤] 性俱不粘穗皆散而不结，可烧酒制糖。[⑥] 由于粟性喜高燥寒冷，故在河西各县的种植面积都很大。河西方志中有关粟种植的记载较多，高台[⑦]、临泽、古浪、酒泉、金塔、山丹[⑧]、东乐[⑨]、镇番[⑩]、张掖[⑪]、安西[⑫]等地，皆有种植。

---

① （清）许容等：《甘肃通志》卷二〇《物产》，第559、561页。

② （民国十年）徐家瑞：《新纂高台县志》卷二《舆地下·户口、物产》，第189页。

③ （光绪二十二年）吴人寿修，张鸿汀校录：《肃州新志稿》，《风俗志·物产》，第535页。

④ （民国十年）徐家瑞：《新纂高台县志》卷二《舆地下·户口、物产》，第189页。

⑤ （民国三十二年）《创修临泽县志》卷一《舆地志·物产》，第55页。

⑥ （民国二十八年）马步青、唐云海：《重修古浪县志》卷六《实业志·物产》，第216页。

⑦ （民国十年）徐家瑞：《新纂高台县志》卷二《舆地下·风俗》，第184页。

⑧ （道光十五年）黄璟、朱逊志等：《山丹县志》卷九《食货·物产》，第396页：“黍，俗名糜。”

⑨ （民国）徐传钧、张著常等：《东乐县志》卷一《地理志·物产》，第424页：“黍，一名穄，即糜子有数种俗名黄米。”

⑩ 《镇番遗事历鉴》卷七，世宗雍正十三年乙卯，第277—284页，“谷，舂米为小米，食之差比黄米。妇人生产，以之作粥，食一月方止。据云，下乳最易”。

⑪ （民国）白册侯、余炳元：《新修张掖县志》，《地理志·物产》，第88页：“黍，俗称糜子。”

⑫ 常钧：《敦煌随笔》卷上《安西》，第375页。

品种方面，粟分红、白、粳、糯、黄、黑数种①，其中一种最小者种六十日即熟，俗名六十糜，② 又名黄谷、秋粟或小谷子，夏种秋收，杆低穗小，产量亦少。酒泉、张掖主要有两种，即黄谷、红谷。武威有三种，即黄谷、红谷、白谷。白谷、红谷春种秋收，又名春粟或大谷子，约一百二十日可成熟，穗粗长产量多，杆尤为高大。酒泉农民为其起了一个特殊的名字叫气死驴，说明其植料高大，牲畜不能吃到穗头。③

粟的耕种方法大体与小麦同。起初当地农民并不知食，“其种者也寡收，近年，民田、屯田多种”④。“《肃志》谓本县少种，今则随地皆是，为农产大宗。”⑤ 并且日益成为农民日常饮食中的重要组成部分，“为农家重要食品。随地皆植，南山各堡尤多”⑥。还有记载称，“种者甚多，足为民间半分之食粮”⑦。“土人日用之需，以黄米为主。”⑧

高粱在河西方志中被称为稷，“稷，俗名高粱，又名蜀黍”⑨。各卫皆种，有红黑白三色。⑩ 山东、河南地区将其称为秫，其茎高大似芦，穗聚于顶，实粗硬，不如黍、粟之美，而古人称为百谷之长，居民种之仅以酿酒。⑪ 清代河西走廊地区高粱种植相对有限，张掖县种植最多，⑫ 临泽⑬、古浪⑭、肃州、镇番皆有种植，但“肃地不甚茂，种者甚少”⑮。

---

① （民国十年）徐家瑞：《新纂高台县志》卷二《舆地下·户口、物产》，第189页。

② （民国三十二年）《创修临泽县志》卷一《舆地志·物产》，第55页。

③ （民国三十一年）《甘肃河西荒地区域调查报告（酒泉、张掖、武威）》，《农林部垦务总局调查报告》第一号，第七章《农业经营》第一节《作物种类》，第37页。

④ （清）黄文炜：《重修肃州新志》，《肃州·物产》，第122页。

⑤ （民国十年）徐家瑞：《新纂高台县志》卷二《舆地下·户口、物产》，第189页。

⑥ （民国十年）徐家瑞：《新纂高台县志》卷二《舆地下·户口、物产》，第189页。

⑦ （民国二十五年）赵仁卿等：《金塔县志》卷一《舆地·物产》。

⑧ 《镇番遗事历鉴》卷七，世宗雍正十三年乙卯，第277—284页。

⑨ （民国）《甘肃通志稿》，《甘肃舆地志·舆地十四·物产·植物》，第178页。

⑩ （清）黄文炜：《重修肃州新志》，《肃州·物产》，第122页。

⑪ （民国十年）徐家瑞：《新纂高台县志》卷二《舆地下·户口、物产》，第189页。

⑫ （清）黄文炜：《重修肃州新志》，《高台县·物产》，第377页。

⑬ （民国三十二年）《创修临泽县志》卷一《舆地志·物产》，第55页：“稷，高大如芦，俗名高粱，诸谷惟高粱最高大，谓之五谷之长，故古时司农之官曰后稷。”

⑭ （民国二十八年）马步青、唐云海：《重修古浪县志》卷六《实业志·物产》，第216页：“红黑白三种俗谓之谷所制与黍同，北方谓之高粱或谓之红粱又谓之蜀黍。”

⑮ （光绪二十二年）吴人寿修，张鸿汀校录：《肃州新志稿》，《风俗志·物产》，第535页。

镇番种者亦少①。

玉蜀黍，通名包谷，俗名西天麦，《群芳谱》：此物曾经进御，故名御麦，出西番，旧名番麦，一名玉高粱。② 又名玉米、珍珠米、西天草、西麦等，茎高四五尺，叶似粟叶而大，花有雌雄之分，雄花生于顶端，雌花生于叶腋，实有红、白、黄、缁各色，密列成行，以巨苞包之，其端有毛如丝，多植于园圃中。③ 粒大如豌豆而微扁，黄色、白色，亦有红者。④ 嫩者蒸而食之，味极甘，亦可磨面充食。张掖产者实大而味劣，仅供饲猪之用。⑤ 清代河西走廊高台、古浪、张掖、临泽⑥等地皆有种植。

青稞，有大小二种，似小麦而皮薄多面，⑦ 形同小麦而略尖，可充腹亦可酿酒，⑧ 布种时间最早。⑨ 清代军兴时，多用为炒麦佐军粮⑩。青稞在河西农产品中占有一席之地，其原因大致包括以下几点，首先价格较低，如道光年间，“甘肃沿边州县仓贮青稞甚多，每石例价不过五钱”⑪。其次青稞先麦而熟，甘、肃籍此以接困月。⑫ 河西农谚有言：“若要松和，广种青稞。”⑬ 农民生活想要宽松一些，就要多种青稞，以防粮荒，以济困月。所以清代河西青稞的种植对贫苦农民生活是重要的。清

---

① （乾隆十四年）张玿美修，曾钧等纂：《五凉全志》卷二《镇番县志·地理志·物产》，第233页。

② （民国）《甘肃通志稿》，《甘肃舆地志·舆地十四·物产·植物》，第178页。

③ （民国十年）徐家瑞：《新纂高台县志》卷二《舆地下·户口·物产》，第189页。

④ （民国二十八年）马步青、唐云海：《重修古浪县志》卷六《实业志·物产》，第216页。

⑤ （民国十年）徐家瑞：《新纂高台县志》卷二《舆地下·户口·物产》，第189页。

⑥ （民国三十二年）《创修临泽县志》卷一《舆地志·物产》，第55页：“李时珍曰：玉蜀黍种出西土，此黍按植物学之考究，系雌雄同株。”

⑦ （民国）《甘肃通志稿》，《甘肃舆地志·舆地十四·物产·植物》，第178页。

⑧ （民国二十五年）赵仁卿等：《金塔县志》卷一《舆地·物产》。

⑨ （乾隆十四年）张玿美修，曾钧等纂：《五凉全志》卷二《镇番县志·地理志·物产》，第233页。

⑩ （光绪二十二年）吴人寿修，张鸿汀校录：《肃州新志稿》，《风俗志·物产》，第535页。

⑪ 《清宣宗实录》卷四九，道光三年二月壬戌，第878页。

⑫ （清）黄文炜：《重修肃州新志》，《高台县·物产》，第377页。

⑬ （民国三十二年）《创修临泽县志》卷一《舆地志·物产》，第55页。

代河西山丹[①]、安西[②]、沙州[③]等地皆种植较广。

马铃薯，属茄科，块茎可作食品饲料及酒精淀粉之原料等。河西方志中将马铃薯称为土芋、羊芋、洋芋、芋、山芋等，俗名山药，形圆皮黄肉白，有大如碗者。[④] 茎柔高尺余，叶如网，复叶而深裂，椏间结小球，色绿，根圆、白，累累如贯珠。[⑤] 由于马铃薯“可作蔬亦可代粮”[⑥]，故所产甚多。[⑦] 加之河西一带之气候土质，适合此作物的生长，故种植面积甚广，并成为农民之主要食粮。[⑧] 其品种约可分为二大类：一名洋洋芋，皮肉色，味恶劣，不能做主要食料，仅可供蔬菜之用，但其产量多、成熟早。一名洋芋，皮色有白红二种，白皮者味最美，煮熟后，呈雪白色。红皮味质较逊，但产量较高繁殖力强。栽培面积在武威、张掖、酒泉三县中以白皮洋芋为最广。[⑨]

豆菽，清代河西豆类品种较多，主要包括豌豆、菽、蚕豆、扁豆、大豆、豇豆、黑豆、黄豆、绿豆、赤豆、脑孩豆、西番豆、回回豆、四季豆、赤小豆、刀豆、大碗豆、鹅眉豆、藏小豆、胡桃豆、桦豆等类，种植亦较为普遍。现分述于下：

蚕豆，俗名大豆，又名胡豆。其茎中空，一枝三叶，开花如蝶状，紫白色，结角连缀，颇类蚕形[⑩]。茎高二三尺，叶圆而复，花白色，荚长二三寸，实极大，体扁色亦白，立秋前即熟。邑人用以饲马，各乡皆种之。可炒食。亦可制粉、糖。茎、叶、花、实，形状皆与黄豆异，南

---

① （民国）《甘肃省二十七县社会调查纲要》《甘肃省山丹县社会调查纲要四·农业与农利》。

② 常钧：《敦煌随笔》卷上《安西》，第375页。

③ 常钧：《敦煌随笔》卷上《沙州》，第382页。

④ （民国二十八年）马步青、唐云海：《重修古浪县志》卷六《实业志·物产》，第216页。

⑤ （民国十年）徐家瑞：《新纂高台县志》卷二《舆地下·户口·物产》，第193、198页。

⑥ （民国十年）徐家瑞：《新纂高台县志》卷二《舆地下·户口·物产》，第193、198页。

⑦ （光绪二十二年）吴人寿修、张鸿汀校录：《肃州新志稿》，《风俗志·物产》，第535页。

⑧ （民国三十一年）《甘肃河西荒地区域调查报告（酒泉、张掖、武威）》，《农林部垦务总局调查报告》第一号，第七章《农业经营》第一节《作物种类》，第37页。

⑨ （民国三十一年）《甘肃河西荒地区域调查报告（酒泉、张掖、武威）》，《农林部垦务总局调查报告》第一号，第七章《农业经营》第一节《作物种类》，第38页。

⑩ （民国三十二年）《创修临泽县志》卷一《舆地志·物产》，第55页。

方亦称罗汉豆。[1] 清代河西各地种植面积不一，如镇番县“蚕豆，种者较少”[2]。

菽，豆之大者，有黄黑红绿四种，俗以其色名之。[3] 李时珍曰：“大豆有黑、白、黄、褐、青、斑数色，黑者又名乌豆。”[4]

豌豆，有青黑白斑数色。白者又名藏豆，一种形锐圆似回回帽者，俗名老汉豆，李时珍曰：“豌豆苗柔弱宛宛，故得豌豆名，种出胡戎。”[5] 可作粉为饲马正料。[6]

藊豆，有紫白两色，李时珍曰：“藊本作扁，荚形扁也，花状如小蛾，有翅尾形荚凡十余样。”[7] 形小而扁，制粉最佳。[8] 扁豆作粥，绵甜可口[9]。

豇豆，荚细而长色绿，其稍粗者名龙豆。色淡绿，荚长者过一尺，生必两荚，双双并垂。[10]

四季豆，比豇豆荚阔而短，作蔬，味类南方之裙带豆，紫花，如白扁豆，干，收其种，色茜红。

藏小豆，其色甚白，其味颇甘，早熟半月，异于豌豆可作蔬。[11]

那孩豆，一名哈萨豆，实大如樱桃，形不甚圆色黑有紫斑，高台等地偶种之。[12]

黄豆，苗高二三尺，叶为羽状复叶，密生毛茸，花小色白，荚长寸许，有毛。经霜乃熟。实形如肾，有黄黑二种，黄者又有大小二类，皆

---

① （民国十年）徐家瑞：《新纂高台县志》卷二《舆地下・户口・物产》，第189页。

② 《镇番遗事历鉴》卷七，世宗雍正十三年乙卯，第277—284页。

③ （民国三十二年）《创修临泽县志》卷一《舆地志・物产》，第57页。

④ 《本草纲目・谷部》卷二四《谷之三・菽豆类十四种》，第468页。

⑤ 《本草纲目・谷部》卷二四《谷之三・菽豆类十四种》，第478页。

⑥ （民国二十五年）赵仁卿等：《金塔县志》卷一《舆地・物产》。

⑦ 《本草纲目・谷部》卷二四《谷之三・菽豆类十四种》，第479页。

⑧ （民国十年）徐家瑞：《新纂高台县志》卷二《舆地下・户口・物产》，第189页。

⑨ 《镇番遗事历鉴》卷七，世宗雍正十三年乙卯，第277—284页。

⑩ （民国三十二年）《创修临泽县志》卷一《舆地志・物产》，第55页。

⑪ （光绪二十二年）吴人寿修，张鸿汀校录：《肃州新志稿》，《风俗志・物产》，第535页。（清）黄文炜：《重修肃州新志》，《肃州・物产》，第122页。

⑫ （民国十年）徐家瑞：《新纂高台县志》卷二《舆地下・户口・物产》，第189页。

可磨豆腐，制豆浆，各乡皆种之。查高台黄豆体大色润，含脂甚富。①

绿豆，有大小二种。② 色绿，高台等地皆有种植。

回回豆，形锐圆，亦名桃儿豆，可以作羹。③

大碗豆，一名蚕豆，或以其种来自大宛国，可以饲马。④

鹅眉豆，形如鹅眉，与四季豆相仿佛，用作蔬味亦略同。⑤

赤小豆，色有全黑如漆者，有全红如朱者，亦有半红半黑者，用作药材，鲜有种者。⑥

那孩豆，大如樱桃，色黄，可食。又云有红白二色。⑦

老核豆，或名老胡豆，煮食最佳。⑧

胡桃豆，又名者核豆，煮食最佳。⑨

刀豆，初结实时同壳采之和肉食，寔坚则不可和肉，河西治圃者间或种之。⑩

桦豆，野产色黄大如绿豆，炒熟食之，生可以饲牛马，碱柴子炒食之其味咸性燥不宜多食。⑪ 牛马等食之，“易肥壮”。⑫

黑豆，色黑，多作饲料。⑬

从记载看，豆类具有多种用途，可以磨粉，可以煮粥，可以作蔬，也可以做饲料等，与农民生活紧密相关。

---

① （民国十年）徐家瑞：《新纂高台县志》卷二《舆地下·户口·物产》，第189页。

② （民国十年）徐家瑞：《新纂高台县志》卷二《舆地下·户口·物产》，第189页。

③ （民国）《甘肃通志稿》，《甘肃舆地志·舆地十四·物产·植物》，第178页。

④ （民国二十五年）赵仁卿等：《金塔县志》卷一《舆地·物产》。

⑤ （光绪二十二年）吴人寿修，张鸿汀校录：《肃州新志稿》，《风俗志·物产》，第535页。

⑥ （民国二十五年）赵仁卿等：《金塔县志》卷一《舆地·物产》。

⑦ （清）黄文炜：《重修肃州新志》，《肃州·物产》，第122页。

⑧ 《镇番遗事历鉴》卷七，世宗雍正十三年乙卯，第277—284页。

⑨ （乾隆十四年）张玿美修，曾钧等纂：《五凉全志》卷二《镇番县志·地理志·物产》，第233页。

⑩ （乾隆十四年）张玿美修，曾钧等纂，《五凉全志》卷二《镇番县志·地理志·物产》，第233页。

⑪ （乾隆十四年）张玿美修，曾钧等纂：《五凉全志》卷二《镇番县志·地理志·物产》，第233页。

⑫ 《镇番遗事历鉴》卷七，世宗雍正十三年乙卯，第277—284页。

⑬ 《镇番遗事历鉴》卷七，世宗雍正十三年乙卯，第277—284页。

事实上，清朝建立之后较长时间内河西产豆不多，需从河东各地接济。如乾隆十九年（1754），“惟料豆一项该地所产有限，采买不易，请将河东存仓常平豆拨运三十万石，分贮凉、甘、肃三府州属，与各州县采买豆、接济供支”①。乾隆二十三年（1758），大学士管陕甘总督黄廷桂奏，“甘省草豆昂贵，甘、凉、肃、种豆甚少。请于河东各属拨二万石，运河西备用”②。直至乾隆二十六年（1761），由于塘运马料需采买豆料，所以下令在此试种豌豆，“安西以西各站塘递马，岁需豆六千余石，由肃州采运需费不赀，即安西以东支领折价各站，亦因向不产豆，购运颇费周章。查该处气候渐暖，可以试种豌豆，现于仓贮豆内，择堪为籽种者一千三百余石，借给渊泉、敦煌、玉门等县农民，广为试种，俟有成效即可将额征之粮，酌改豌豆。而塘运马料亦可就近拨支，无须由肃挽运”③。由于豆类的试种取得了较好的收成，于是河西豆类种植日益广泛，并成为赋税之一，乾隆二十六年（1761），陕甘总督杨应琚奏，“安西气寒，豆非地产，今春令民试种悉皆成熟，各处收成八分以上，既可省内地采买挽运之烦，并可将额征之粮，改征豌豆”④。

从方志记载看，清代河西各地几乎皆有豆类的种植，这首先应与豆类易生长、好管理、耐旱等特性有关。如诗所言：

> 春畦饶豆种，类聚纷然扰。作架兼结屏，供馔到星昴。豆豉红白艳，暑飏日搜搅。绮带两两垂，飘摇态何娇。生计无地无，近取亦稍稍。⑤

其次豆类既可以供馔，还可以做豆豉，饥荒时可以解决生计问题。正如诗云：

---

① 《清高宗实录》卷四七五，乾隆十九年十月乙亥，第1145页。

② 《清高宗实录》卷五七五，乾隆二十三年十一月戊申，第326页。

③ 《清高宗实录》卷六三一，乾隆二十六年二月己亥，第48页。

④ 《清高宗实录》卷六四一，乾隆二十六年七月癸亥，第163页。

⑤ 慕寿祺：《种豆》，（民国）白册侯、余炳元：《新修张掖县志》，《艺文志·张掖县乡土志·诗词》，第427页。

薄田无半顷，疲佃兼顽梗。人丰我独凶，望岁空延颈。日理日荒疏，俯仰或画饼。欲化硗为腴，艺事素未领。老农吾不如，且先务轻省，稷黍讵能介，任菽莳应整。弗虑落为萁，只期锄堪秉。雨固润阴膏，早易得天幸。不见芜蒌停，得此饥寒屏。客到咄嗟办，石家亦盛皿。噫余独何人，荒秽不自儆。①

豆类耐旱，即使在凶年种豆亦可以抵挡饥寒。再引一首慕寿祺《下豆》诗为证：

大烹岂不愿，养民非吾职。蔬水乐亦在，学圃是宜急。桑土满十弓，诸菜惟所殖。壅培不计时，灌溉讵论力。防蛀灰飞蛰，护鸡更插棘。茸茸清霜中，绿毯绣如织。采采不终朝，倾筐艳蓬室。僧到香厨供，客来草俱饬。断薤冰雪寒，毛羹土膏溢。风味羡田家，坡老鄙肉食。佳蔬情同赏，愧我口先得。莫谓是物微，需用关军国。吏不知此味，民遂有此色。②

豆类用于军需甚广，关乎军国大事，且河西贫民亦多食之。

（四）棉花

清代以前甘省并无棉花，农人亦不知其种法，布皆来自中原，运输购买十分艰难。同治十年（1871），左宗棠剿回至河西，“见贫民多赤体，发给寒衣数十万，颁种棉子要购棉种数十万斤，饬地方官教民拔除罂粟，改种草棉，数年间衣被寒谷”③。从此河西开始了棉花种植。清代河西走廊所植棉花多为草棉，一名吉贝，茎高二三尺，叶如掌状，分裂，

① 慕寿祺：《下豆》，（民国）白册侯、余炳元：《新修张掖县志》，《艺文志·张掖县乡土志·诗词》，第430、431页。

② 慕寿祺：《下豆》，（民国）白册侯、余炳元：《新修张掖县志》，《艺文志·张掖县乡土志·诗词》，第431页。

③ （光绪二十二年）吴人寿修，张鸿汀校录：《肃州新志稿》，《风俗志·物产》，第535页。

花黄，结实如桃，熟则绽裂而棉出。[①] 草棉用途较多，可纺纱可织布，“邑人衣料多用此”[②]。子可压油，可饲牛羊，还可为肥田佳料。[③] 但清代河西走廊棉的种植情况亦差强人意。肃州，因土性不宜，种植无多，产量不高。鼎新，“因地气过寒多不开绽，折开之絮洁白，故未尝遍种之”[④]。镇番，“邑重纺织，棉花为必要品，历年仰给异域，种者亦稀，盖由成熟在秋季，性不耐寒，故耳落花”[⑤]。惟敦煌栽培者很盛，嘉峪关以内各县试种者成绩稍逊。金塔所属自同治十二年（1873）以来种棉者增多，并出售他省获利，“卒岁有赖不苦号寒复以有余，售之他境获利过罂粟数倍”[⑥]。高台等地棉花种植亦相对较好，“近经劝导，农家皆种之，纺纱制布，运销酒泉、张掖等处，颇能获利”[⑦]。河西各地棉花种植差异的主要原因在于，河西西部地区≥10℃的活动积温较河西中部地区为高，更适宜棉花生长。其栽培与收获方法与他处大致相同，总体看棉花之收获量不高。[⑧]

二 农作物种植技术与方法

河西走廊土壤含碱高，降水少，农耕技术亦受制于此。清代河西地区的作物种植技术大致包括轮作、泡水排碱、注意施肥等，相对简单。[⑨]

（一）轮作方式

河西土地辽阔，人口稀少，有清一代对于土地的利用尚不充分。又

---

① （民国十年）徐家瑞：《新纂高台县志》卷二《舆地下·户口·物产》，第193、198页。

② （民国）张应麒修，蔡廷孝纂：《鼎新县志》，《舆地志·物产》，第684页。

③ （民国十年）徐家瑞：《新纂高台县志》卷二《舆地下·户口·物产》，第193、198页。

④ （民国）张应麒修，蔡廷孝纂：《鼎新县志》，《舆地志·物产》，第684页。

⑤ （民国八年）周树清、卢殿元：《续修镇番县志》卷三《田赋考·物产》。

⑥ （光绪二十二年）吴人寿修，张鸿汀校录：《肃州新志稿》，《风俗志·物产》，第535页。

⑦ （民国十年）徐家瑞：《新纂高台县志》卷二《舆地下·户口·物产》，第193、198页。

⑧ （民国三十一年）《甘肃河西荒地区域调查报告（酒泉、张掖、武威）》，《农林部垦务总局调查报告》第一号，第七章《农业经营》第一节《作物种类》，第38页。

⑨ 有关清代河西走廊农作物种植技术等方面的记载较为缺乏，由于耕作技术等在传统社会发展变化不大，故我们在论述时采用了一些民国时期的资料，并希望以此来印证清代河西农业耕作技术的大致概况。

因为地势高燥，气候寒冷，农作物的种植习惯上一年仅种一季，所以实际上没有所谓的轮作。例如普通小麦田，今年春种小麦秋收后，泡水耕耙，来年春仍为小麦，后年春亦然，此为第一种方式。其次今春为小麦，秋收后泡水耕耙，来春种粟（或黍），再来春种亚麻（或大麻），习惯上无冬作，无论何种作物，一年只一作，此为第二种方式。如某地因种植年数稍多，地力渐减，或因耕作不便，往往令其休闲，而另垦其他荒地，此为第三种方式①。该处之轮作方式则多指第三种方式。如清代永昌县，每年冬季要对“间年歇地”,② 浇泡冬水，以便于来年耕作。该种植方法在清代镇番县则称之为“歇沙”：

> 耕东息西，俗谓之“歇沙”，广有土地，始可为之。今农民为养地力，其法有二：一即歇沙，一为换茬种植。歇沙需深翻，或歇一年，或歇二年，夏种时，大水冬灌，冻泡如酥，遂成沃田。换茬最易，甲年种麦，乙年种糜，亦见奇效。若地力过疲，易之苜蓿，阅二三年，遽成上上之地，盖亦农家经验也。③

镇番县的轮作方式包括歇沙与换茬种植两种，歇沙时需将地土深翻后休耕，歇沙时间长短不一，有时歇一年有时歇两年。换茬相较歇沙为易，只需每年交替种植不同的作物即可。若土地肥力丧失过快，则可改种苜蓿，二三年后地力即可恢复。可知清代河西走廊一带在农事耕作中多注意采用轮种、歇沙、换茬等方式提高土地的肥力，从而提高产量。

（二）开垦及耕种方法

河西走廊地势平坦，又兼碱性稍重，普通杂草及灌木种类生长也受限制，土层中杂草及树根蔓延很少，故其开荒方法亦很简单。即先开水

---

① （民国三十一年）《甘肃河西荒地区域调查报告（酒泉、张掖、武威）》，《农林部垦务总局调查报告》第一号，第七章《农业经营》第一节《作物种类》，第38页。

② （嘉庆二十一年）南济汉：《永昌县志》卷三《水利志》。

③ 《镇番遗事历鉴》卷八，高宗乾隆元年丙辰，第293页。

渠，并略作田埂，即施行泡水，如表面生有杂草之土地。冬季即将杂草掘起，堆而焚烧，等来年春天再行泡水。耕后即撒播荞麦、豌豆，往往不掘杂草即行泡水，继而耕耙，再泡水。来春耕耙，即行播种。[①] 河西开荒动力普通多为牛骡驴等畜力，即所谓“养马当差，种地上粮”；“骡马单挑，牛驴一双；一牛不支，连套一双。犍牛力大，乳牛乖双；脬牛难使，犏牛毛长”[②]，用畜力曳犁前行，翻土后即耙平，工作粗放。因为水源紧张，所以在耕种中田埂之修治及渠道的开凿是必不可少的，即“浇水灌浆，挑挖界沟，迭起坝墙。镶平坪口，栽植闸桩”[③]。

耕种方法。《镇番遗事历鉴》中之农家谚曾对清代镇番县之农业耕种方法作了描述，现引于下：

> 春天和暖，农事方芒；指点伙计，补修车辆。摆放粪土，浇水灌浆；挑挖界沟，迭起坝墙。镶平坪口，栽植闸桩；起夫送柴，交纳钱粮。人夫五名，沙车三辆；茨柴十个，芨芨带上。渠长经理，会首算帐；水进坪口，水首酌量。春冬二水，浇灌得方；轮流昼夜，派时点香。大小红牌，掐算得当，籍田润河，按时补上。籽种齐备，收拾铧张；应用农具，预备停当。莠麦择尽，扬种匆忙；看地肥瘠，分类播扬；青科大麦，糜谷豆粮；高粱冬麦，莜稷稻粱。伙伙扁豆，先收上场；葫麻豌豆，一齐种上。麻籽乔麦，各色各样……泡种撒粪，切莫怠荒；深犁细盖，务要精详。直耱横耙，打碾绵穰。苗未一尺，白草翻畅；锏奔铲子，镢头铣张。薅尽野草，锄去莠秧；谷莠稗子，扎根扯秧。草不害苗，庄禾兴旺。窜节拽项，出穗露芒；吐花结籽，穷人有望。[④]

① （民国三十一年）《甘肃河西荒地区域调查报告（酒泉、张掖、武威）》，《农林部垦务总局调查报告》第一号，第七章《农业经营》第一节《作物种类》，第39页。

② 《镇番遗事历鉴》卷九，仁宗嘉庆十七年壬申，第372—373页。

③ 《镇番遗事历鉴》卷九，仁宗嘉庆十七年壬申，第372—373页。

④ 《镇番遗事历鉴》卷九，仁宗嘉庆十七年壬申，第372—373页。

清代镇番县之农作方式大致为：春天和暖时节开始耕作，首先之工作为修理水渠、田埂修治与均分水利。然后要对地土浇水灌浆，播种之前先将地中之莠麦择尽，并且要分别地土的肥瘠播种，其播种方法文中记为“扬种”，可知其播种方式应为以手撒播。播种之后要泡种、撒粪，耕土时要深犁细盖，并用直耱横耙，将土打散。待苗长出不久即要注意拔去野草、锄去莠秧与谷莠稗子等。这样苗秧才能出穗露芒，吐花结籽，丰收有望。整个农耕过程较为简单粗放。除灌水及间有除草外，撒播作物其管理亦较简单，亦没有追肥、中耕、行株距离、培土等。镇番县的农耕方式亦应可以反映清代整个河西走廊农耕的大致过程。至收获期大概由农历六月中旬起，先为麦类收获，以次亚麻、豆类、水稻（八月）、马铃薯（九月），“以后即野无青色，闭门坐食矣”[①]。

（三）农具

文献中有关清代河西农具等方面的记载较少，在《重修肃州新志》中官府赏赐瓜州安插吐鲁番回人农资的事宜中，曾涉及一些农具方面的内容。现引录于下：

> 扎萨克公额敏和卓给耕牛四只、骡四头、乳牛四只、羊八十只、大锅二口、刨锄、木犁、铁铧、箩、筛、簸箕、镰刀各二件、水桶一个、柳斗一个、旱磨一盘、石磙一条、木滚一条、绳四根。十三口、十一口、十口回民，每户给……铁锅、刨锄、木犁、铁铧、箩、筛、簸箕、镰刀、水桶、绳索各一件。九口、八口、七口回民，每户给……铁锅、木犁、铁铧、箩、筛、簸箕、镰刀、水桶、绳索各一件。六口、五口、四口回民，每户给……铁锅、刨锄、木犁、铁铧、箩、筛、簸箕、镰刀、水桶、绳索各一件。三口、二口回民，每户给……铁锅、刨锄、木犁、铁铧、箩、筛、簸箕、镰刀、水桶、

① （民国三十一年）《甘肃河西荒地区域调查报告（酒泉、张掖、武威）》，《农林部垦务总局调查报告》第一号，第七章《农业经营》第一节《作物种类》，第40页。

> 绳索各一件。除扎萨克公额敏和卓外，头目、回民每四十口，给旱磨一盘外，共给水磨六盘，共籽种五千石，每十石给碾磙一条。①

从上文可推知，清代河西走廊之农具应大致包括刨锄、木犁、铁铧、箩、筛、簸箕、镰刀、水桶、柳斗、旱磨、石磙、木磙、绳索等物，总体来看较为简单。同时本节第二点《耕种方法》中所引《镇番遗事历鉴》所记农家谚中亦涉及镇番县之农具，引于下：

> 指点伙计，补修车辆……籽种齐备，收拾铧张；应用农具，预备停当……泡种撒粪，切莫怠荒；深犁细盖，务要精详。直耱横耙，打碾绵穰。苗未一尺，白草翻畅；锕奔铲子，镢头铣张。薅尽野草，锄去莠秧；谷莠稗子，扎根扯秧。草不害苗，庄禾兴旺……大麦割倒，小麦色黄。磨快镰刀，拔割正忙；收完在地，晒干无妨。犁茬抄地，不可相忘；提防阴雨，捆腰上场。摞成田垛，盗贼勤防。摊满场院，磙子套上；骡马单挑，牛驴一双。木铣杈把，档搁短长；扫帚推板，连架棍棒。攒成印堆，等风净扬。稳草入圈，糜麦装仓。②

其中镇番县之农具包括：车辆、铧张、犁、耱、耙、锕奔、铲子、镢头、铣张、锄头、镰刀、磙子、木铣、杈把、档搁、扫帚、推板、连架、棍棒等。其中铧张、犁主要用来犁地，耱、耙主要用以打散土块，锕奔、铲子、镢头、铣张主要用来挖土，锄头多用以锄草、刨地，镰刀用以收割，磙子用来碾场脱粒，木铣、杈把用来扬场，档搁、扫帚、推板用来将脱粒之粮食堆积起来等。

从民国时期的一些资料记载看，河西一带农业技术较为落后，农具简单。此区通用之主要农具，约十余种，质料方面多采用木材，价格多

---

① （清）黄文炜：《重修肃州新志》，《安西卫·瓜州事宜》，第458页。

② 《镇番遗事历鉴》卷九，仁宗嘉庆十七年壬申，第372—373页。

少不一。兹将武威、张掖、酒泉、玉门四县常用之主要农具列表如下：

表25　**民国武威、张掖、酒泉、玉门四县主要农具调查表①**

农具名称	用途	质料	农具名称	用途	质料
犁	耕地	铁	铁锨	挖地	铁
耙	耙地	木	木锨	扬场、脱粒	木
耱	碎土、平地	木	木叉	脱粒	木
耧	播种	木，铁	镰刀	刈禾	铁
石磙	压地、保墒	石	担筐	搬运	芨芨草
锄	中耕	铁	挑担	搬运	木
小铲子	除草	铁	大车	搬运	木，铁

上表对民国时期河西地区农具进行了统计，与赏赐给瓜州安插吐鲁番回人的农具及镇番农家谚所记农具相比，种类略同，其用途亦大致一样。在此，我们基本可知清代河西农具的一般概况，即清代河西农具种类大致包括刨锄、木犁、铁铧、箩、筛、簸箕、镰刀、水桶、柳斗、旱磨、石磙、木磙、绳索、车辆、耱、耙、锕奔、铲子、镢头、铁铣、木铣、杈把、档搁、扫帚、推板、连架、棍棒等，各地因习惯应略有不同，其用途亦与上表大致相仿，且基本为铁、木制农具，亦较为简单。

（四）施肥

从文献记载看，清代河西各县较为重视土地的施肥，即所谓“耕深粪足，虽硗亦肥”②。认为即使是贫瘠的土地，施肥后亦可变得肥沃。清代河西一带农业所用肥料一般为人粪尿、厩肥及堆肥，此外尚有油饼（俗称油渣或麻渣）及草木灰等植矿物质之肥料。牲畜较多之处草木盛茂，农田所施之肥大部分为厩肥及灰肥，如山丹县畜牧业较为发达，肥

① 据（民国三十一年）《甘肃河西荒地区域调查报告（酒泉、张掖、武威）》，《农林部垦务总局调查报告》第一号，第七章《农业经营》第七节《农具》，第43页整理而成。

② （嘉庆二十一年）南济汉：《永昌县志》卷三《水利志》。

料主要有牛马羊之粪，及荒地所生之苦豆二种。[①] 而对于既无畜牧又无植被的地方，肥料则主要为人畜鸟粪，如镇番，“全县农业耕耘收获均系人工工作，肥料以人畜鸟粪为主”[②]。此外距城市较近者，畜牧既不适宜，肥料来源每感缺乏，故往往出资购买城市之人粪尿，或油饼而施用之。[③] 根据清代河西各地方志记载，草木灰等植物肥主要包括蒿、[④] 苦蒿、[⑤] 荒地所生之苦豆、[⑥] 骆驼刺[⑦]等。油渣或麻渣制成的油饼主要由胡麻[⑧]和棉子压油[⑨]而剩的油粕制成。而一般农业所用之肥料普通施用于田地者，俱为土粪，其配合成分为人粪尿，草木灰，杂草及厩肥，其制造方法，则于厕内或厩旁，先铺黄草杂草各一层，俟便溺殆满，再敷黄土及草，或填以草木灰，如此反复，直至厕不能容时，即运输于田中或门外堆积，关于每亩之施用量，因土地肥瘠及农业习惯而各有不同。[⑩] 其施用方法主要用于用为小麦或大麦的基肥，无需发酵直接以小粪块行条施法，也可以用为西瓜、黄瓜、番瓜及茄、辣椒、芹菜等菜蔬的补肥上，

---

① （民国）《甘肃省二十七县社会调查纲要》，《甘肃省山丹县社会调查纲要四·农业与农利》。

② （民国）《甘肃省二十七县社会调查纲要》，《甘肃省民勤县社会调查纲要四·农业与农村》。

③ （民国二十五年）李廓清：《甘肃河西农村经济之研究》第一章《河西之农业概况》第三节《农作物》，胶片号：26428。

④ （民国二十五年）赵仁卿等《金塔县志》卷一《舆地·物产》：“野外处处皆生，农家拔以粪田。”（民国）张应麒修，蔡廷孝纂《鼎新县志》，《舆地志·物产》，第684页：“农人拔之以作肥料。”

⑤ （民国三十年）吕钟《重修敦煌县志》卷一《天文志·物产·敦煌县各种产物表》，第76页：“苦蒿生最多，可肥田。”

⑥ （民国）《甘肃省二十七县社会调查纲要》，《甘肃省山丹县社会调查纲要·四、农业与农利》。

⑦ （民国三十二年）《创修临泽县志》卷一《舆地志·物产》，第55页：“叶旁生刺最繁，可作肥料，县属新工上下及小鲁等渠种稻多用之。”

⑧ （民国）张应麒修、蔡廷孝纂：《鼎新县志》，《舆地志·物产》，第684页：“邑人用以榨油其渣可以饲牛肥田之用。”

⑨ （民国十年）徐家瑞：《新纂高台县志》卷二《舆地下·户口物产》，第189页：“棉，草棉也，一名吉贝，子可压油，可饲牛羊，尤为肥田佳料。”

⑩ （民国三十一年）《甘肃河西荒地区域调查报告（酒泉、张掖、武威）》，《农林部垦务总局调查报告》第一号，第七章《农业经营》第八节《肥料》，第45页。

行团施法或行稀湿之液，施法要视农作物播种及栽培形式而异。[①]

上述各种肥料，清代河西农家基本都能自给，[②] 但是由于人粪尿来源受到限制，不能任意增加，故只有利用厩肥及堆肥，最为相宜。惟厩肥为家畜之粪尿及蓐草腐烂而成，在内地各省每因气候之湿热，易于腐烂，而在河西一带因气候寒冷干燥之故，不易腐烂，在畜牧欠发达之地厩肥数量有限，至于堆肥，系以一切废弃无用之物，堆积而成，惟河西人民生活简单，废弃物之数量亦不及内地之多[③]。所以清代河西有些地区肥料不足，如永昌，"农尽水田，土性刚而燥，其需水甚于雨，尤资粪，以取诸城中者为上，近郊三四十里争拽"[④]。从上引镇番农家谚所记来看，清代镇番县农事耕作皆注重施肥，即"泡种撒粪，切莫怠荒"[⑤]。清代河西地区民众对施肥是较为重视的，这有助于提高农作物的产量；同时清代河西走廊的肥料品种亦较为单一，并且受到植被、牧业发展程度等的影响。

以上我们分别从农作物的种类及轮作方式、开垦方法、农具以及施肥等方面对清代河西地区的农作物种植概况及技术进行了探讨。可知清代河西走廊在耕作技术上，由于土地肥力有限，较为重视土地的休耕及施肥，其开垦方法较为粗放，管理亦较为简单，其农具多为木制农具，也较为简单。

三　农作物栽培情形与平均产量

河西农作物因气候土壤等条件雷同，其耕作时期、栽培方法等多半

---

① （民国二十五年）李廓清《甘肃河西农村经济之研究》第一章《河西之农业概况》第三节《农作物》，胶片号：26428。

② （民国）《甘肃省二十七县社会调查纲要》，《甘肃省安西县社会调查纲要·四、农业与农村》："安西县：肥料有粪肥、厩肥及草灰三种，此三种肥料各农家均能自给"。

③ （民国二十五年）李廓清：《甘肃河西农村经济之研究》第一章《河西之农业概况》第三节《农作物》，胶片号：26430。

④ （乾隆五十年）李登瀛：《永昌县志》卷三《风俗志·四民》甘肃省图书馆藏书。

⑤ 《镇番遗事历鉴》卷九，仁宗嘉庆十七年壬申，第372—373页。

大同小异。由播种起至收获止，除少数受极端气候影响者外（例如荞麦、棉花等），其余各种作物大都略同。大体而言播种期由三月初旬起，陆续播种，麦类最先（三月），麻类、马铃薯、豆菽类次之（四月），粟黍又次之（五月），荞麦最迟（六月有时亦可提早）①。当然各地在播种及收获时间上亦因为地理位置的不同而有所变化。如酒泉与东乐两地农作物种植及收割时间就存在差别。酒泉：小麦春分种至大暑收，大麦春分种至小暑收，稻立夏种至寒露后收，糜子芒种种至秋分收，高粱糜子芒种种至秋分收，麻子春分种至秋分收，包谷立夏种至立秋收，青稞惊蛰种至小满收，豌豆芒种种至处暑收，胡麻小满种至秋分收，谷子谷雨种至寒露收，蚕豆扁豆黄豆绿豆清明种至立秋收。② 东乐：小麦清明前后播种七、八月熟，大麦小满前后种白露后熟，豌豆清明前后播种七八月熟，青稞小满前后种白露后熟，粱五月前后种秋分以后熟，黍小满前后种秋分以后熟，玉麦与小麦同，山药立夏种白露熟③。酒泉小麦、大麦、青稞等作物种植时间与收获时间都较东乐早，高粱、棉花的收获时间略同。再如临泽县惊蛰后种麦④。永昌县则要到清明前后才种麦豆⑤。又如鼎新节气较酒泉、金塔相差半月。⑥ 即使是同一地方也会因为气候的不同，农作物的种植时间及品种也有不同。如肃州，边山地寒较临城稍迟一月，临城宜种小麦豌豆、扁豆大豆，红水宜糜谷、小麦、胡麻、豌豆、棉花，边山一带石厚土薄近于雪山，只宜青稞、连皮、小麦、荞麦。⑦

由于受气候与土壤等因素的影响，清代河西走廊各地物产的产量及种植规模大致相同，总体而言宜麦而不宜稻。小麦、糜谷产额最多，荞麦次之，豌豆、大豆较小豆、蚕豆、绿豆为多，稷、黍、玉蜀黍、高粱，

---

① （民国三十一年）《甘肃河西荒地区域调查报告（酒泉、张掖、武威）》，《农林部垦务总局调查报告》第一号，第七章《农业经营》第一节《作物种类》，第39页。

② 《酒泉县各项调查表》，《酒泉县植物调查表》甘肃省图书馆藏书。

③ 《东乐县各项调查表》，《东乐县植物调查表》。

④ （民国三十二年）《创修临泽县志》卷一《舆地志·山川·气候》，第49页。

⑤ （乾隆十四年）张昭美修，曾钧等纂：《五凉全志》卷三《永昌县志·风俗志》，第389页。

⑥ （民国）张应麒修，蔡廷孝纂：《鼎新县志》，《舆地志·气候》，第681页。

⑦ （光绪二十二年）吴人寿修，张鸿汀校录：《肃州新志稿》，《风俗志·耕牧》，第535页。

仅抵麦豆十分之二。[①] 据李并成统计清代河西走廊的粮食产量大致合今亩今量在百斤上下，一般不超过130斤，一般民田亩产量合今亩今量大约为160—170斤市，较好土地的亩产量合今亩今量可达200市斤以上或更高。[②] 棉花产于毛目、抚彝、镇番、高台、敦煌各县，丰年平均每亩可获200斤，每4斤可得一斤净花。[③] 至于各作物的产量，俱依土地之肥瘠、灌田之次数、施肥之多寡及管理之勤惰而异。[④]

① 《清高宗实录》卷七四五，乾隆三十年九月壬寅，第205页。

② 李并成：《河西地区历史上粮食亩产量的研究》，《西北师大学报》1992年第2期。

③ （民国）《甘肃通志稿》，《民族八·实业》，第568页。

④ （民国三十一年）《甘肃河西荒地区域调查报告（酒泉、张掖、武威）》，《农林部垦务总局调查报告》第一号，第七章《农业经营》第四节《栽培情形及平均产量》，第40页。

第六章 “十年之计在木”：清代河西走廊灌溉农业发展与环境变动

随着清代河西走廊水源的大规模利用、垦荒面积的扩大，以及人口的持续增长，该区的环境也由此发生了相应的变动，出现水源减少、植被砍伐、沙漠化等环境问题。

一 河西走廊环境复原

根据河西各地方志的记载，河西走廊原本是一个拥有各种野生动物，水草较多，环境佳良的地方。

首先，此地生活着一些对环境要求较高的珍稀野生动物。如清初镇番县近山就多生狼、虎、豹等野兽及天鹅、雕鱼郎等野生动物。康熙十六年（1677）二月，“县北沙漠狼群啸集，牧人畜群被其害……常闻北山沙碛中有狼肆虐，每啸聚成群，结阵作恶，因牧人不能乃其何。狼之为患，不亚兵祸”。对此陈广恩解释道：“镇邑三面环沙，自古为放牧之场，故多兽类。据《搜俎记异》，开垦之初，不惟多狼、多獾、多狐，且有虎豹之属。因有‘红崖隐豹’之说，‘黑山虎仇’之闻。”① 可知镇番近山多狼且数量众多，虎豹之属亦常有。对此，诗歌中也有描述：“峭壁悬崖映绛纱，石前元豹隐云霞，春深雨露迷文质，夜静风霜护爪牙，

① 《镇番遗事历鉴》卷六，圣祖康熙十六年丁巳，第230页。

野乌呼空天莽萃，林鸦噪晚树槎枒。”① 雍正十三年（1735），镇番县上报该县方物土产，其中就包括野鸭、大雁、鹰、雕鱼郎、天鹅、狐、狼、獾猪等野生动物：

> 鸭有家、野数种，家养者不多，野生者随处可见，尤摆鸭湖、青土湖为最多。雁，秋去春来，常作雁阵行之，啄食麦种，为害甚钜，土人辄以铗牢捕之……鹰，又名“老鹰”，每栖于岩坡岸头，作风云观。兔鼠之属，数里可察，莫能免其逮也。困顿之极，每演偷窃之伎，雏鸡小鸭，时有被掠之险。雕鱼郎，似鹰而非是，栖于水泽，擅水中捕鱼之术。鹞，较鹰、雕体小，而其强健凶猛，鹰、雕所不能及。天鹅，有灰、白二种，善舞蹈，喜群居，秋去春来，飞时作“人”字阵。啄木虫，树之医。鸱枭，俗名“祠官子”，盖由其潜于庙祠故也。喜食鼠，性机警，鸟身猫头，乡人视为凶险之兆。狐，境内外颇多，县中猎人以捕狐为能事，其皮以冬时产者为上……狼，境外最多，喜群居，嗜食羊，牧人最恨……土豹子，体较豹小，喜奔驰，其速如飞，皮极华贵，可为裘帽。獾猪，肉可食，其皮可寝。

此外还有青羊、黄羊、野马、野驴等畜兽类。水产主要有：

> 无鳞鱼、蜗牛等，螺蛳，于湖塘中每可捕获，惟其体皆小。水蛇，不常见，偶有得之者，视为席上之珍。②

可见清初镇番县生活有不少野生动物，雁、鹰、天鹅、狼、豹、獾猪等皆有，水塘中还有水产等。又如，甘州其近山处还可以获得虎骨，并栖息有野牛，其大者重千斤。③ 甘州府“山产鹿、豹、狼、狐，尤以

---

① （乾隆十四年）张玿美修，曾钧等纂：《五凉全志》卷二《镇番县志》，《艺文志·诗歌·红崖隐豹》，第319页。

② 《镇番遗事历鉴》卷七，世宗雍正十三年乙卯，第277—284页。

③ （清）许容等：《甘肃通志》卷二〇《物产》，第559页。

麝香、鹿茸、羊毛、驼毛、牛羊毛为大宗”①。再如，敦煌县近山也有豺、狼、虎、豹之属，“豹，在南山百里外。虎，南山数百里外有，不多见。雁，其大者曰鸿。鹄，俗称天鹅，间或一见。鸢，似鹰，羽黄褐色，通称鹰。其他如熊、豺、狼、狐、野猪、獭、猞猁、獐、麝、鹿、鹞等”②，还有莺、燕、水鸦、鹳、鹄等野生动物③等。即使是僻处边陲的安西，也同样拥有一些珍稀的野生动物，如野狐、獾猪、狼、豹、猞猁、鹿、麝等野兽，天鹅、鸿雁、水鸭、鹭鸶、鹰、鹗、鸠、鹞等飞禽。④肃州也多有野生动物生存，如：

> 莺，关西名黄鹂，留边地不常见。鹭鸶，四族镇夷多，金塔次之，以多近水泽也。野牛，大者重千斤，黑色来则成群，炮击矢射不易擒获，触人致死。野猪，猎者偶得之，肥于家猪。豪猪，周身锐毛如椎，长三四寸，极坚利能刺人，大者重数十斤。刺猪，即刺猬形，如豪猪而小，食蛇鼠草粮，见人即缩如球一团，尖刺不见头尾，虎狼不能伤。虎，深山中或有之，近边无。狼，口外牧场多伤人畜，皮可为褥，同治年间逆回叛乱后，复遭狼灾，道里村庄皆有时入民室噬犬豕驴只，并至伤人……狐，毛比各处毳细，但无元白二色……猞猁，不多得，取其皮为服温厚而华美。火狐，不多得。鹿，色似驴，味少逊，每当夏至取其角为茸，较关东大而粗，以三丫无破损者为贵……麞，南山中番民常得之，取其麝甚贵。獭，俗呼獭卜花，其皮毛甚美，可作袖头衣领。⑤

其他还有如熊、麞、麃、鹰、鷂、老鸹、雕、画眉、黄鸭、天鹅、野鸭、黄鹄、鹤、鸨、鹘、鵵老、鵵鸠等动物。再如东乐县亦有水鸭、

---

① （民国）《甘肃省志》第三章《各县邑之概况》第六节《甘凉道》，第91页。
② （民国三十年）吕钟：《重修敦煌县志》卷一《天文志·物产》，第76页。
③ （道光十一年）苏履吉修，曾诚纂：《敦煌县志》卷七《杂类·物产》，第367页。
④ （民国）《安西县采访录·一》，《舆地第一·物产》，第7页。
⑤ （光绪二十二年）吴人寿修，张鸿汀校录：《肃州新志稿》，《风俗志·物产·鸟兽》，第543页。

鹰、雁、沙鸡、鱼鹰、鷴、鴽、斑鸠、布谷、鹁鸠、鳰雉、牛翅、鵞鸭、鹞、鸢、鸮、鸱鸺等禽类。[①] 武威县，也间有豹、熊、鹿、麋、麞、麝、麅、狐、狼等动物。[②] 永昌，也有兔鹰、黑鹰、獐[③]、雁、鸠、皂、鹤、鹰、隼、布谷、燕、啄木、鹞、鹚老、鸱鹄、鹿、麝、麞、狐、狸、狼、石貂、哈喇卜花、虎、土豹[④]等野生动物。山丹，有鹰、皂、天鹅、鹊、鸠、百灵、鸢、鹿、麞、狼、狐、土豹等野生动物[⑤]。临泽县，也有鹰、黑鹤、鹭鸶、皂、狼、麝、鹿、野猪、狗熊、人熊、鸢等野生动物。[⑥] 张掖县境内，也生活着诸如鹿、麝、麞、麋、狼、狐、土豹等的野生动物。[⑦] 河西各县其近山处均生活有野生动物。只有一定面积的林地与草场方能足够它们栖息，只有良好的生态环境方能保证它们的正常繁衍生息。

其次，此地分布有不少林地。如酒泉县的楚坝桥，"跨讨来河，山水漂浮林木纷糅，水从下流，其木日久坚定，渐积如桥，人马行其上，明嘉靖中参将崔林鲁斩断楚坝以御寇，年久又复成梁，又名阻坝桥，谓诸水皆阻于坝中"[⑧]。只有山上生长较多的林木，才会形成"山水漂浮林木纷糅"的景象。肃州酒泉县东境，"树木茂密南北数十里，接连不断"[⑨]。安西县，"四郊杨柳成林，可比凉州"[⑩]。安西小湾，"流水沦连丛木萦带，风景颇可观"[⑪]。敦煌县，"当盛夏时，葱茏蓊郁之色翠无涯际，南人之官游至此者，谓风景之佳，颇似东南，亦塞外名区"[⑫]。地处西陲的

---

① （民国）徐传钧、张著常等：《东乐县志》卷一《地理志·物产》，第424页。

② （乾隆十四年）张玿美修，曾钧等纂：《五凉全志》卷一《武威县志·地理志·物产》，第37页。

③ （乾隆十四年）张玿美修，曾钧等纂：《五凉全志》卷三《永昌县志·地理志·物产》，第361页。

④ （乾隆五十年）李登瀛：《永昌县志》卷一《地理志·水利总说》。

⑤ （道光十五年）黄璟、朱逊志等：《山丹县志》卷九《食货·物产》，第396页。

⑥ （民国十六年）《临泽县各项调查表·临泽县动物调查表》，甘肃省图书馆藏书。

⑦ （民国）白册侯、余炳元：《新修张掖县志》，《地理志·物产》，第88页。

⑧ （民国）《甘肃通志稿》，《甘肃建置志·建置五·关梁》，第396页。

⑨ （民国）《甘肃省志》第三章《各县邑之概况》第六节《甘凉道》，第91页。

⑩ （民国）《甘肃省志》第三章《各县邑之概况》第六节《甘凉道》，第91页。

⑪ 常钧：《敦煌随笔》卷上《小湾》，第372页。

⑫ （民国三十年）吕钟：《重修敦煌县志》卷一《天文志·地质风景》，第19页。

安西其林地分布亦较广。再如武威县的云庄山上，“丰林茂木”①。古浪县的显化山，“树木荫翳由巅至麓”②。永昌县的云庄山，“多松，其最胜处曰头林二林云”③。张掖县的平顶山，“产松柏木植”④，临泽县的梨园谷，“响山河水所自出，甘人材木率取于是”⑤。高台县的榆木山，多产“榆木”。⑥ 看来，河西各县皆有面积不小的林地。

第三，此地拥有不少湖泊、泉源。据载，四周沙漠环布的镇番县拥有不少湖泊、湿地等，如月牙墩湖，南向，方围10里；柳林湖，东北向，方围120里；青土湖，东北向，方围20里；龙潭，东向，方围40里；昌宁湖，西向，方围120里；六坝湖，南向，方围10里；鸳鸯白盐池，东向，方围50里；三坝白盐池，南向，方围30里；天池湖，北向，方围25里等。⑦ 同样，甘州府亦多湖泉，“城内外多小湖泽及苇池，饮马河环其东南，黑河绕其西北”⑧，《甘州府志》亦言，“甘郡在在皆泉”⑨。再如敦煌县，“惟党河以南之额儿得尼布喇大泉及独山子以下众泉，共数百十处，并南北两岸大小海子二百余处，远近不等通塞不一”⑩，可知敦煌县境内之湖泊、海子应超过三百余处，数量众多。永昌县北郭门外里许有北湖，当地百姓称之为雷台，

诸泉汇聚，其源之大者为马家、药葫芦等泉，当盛夏之时，树木荫翳草卉掩映，禽鸟飞鸣上下翱翔，有鱼可观，有泉水甘冽，可以为茗，憩息其间尘氛为之一清，盖五凉佳胜也。⑪

---

① （民国）朱元明：《甘肃省乡土志稿》第二章《舆地六·山脉一》，第56页。
② （民国）朱元明：《甘肃省乡土志稿》第二章《舆地六·山脉一》，第56页。
③ （乾隆五十年）李登瀛：《永昌县志》卷一《地理志·沿革》。
④ （民国）朱元明：《甘肃省乡土志稿》第二章《舆地六·山脉一》，第56页。
⑤ （民国）朱元明：《甘肃省乡土志稿》第二章《舆地六·山脉一》，第56页。
⑥ （民国）朱元明：《甘肃省乡土志稿》第二章《舆地六·山脉一》，第56页。
⑦ 《镇番遗事历鉴》卷一二，民国二十五年丙子，第529页。
⑧ （民国）《甘肃省志》第三章《各县邑之概况》第六节《甘凉道》，第91页。
⑨ （乾隆四十四年）钟赓起：《甘州府志》卷一六《杂纂》，第1889页。
⑩ 常钧：《敦煌随笔》卷下《查勘党河源流》，第397页。
⑪ （乾隆五十年）李登瀛：《永昌县志》卷九《杂志·诗·北湖记》。

永昌北湖乃诸泉汇聚而成，并拥有水禽翻飞、鱼儿腾跃之西北少见之胜景。临泽有蓼泉，在县城东南隅壕内“泉流潆洄，树木映带”①。再如柳沟的布鲁湖，文献曾记有布湖春望的佳景：布鲁湖，澄波千顷，葭苇弥望，春水方生，浴凫飞鹭，宛有水乡风景。②

清代河西走廊由于湖塘、湿地较多，所以各地芦苇分布较广。如镇番县“芦苇，境外最多，治内湖溏，亦茁然成森。其粗壮者可织席，幼细者饲牛马”③。以至于康熙年间，镇番县强盗以芦苇丛作为藏身之所实施抢劫，“春以来，凉镇大道屡遭匪祸。鸭儿湖时有强人拦路抢劫，得手即隐芦丛中。官兵虽数往剿之，而卒不能执获其一喽”④。再如《甘州诗钞》所载，“甘州城内多池塘，率植芦苇，每秋风起，飒飒有生”⑤。鼎新县有苇坑泉，“平沙万里芦苇丛生，水从沙中涌出，不远泻竟注一洼，四时不涸，往来行人多饮之”⑥。

同样由于湖泊泉源较多，故鱼类繁盛。如镇番县清代即有不少鱼类，康熙年间，镇番白亭海孳鱼甚繁，民借以疗饥，“白亭海鱼丰，饥民咸往捕捞，赖以全活”⑦。再如清顺治时期，南人张宗琪每于镇番县北之鱼海捕鱼而获利，“是年春，凿木为舟，循西河北上鱼海。缘湖环游，好事者骑马观望。翌日，宗琪再出，虽阴霾而有大风，午时归，竟得鱼虾数篓。其后每出，满载而归。归而售于市，利颇丰赡”⑧。在《镇番遗事历鉴》中记载：镇番县《旧志》有《小河垂钓》一诗：

> 丽水滔滔逝不休，渔人生计在江头。杨花雨暖投香饵，芦叶霜清撒钓钩。

---

① （民国三十二年）《创修临泽县志》卷一《舆地志·山川·井泉池附》，第43页。

② （清）黄文炜：《重修肃州新志》，《柳沟卫·景致》，第565页。

③ 《镇番遗事历鉴》卷七，世宗雍正十三年乙卯，第277—284页。

④ 《镇番遗事历鉴》卷六，圣祖康熙十八年己未，第232—233页。

⑤ 谢历《苇溆秋风》，（乾隆四十四年）钟赓起：《甘州府志》卷一五《艺文下·诗钞》，第1673页。

⑥ （民国）张应麒修，蔡廷孝纂：《鼎新县志》，《舆地志·山川》，第677页。

⑦ 《镇番遗事历鉴》卷六，圣祖康熙六年丁未，第225页。

⑧ 《镇番遗事历鉴》卷五，世祖顺治十八年辛子，第212—213页。

唱曲喜闻儿共咏，闻沽忻与妇同谋。烟波托命随时过，何用声名列九州。①

该诗为我们描绘了一幅丽水长流、渔人垂钓、杨花、芦叶竞相生辉之美景。《镇番遗事历鉴》还记载另一诗描述镇番的景象：

仿佛蜃南海市楼，扶竿人在画中游。一围带束龙城瘦，四面风湍丽水悠。

踪迹似凭鱼托意，丝纶隐借钓为由。临渊话柄任人笑，日日归来月满舟。

对此诗，陈广恩认诗之“丽水”是指西河通谓。所谓“小河”，“相对于大河而言者在县治东北。县城元时即名‘小河滩城’。明、清时，河水细微，许步即有湖泊相连，因鱼类孳生，邑人每兴垂钓之事”②。可见，明清时期镇番县乃步步湖泊相连、水美鱼丰之地。再引诗一首为证：

千里交河傍戍楼，沙轻水阔见鱼游。

乘槎塞外神何渺，垂钓滩头意自悠。③

从上述记载我们可以看到，河西地区是一个有河有鱼、有林、能够生长天鹅、老虎等野生动物的地方。这说明河西地区最初的环境还是较为优良的。

二 河西走廊环境变动的表现

上面我们谈到河西原拥有良好的生态环境，但是由于人为的破坏等

① 《镇番遗事历鉴》卷五，世祖顺治十八年辛子，第212—213页。

② 《镇番遗事历鉴》卷五，世祖顺治十八年辛子，第212—213页。

③ 《镇番遗事历鉴》卷五，世祖顺治十八年辛子，第212—213页。

因素，河西走廊的环境开始发生变动。清代在农业垦殖中的一些不当行为加速了河西环境的恶化。如前述清初镇番县鱼类颇丰，但是到了民国时期镇番鱼类已不复见，“康熙六年（1667），白亭海鱼丰，饥民咸往捕捞，赖以全活。嗣则殆无全鳞，至今海水尽涸”①。“鲫鱼，味甚鲜美，小河钓之可得。康熙时，白亭海孳鱼甚繁，县人借之疗饥，今不复再得。”② 镇番县之白亭海干涸，鱼类亦不复再得。再如民国三十年（1941）吕钟修《重修敦煌县志》载：“猴，旧志有，今不见；雪鸡，旧志有，今不见。”③ 可见，时至民国年间敦煌县某些动物消失，一些物种已经无法在河西走廊继续生存。河西走廊的环境出现了诸如沙尘暴增多、湖泊水源枯竭、河患频仍、森林萎缩、草场退化等现象。下面我们即对清代河西走廊环境破坏的若干表现进行论述。

（一）沙尘天气及沙尘暴的多次出现

河西走廊沙尘及沙尘暴多为春季出现，爆发时往往伴有浮尘、大风、沙尘及能见度低等特征，是河西环境破坏的一个明显表现，亦是影响河西农业的重要灾害之一。④ 据已有的研究表明清代河西地区是沙尘天气的多发地带。⑤ 从文献记载看，清代以来河西走廊的沙尘暴增多，“甘肃各地每逢春季时有狂风暴作，黄沙蔽天，咫尺不辨，且平均风速亦最大……而河西一带春季大风特多，风势愈西愈烈，飞沙走石，树木为拔，习以为常”⑥。

---

① 《镇番遗事历鉴》卷六，圣祖康熙六年丁未，第225页。

② 《镇番遗事历鉴》卷七，世宗雍正十三年乙卯，第277—284页。

③ （民国三十年）吕钟：《重修敦煌县志》卷一《天文志·物产》，第76页。

④ 在现代气象学中，一般将沙尘天气分为浮尘、扬沙和沙尘暴3个等级。浮尘是指在无风或风力较小的情况下，远处细尘经高空气流移运至本地，或者本地沙暴后尚未下沉的沙尘均匀地浮游在空中，使能见距离小于10千米，天上阳光惨白，远处景色呈黄褐色。扬沙是指由于风力较大，将地面沙尘吹起，使空气相当混浊，能见距离在1—10千米。沙尘暴是指强风将地面大量沙粒和尘土卷入空中，使空气特别混浊，能见距离降低到1千米以下，天空呈土黄色，有时甚至呈红黄色。见王社教《历史时期我国沙尘天气时空分布特点及成因研究》，《陕西师范大学学报》2001年第3期。

⑤ 王社教：《清代西北地区的沙尘天气》，《地理研究》2008年第1期。

⑥ （民国）朱元明：《甘肃省乡土志稿》第三章《甘肃省之气候》第六节《风》，第186页。

从河西各县的方志记载中，我们可以了解到清代河西走廊沙尘暴程度剧烈，河西各县几乎都受到沙尘暴的影响。如肃州，清道光六年（1826）夏五月，黄雾漫天，烈风拔木，三日始息。咸丰二年（1852）五月初五日丑刻，肃州狂风大作，拔木近千株，约一时许方息。古浪县，光绪三年（1877）夏四月霾从西北起自午至申，昼晦如夜；甘州：光绪二十年（1894）二月二十七日，恶风暴起，昼昏人不相见。① 再如临泽县，咸丰七年（1857）大风拔木，光绪十二年（1886）四月烈风昼晦，宣统二年（1910）三月，烈风拔大树百株，宣统二年（1910）四月大风拔树无算。② 诗歌也称：“沙拥西流非水窦，砾飞南陇是山童。”③ 又如金塔县，每年多次遭到沙尘暴侵袭，并且持续时间延长，“本县地处沙漠常以风旱为灾”④。“金塔地在西陲，每年多风，其县每年□暴风多由西北而起，有时夹沙扬尘对面不见人（俗名曰黄暗），或拔木破屋，其声隆隆震地，连刮三四日不止，更有暴风起时白日立变黑，屋中点烛方能做事，辄经三四钟之久（俗名曰黑风）。”⑤《金塔县志》中记载了沙尘来袭时之景况：

> 大风拔木尘沙蔽天，两月方息，闻边地常有此异诗以志之。瀚海有长风，金塔边墙外尽戈壁，与关外气候同，吼声从空度，势如万马奔，至关关不住，卷地尘沙来，家家皆闭户，金铁铮□鸣，龙虎相争怒，白昼忽晦冥，蚩尤嘘妖雾，咫尺不见人，未昏天已暮，堂前烧巨烛……御风行直欲上天去，借问风何来扶摇指云路。⑥

上述资料描述了金塔沙尘天气之剧，该县沙尘天气延长至两月之久。

---

① （民国）《甘肃通志稿》，《甘肃变异志》，第399页。

② （民国三十二年）《创修临泽县志》卷一四《纪事志·变异》，第380页。

③ 杜绪：《录慕太守屯田记敬赋（三清湾系抚彝连界）》，（民国十八年）《临泽县采访录》，《艺文类》，第508页。

④ （民国三十年）《金塔县采访录·七》，《财政类》。

⑤ （民国二十五年）赵仁卿等：《金塔县志》卷一《舆地·风雨量》。

⑥ （民国二十五年）赵仁卿等：《金塔县志》卷一〇《金石·诗》。

同样，敦煌县也备受沙尘暴之苦：

> 四时多风风紧则春夏作冷风，狂则昼夜怒号，甚至五七日十余日不息，沙碛路迷行人阻绝，间有人马飘忽不知其处者。庚申孟夏陡发黄风，闰六月朔又有红风俱从西北来，如推山倒海顷刻昏暗，举目无睹，白昼燃灯，风之为厉甚矣。①

敦煌孟夏与闰六月朔连发两次沙尘暴，沙尘天气持续时间五七日十余日不息，沙尘暴频率及程度上皆有加强，即所谓“风之为厉甚矣”。

此外，安西地处沙漠荒僻辽远，沙尘暴影响甚巨，“其为风也往往连昏晓浃，旬时飞沙扬砾，发屋抉树，甚至黄赤异色昼夜不分，夏而炎熇冬而翳发，春秋之间亦无宁息，其来旧矣”②。从“其来旧矣”可知，沙尘暴对安西的影响时间已经很长了。故有关安西沙尘暴的记载较河西其他各县尤多。如“安西则暴风飞沙终年不止”③，安西“春冬时有大风迅烈、沙石飞扬数日不息，草木为之拔去”④。清宣统二年（1910）六月未时，安西“由西突来黑风霎时天空昏暗，时而红如火灼，时而黑如墨染，对面不见人，腥气难嗅，声如雷动拔木毁屋，殒折田禾，在野放牧牛羊骡马多被卷去，九工崔姓放牛娃因黑暗堕井淹毙，又一孩被风吹沙土掩压二日，幸未殒命”⑤。安西沙尘暴程度之剧，由此可见一斑。

镇番县地近沙漠，历来多受沙尘暴侵袭，沙尘暴之剧较安西有过之而无不及。早在明代，镇番县的沙尘暴就已经很剧烈了。如洪武十六年（1383）镇番就刮起飓风，“鞑人驱驼逾境，于青土湖掠盐。因飓风迷路，忘其归途”⑥。正统三年（1438）冬，镇番“飓风狂虐，十一月经旬

① 常钧：《敦煌随笔》卷上《安西》，第375页。

② 常钧：《敦煌随笔》卷上《安西》，第375页。

③ （民国二十五年）李廓清：《甘肃河西农村经济之研究》第一章《河西之农业概况》第一节《自然环境・气候》，胶片号：26388。

④ （民国）《安西县采访录・一》，《舆地第一・气候》。

⑤ （民国）《安西县采访录・三》，《灾异第十六》。

⑥ 《镇番遗事历鉴》卷一，明太祖洪武十六年癸亥，第4页。

不息，乔木被折”①。沙尘暴持续时间长、程度烈。成化九年（1473）春二月，镇番县沙尘暴再起，“间日飓风起，树木多为之折，灰井子羊驼刮失无计”②。弘治十二年（1499）二月，镇番县沙尘天气再现，“下浣，下土数日，止有二寸许。其色如大黄，质细如尘，以手拈之，一如粉面，惜不可食也”③。万历十二年（1584）四月，镇番“飓风狂虐，延十数日不息，边外居民房屋被摧者十之二三；田地埋压，一片萧条。饿殍载道，凄切哀怨之声，不绝于耳”④。沙尘程度愈来愈烈。到崇祯三年（1630）冬十月，镇番“飓风，飞沙蔽日，民屋欲摧。沿边田舍，俱被灾害。青松堡黄沙拥城，几与雉堞高下。有司率夫清挖，旋移旋淤，如拉锯耳。逾腊月，风犹不止。农民石万勇、姜大通、王忻、裴燮、孙煊光等二十六户，拔宅迁徙，定居双茨科及旧四坝等地”⑤。飓风导致沙漠侵袭、黄沙拥城，人民纷纷移居他处，亦即出现所谓“生态移民”。

到了清代，镇番县的沙尘天气越来越多，沙尘暴的次数有增无减。康熙九年（1670）六月，镇番出现飓风，“漫天沙尘”⑥。康熙三十四年（1695）夏五月十三日午时，镇番飓风骤起，“田地昏霾，降黄土，攒积寸许。树木多折，危房亦有坍塌者，牧人牲畜，损失甚钜”⑦。此次沙尘天气就已较上次为剧。乾隆五十年（1785），镇番“冬多飓风，飞沙蔽日，漫天混沌。交腊后稍转，然元日一过，又复卷土重来，三月不息”⑧。镇番县的沙尘天气从冬日起持续到来年，“三月不息”。嘉庆四年（1799）十一月，镇番连刮暴风三日，导致“东河冰淤水漫，地无浮土，杜御棘手，县人倚门兴叹而已”⑨。道光三年（1823）二月二日，镇番“飓风骤作，狂号不已，天幕混霾，劲风肆虐，茅草横飞，乔木多为其

① 《镇番遗事历鉴》卷一，英宗正统三年戊午，第17页。
② 《镇番遗事历鉴》卷一，宪宗成化九年癸巳，第26页。
③ 《镇番遗事历鉴》卷一，孝宗弘治十二年己未，第32页。
④ 《镇番遗事历鉴》卷三，神宗万历十二年甲申，第109页。
⑤ 《镇番遗事历鉴》卷四，毅宗崇祯三年庚午，第168页。
⑥ 《镇番遗事历鉴》卷六，圣祖康熙九年庚戌，第227页。
⑦ 《镇番遗事历鉴》卷六，圣祖康熙三十四年乙亥，第242页。
⑧ 《镇番遗事历鉴》卷八，高宗乾隆五十年乙巳，第335页。
⑨ 《镇番遗事历鉴》卷九，仁宗嘉庆四年己未，第359页。

折。窃悉阿拉善蒙人畜群刮散，有迁场至鱼海、毛湖诸地者，溺水竟二百余。迄风止，柳湖人民争相打捞，谋剥皮而图厚利云”①。风沙可将二百余头牲畜刮至湖中，其剧烈可见一斑。咸丰六年（1856）冬，镇番“飓风狂作，间有灾报”②。光绪十八年（1892），“镇番风沙狂虐，混沌阴霾”③。光绪二十二年（1896）春，镇番“飓风频仍，飞沙蔽日，缘沙居民，闭户不敢出，庄田勘忧”④。宣统元年（1909）春，“飓风肆虐狂作，黄沙混沌遮天，沿边庄田，多危在旦夕间”⑤。可以说沙尘暴是与明清镇番历史相始终的。

“沙尘天气的产生首先是一种自然现象，但同时它也是一种人文现象，人类活动的加剧会破坏原有的地表植被，从而加速沙尘天气发生的频率，加重沙尘天气发生的程度。”⑥ 我们从上述资料中很清楚地看到，清代河西各县皆受到沙尘暴的影响。并且随着人口的持续增加、植被的不断破坏、土地加速垦殖等影响，沙尘次数与程度皆有不同程度的增多与加剧。

（二）沙漠侵袭与沙患的加剧

清代河西走廊沙患严重，沙漠化问题也日益突出，这是河西环境破坏的另一明显表现。据李并成研究，河西走廊历史时期形成的沙漠化区域主要包括：石羊河下游：西沙窝，端字号—风字号沙窝，红沙堡沙窝，黑山堡、红崖堡至野猪湾堡一带，青松堡、南乐堡、沙山堡一带，高家—湖马沙窝；石羊河中游：高沟堡沙窝，古城梁、乱墩子滩一带；黑河下游：古居延绿洲；黑河中游：张掖“黑水国”，马营河、摆浪河下游，金塔东沙窝；疏勒河流域：玉门花海比家滩，疏勒河洪积冲积扇西缘，芦草沟下游，古阳关绿洲。而清代则是历史时期河西走廊沙漠化发

① 《镇番遗事历鉴》卷一〇，宣宗道光三年癸未，第395页。

② 《镇番遗事历鉴》卷一〇，文宗咸丰六年丙辰，第423页。

③ 《镇番遗事历鉴》卷一一，德宗光绪十八年壬辰，第463页。

④ 《镇番遗事历鉴》卷一一，德宗光绪二十二年丙申，第465页。

⑤ 《镇番遗事历鉴》卷一一，宣统元年乙酉，第481页。

⑥ 王社教：《历史时期我国沙尘天气时空分布特点及成因研究》，《陕西师范大学学报》2001年第3期。

展的重要时期。河西地区明清时期的沙漠化过程，主要发生在石羊河下游、石羊河中游高沟堡等地、黑河下游、张掖黑水国南部、疏勒河洪积冲积扇西缘西部等处，沙漠化总面积约1160平方千米。[①] 从文献记载看，清代河西各县几乎皆受到沙患的侵袭。如甘州遭到沙漠的侵袭，“今甘州之西、之东、之南、之北沙阜崇隆，因风转徙，侵没田园，湮压庐舍者所谓流沙，非与则所谓余波入于流沙者非是”[②]。可知甘州沙漠侵袭、流沙侵没田园、湮压庐舍。高台县，“以镇夷科田向为沙压者甚多”[③]。高台县沙压田地。安西，“出嘉峪关七程为安西直隶州治，地近戈壁，飞沙堆积州城东西两面，沙与城齐”[④]。安西飞沙堆积，沙与城齐。

镇番县的环境变动为我们提供了一个认识沙漠侵袭与沙患加剧的典型个案。镇番县地接沙漠，沙患严重，多次出现飞沙拥城的现象。如明代嘉靖二十四年（1545），“镇番地方，乃今风沙拥积，几与城埒”[⑤]。万历六年（1578），镇番北垣沙碛拥积，“几与城埒”[⑥]。天启七年（1627），“镇番飞沙拥城，参将相希尹躬率军夫，多方堵御，城保”[⑦]。到了清代，镇番的沙患并未减轻而是有所加剧。如顺治七年（1650），镇番县就因为沙压田地，“陪粮甚多”[⑧]。康熙元年（1662），镇番参将王三华建筑城楼，“修葺隍垣，城患沙淤，督民运移沙患以平”[⑨]。康熙元年（1662），“西北则风壅黄沙，高于雉堞……康熙三十年（1691）以前，军民负插搬沙，月无虚日劳而无功。且沙已掀翻易于漫溢，故罢其役”[⑩]。

---

① 李并成：《河西走廊历史时期沙漠化研究》，第266页。

② （民国）《甘肃通志稿》，《甘肃舆地志·舆地十一·水道三》，第160页。

③ （民国十年）徐家瑞：《新纂高台县志》，《人物·善行》，第319页。

④ 左宗棠：《（光绪六年）防营承修工程请饬部备案疏》，《皇朝经世文续编》卷一〇四《工政一·土木》。

⑤ 《镇番遗事历鉴》卷二，世宗嘉靖二十四年乙巳，都御史杨博上“奏请添建西关疏”，第61页。

⑥ 《镇番遗事历鉴》卷三，神宗万历六年戊寅，第101—102页。

⑦ 《镇番遗事历鉴》卷四，熹宗天启七年丁卯，第165页。

⑧ 《镇番遗事历鉴》卷五，世祖顺治七年庚寅，第205页。

⑨ （宣统元年）长庚：《甘肃新通志》卷六一《职官志·循卓下》，第189页。

⑩ （乾隆十四年）张玿美修，曾钧等纂：《五凉全志》卷二《镇番县志·建置志·城郭》，第249页。

已无法清除淤沙。康熙三十年（1691），镇番“风沙拥城，高于雉堞，东南则土城坟起，危似巕墙，惟逻辅粗有形迹。是年，参将杨钧以军民五百人搬沙清淤，又以柴草插风墙一百二十丈”①。康熙三十二年（1693），总督佛保上书云，“镇番砂碛卤湿，延边墙垣随筑随倾，难以修葺，今西北边墙半属沙淤，不能恃为险阻，惟有瞭望兵丁而已……至于东南边墙沙淤渺无形迹，其旧址犹存者止土瘠耳”②。镇番边墙由于沙淤，渺无形迹。康熙三十六年（1697），镇番县“曾拨兵筑红崖堡，由于风沙拥积，墙垣颓废”③。康熙四十三年（1704年），“镇邑地多沙患，孙克明率邑民王众等呈请于东边外六坝湖移亩开垦”④。由于沙患导致移亩开垦。乾隆十八年（1753），抚彝厅制府杨大司马任方伯“以边末要区民风强悍，奏请移驻柳林湖通判，兵农教养咸寄焉”，“入其境咸沙碛也”⑤，镇番柳林湖地区沙碛遍布。乾隆二十二年（1757），镇番县东北的郑公乡“因被沙覆，户民迁徙”⑥。因为风沙为患，郑公乡被沙覆，沙进人退，生态移民出现。此外如“东安堡，俗名四坝寨，今倾塌沙淤无居民。野潴湾堡，西北墙半为沙淤，居民亦少”⑦。四坝寨为沙患所淹没，野潴湾堡亦由于沙患而居民减少，“今飞沙流走沃壤忽成邱墟”⑧。乾隆时期，镇番“阿喇骨山隘口、抹山隘口等关隘，沿边墙垣倾塌者十有七八，沙淤者十有二三”⑨。光绪三年（1877）二月，“阖城兵民，驱

---

① 《镇番遗事历鉴》卷六，圣祖康熙三十年辛未，第240页。

② （乾隆十四年）张玿美修、曾钧等纂：《五凉全志》卷二《镇番县志·地理志·里至》，第224页。

③ 《镇番遗事历鉴》卷六，圣祖康熙三十六年丁丑，第242页。

④ （宣统元年）长庚：《甘肃新通志》卷六五《人物志·乡贤下》，第29页。

⑤ 高沅：《圆通寺社学记》，（乾隆四十四年）钟赓起《甘州府志》卷一四《艺文中·文钞》，第1513页。

⑥ 《镇番遗事历鉴》卷八，高宗乾隆二十二年丁丑，第315页。

⑦ （乾隆十四年）张玿美修，曾钧等纂：《五凉全志》卷二《镇番县志·兵防志·营堡》，第269页。

⑧ （乾隆十四年）张玿美修，曾钧等纂：《五凉全志》卷二《镇番县志·地理志·田亩》，第228页。

⑨ （乾隆十四年）张玿美修，曾钧等纂：《五凉全志》卷二《镇番县志·兵防志·关隘》，第270页。

驼驾车，搬运北城沙丘二十余弓”[1]。镇番全城兵民一起搬沙。光绪三十四年（1908），镇番知县常孝义奉文纂修县志，记载了镇番县所立城池遭受沙患并不断清除沙淤的过程，现摘录于下：

> 其旧城故址，因土地卤舄，加以飞沙积压，墉垣堕坏，不堪收拾。居民渐侵为坦途，其岿然独存于沙碛中者，不过十百之一二耳。同治二年（1863），因陕回为寇……民恐，急于为备，伐木为城，黄沙壅处，畚之削之……藉以保全。五年（1866）三月……是年修城，缘土掘沙，不便兴作，自此始置门扉，役夫乘便往来……是役也……又虑平沙无垠，高与城齐，恐寇阶以登。乃用众力，碾沙城下，沙分而城见，百堵皆新，人有固志而孤城暂获保全矣……九年，令续增始至……彼时，当事者鳃鳃计虑，知捐缗之难，为力行将瓮城积沙，劝民起运，凭城固定，藉资保卫……（光绪）三年（1877），又于北城迤东大沙滩，西城以南小沙滩，分划遣散，将以廓清城界焉。自是厥后，屡修屡废……复将北城东段沙窝约计十六弓之谱，西城南段沙窝约计十余弓之谱，与城相埒者，车载而斗量之，以除沙患，勿令障拥。至此而丕新之象，颇觉可观。然日积月累，渐消渐敝，过其故墟，已非金汤之旧矣。二十一年（1895），河湟回匪又复煽动，至二十六年（1900），京师震恐。令黄家模议捐请修，于本年七月兴工，三十一年（1905）五月竣事……迄今，窝铺尽行倾废，东南二城外墙，倒圮十余丈，败坏不堪，未知何日复能修缮也？噫嘻！郭凡三：西关……其南，则沙碛如山如阜，剩有古庙独峙，民舍数间而已……东关东北亦多沙患，长二百步……夫城镇为边庭重地，则当思患预防，时加修治。然筑城凿池，累年阽危之苦，在所不免，而沙患尤可虑。迩来，东西北三面壅塞之势，过于曩昔，且高过城堞，不啻恒河之数行者，便登若大路。然将徙城以避沙，则处处飞来，迁地弗良；将刷沙而完城，则大工大役，

① 《镇番遗事历鉴》卷一一，德宗光绪三年丁丑，第454页。

> 费无所出，将请疏入告……今镇孤悬天末，平沙万里，遍处蒙番，实岩邑也。有守土之责者……或征防兵，以运流沙，不使侵城；复栽堤柳以护之。①

从此资料可见，由于积沙导致城池屡修屡废，积沙搬运成为城池修缮的重要工作。该资料从同治二年（1863）记起，至光绪三十四年（1908），镇番县之沙患非但没有减轻，反而愈演愈烈。可以说沙患与镇番县城池的修建历史相始终。至清末，各隘口亦因沙淤而形同虚设，“阿拉骨山隘口、抹山隘口、白亭军隘口久经流沙淤压，变阻碍为通衢，今更变通衢为坦途矣”②。到宣统年间，镇番“西郭墙垣其南则沙碛如山如阜，东北亦多沙患”③，镇番沙患更为严重。随着沙患的不断加剧，至民国时期，镇番县已深受其害，“是年以来，镇地风大沙狂，气温寒凉，西外渠、东渠等多处，几被风沙埋压净尽”④。沙患导致的后果，耕地掩埋、人口流亡、乡村埋压。“镇番城的沙患从一个侧面反映了整个石羊河下游绿洲沙漠化过程强烈进行的实况，而这一过程正是伴随着土地开发规模的不断扩大而日趋加剧的。”⑤

（三）河水涨发，水患频仍

河西走廊降水量稀少，农田灌溉仰赖祁连山之雪水，积雪多则水源畅旺、灌溉充足，否则水涸旱成。河西灌溉河流如白亭河、山丹河、黑河、洪水河、讨来河、党河、疏勒河等莫不发源于祁连山，“而其惟一之水源则为山上之积雪，致山上所以能积雪者，由于山中有繁茂之森林也，且以有森林之故，雪水不致发为山洪淹坏农田，以有积雪之故各地地下水位得以提高。故祁连山之森林不啻河西经

---

① 《镇番遗事历鉴》卷一一，德宗光绪三十四年戊申，第476—480页。
② （宣统三年）《镇番县志》，《城郭考》卷二之一《关隘》。
③ （宣统三年）《镇番县志》，《城郭考》卷二之一《城池》。
④ 《镇番遗事历鉴》卷一二，民国十八年己巳，第522页。
⑤ 李并成：《河西走廊历史时期沙漠化研究》，第271页。

济之命脉”①。然而，随着森林的砍伐、植被的破坏，河西地区的水源涵养林日益减少，祁连山的雪水一到夏秋大量融化，失去了森林的涵养及阻隔，往往导致河水涨发，形成山洪与水患。“昔日祁连山森林茂盛，积雪多而水源畅旺，水受山林之调剂，流缓，故水患不大，近年来数千里山林俱被滥伐，水少而灌溉不足，农田苦旱，但在夏末秋初山水骤大，成为洪流，横溢奔腾，其势极猛，又往往成为水患。”②

自清朝建立以来，河西走廊多次受到水患侵袭。下面我们分别对清代河西各县所遭受之水灾进行描述。

镇番县。镇番县早在明代就已经水患多发。如建文四年（1402），镇番“大河水潮，卫南溃堤甚巨，民人力堵不竟”③。弘治十六年（1503）八月，镇番山水泛滥。④ 时至清代，镇番县的水患有增无减。乾隆四十三年（1778）秋，镇番多雨，南山水发，“东、西河漫堤横溢，两堤之下，几无完区”⑤。咸丰元年（1851），“大河水潮，堤坝崩溃，水归无用，民不聊生”⑥。镇番《修理西河论略》中曾言：“西河之为患久矣。盖大河居川湖上游，自蔡旗堡以至黑山西岸，上下六十余里，决口二十余处，一遇倒失遂奔腾放溢，直注于青土湖，而大河全涸，无势者见其潮流趋势几疑河伯为灾，巨龙作虐，若处于无可如何之势。”⑦ 对此，镇番县多次欲加修理，皆未果。在《镇番县志·开改新河记》记载了清代镇番县河流决口、屡冲屡修而无济于事，因而河患益剧的景况：

> 河自凉永汇流入镇，至蔡旗堡之北黑山堡之西总为大河，迤西曰红崖山，西北曰黑山，两山之中断脊如蜂腰，为河岸西决必经之

---

① （民国三十一年）《甘肃河西荒地区域调查报告（酒泉、张掖、武威）》，《农林部垦务总局调查报告》第一号，第一章《概述》第四节《荒芜原因》，第4页。

② （民国三十一年）《甘肃河西荒地区域调查报告（酒泉、张掖、武威）》，《农林部垦务总局调查报告》第一号，第六章《水利》第四节《排水方法》，第35页。

③ 《镇番遗事历鉴》卷一，惠帝建文四年壬午，第7页。

④ 《镇番遗事历鉴》卷一，孝宗弘治十六年癸亥，第33页。

⑤ 《镇番遗事历鉴》卷八，高宗乾隆四十三年戊戌，第329页。

⑥ 《镇番遗事历鉴》卷一〇，文宗咸丰元年辛亥，第419页。

⑦ （民国八年）周树清、卢殿元：《续修镇番县志》卷四《水利考·河防》。

> 道，清道光时堤溃横流，水归无用，民不聊生，计有决口已在十余处之多，通名山南历任邑候屡经设法兴筑，而碍于时势，动辄棘手。咸丰元年邑候李公燕林关心民瘼，勘得黑山堡堡西有草湖隙地，议开新河以避山南之冲，已经开办被该处户民纠众滋闹，并捏词上控，事遂中止。同治间逆回警扰，民苦杀掠堵御为艰，河患因之益剧。①

自道光时期起，大河决口十余处，历任官吏对此无能为力。至咸丰、同治年间，河防兴修亦屡次受阻，导致河患日剧，因而在此之后河患屡兴。如光绪三十四年（1908），镇番县又大水暴涨，“季秋，西河水涨，注于青土湖，东西三四十里，南北六七十里，上下天光一碧，波涛万顷，当地住民，多受其害。牧犊楼溺水中，阅月余，坍塌湮没”②。“况自西河为患以来，一经倒失辄驱于柳林附近之青土湖，湖蓄水既多竟成巨壑，每值大风暴作，波浪掀天。”③ 可知秋季积雪大量消融，注于尾闾湖青土湖，导致青土湖水位迅涨。据记载，青土湖亦多次涨发大水，清末以来水势浩大，“凡西河陷失之水俱由大小西河经来伏山，稍折东北流贯，其中东西三四十里，南北五六十里，上下天光一碧万顷。东渠之复兴、复顺、复成、皇惠、元始、文盛、字云、三洪、露月、大小结等处人民田产强半湮没，近虽设法疏通北流硝池，然傍近居民仍不时有其鱼之患”④。青土湖屡次发生水患，导致农田、居民被淹，人口逃亡。

古浪县。清嘉庆十年（1805）闰六月及秋七月，古浪“县城东山水陡发，将河西渠道冲断，甘凉道等派拨民夫，开挖引河保护城垣田禾。慕寿祺曰，甘凉道所属古浪等县全赖雪水浇灌，而每岁六七月间山水与河水为害”⑤。可知古浪山水、河水每岁来犯。

张掖县。乾隆三十年（1765），张掖县“县境黑河水势汹涌，附近

---

① （民国八年）周树清、卢殿元：《续修镇番县志》卷四《水利考·河防》。
② 《镇番遗事历鉴》卷一一，德宗光绪三十四年戊申，第480页。
③ （宣统三年）《镇番县志》，《贡赋考》卷四之一《户口》。
④ （民国八年）周树清、卢殿元：《续修镇番县志》卷一《地理考·山川》。
⑤ （民国）慕寿祺：《甘宁青史略》正编卷一九，第15页。

田亩岁有冲坍”[①]，黑河发水，附近田亩每岁受其危害。

山丹县。《山丹县志》中记载了黑河涨发时的情景：“而有力者莫如黑水者，春夏暴涨雷吼电掣，沙石奔流，岗陵不能为之岸，沟渎不能为之容。”[②] 河水涨发时咆哮奔流，声势极大。乾隆二十五年（1760）九月，工部议覆总督管甘肃巡抚吴达善疏称，“甘州府属山丹县南城逼近沙河，一遇水发冲刷莫御，必须开挖引河以分水势，建筑拦水堤坝以固城垣”[③]，山丹沙河多次发水。

临泽县。临泽县属黑河流域，“秋雨连绵，山洪暴发，河水大涨，辄阻行人。河底系流沙，筑桥不易”[④]。“沙河水，当冲衢，夏秋遇大雨，祁连山水暴涨，颇碍行旅。”[⑤] 临泽响山河在县城南九十里，又名梨园河，“泛时可运巨木；冬季结冰，河水则干；夏秋以后，山洪暴发，辄阻行人”[⑥]。由于祁连山积雪融化时间较为集中，所以河西各河流涨发洪水也大多在夏秋之际，且河患来势凶猛，“巨浪滔天大石浮，龙形滚滚向西流。漫滩险势凌嘉峪，崩岸余波跨肃州”[⑦]。由于黑河历年涨发，河患程度愈烈，人们无力防御。临泽邑人便在平川故城（即怀城）南、弱水北立石人两尊，“俗云河冲平川，石人承担。平川城东西之地多被水冲，惟平川城石人所在处较为轻微”[⑧]，“旱岁无霖成有岁，脊畴不雨变良畴。安澜复见澄清日，好听渔歌暮笛篌”[⑨]。反映了人们对河水安澜的期盼。

肃州。有清一代肃州亦多发水患，如康熙五十四年（1715）八月，銮仪卫銮仪使董大成领兵从肃州出嘉峪关，自嘉峪关至噶斯口三千余里，

---

① （宣统元年）长庚：《甘肃新通志》卷六一《职官志・循卓下》，第189页。

② 高元振：《弱水辨二则》，（道光十五年）黄璟、朱逊志等《山丹县志》卷一〇《艺文》，第430页。

③ 《清高宗实录》卷六二〇，乾隆二十五年九月壬子，第975页。

④ （民国三十二年）《创修临泽县志》卷一《舆地志・山川》，第37页。

⑤ （民国）《甘肃通志稿》，《甘肃舆地志・舆地十一・水道三》，第161页。

⑥ （民国三十二年）《创修临泽县志》卷一《舆地志・山川》，第43页。

⑦ 任万年：《黑河夏涨》，（民国三十二年）《创修临泽县志》卷一四《纪事志・古今体诗》，第390页。

⑧ （民国三十二年）《创修临泽县志》卷一三《金石志・平川石人》，第361页。

⑨ 任万年：《黑河夏涨》，（民国三十二年）《创修临泽县志》卷一四《纪事志・古今体诗》，第390页。

行至常马尔河，“因山水暴发，所有运米牲口及兵丁所乘马匹，多致伤损倒毙”[①]。山水涨发淹没人口、兵丁及马匹。肃州红水坝为肃州总寨、西店子、乱古堆等堡浇田之坝，长一百余里，浇田极多，“但水坝不时倾塌，盖因水涌势恶，多石无土故耳……但此水涨，有侵城之势”[②]。河患涨发时来势凶猛，有“侵城之势”。

高台县。光绪三年（1877）十月二十八日，高台县水利碑文记载：“近数十年以来，屡遇大水冲塌渠堤，小鲁渠有泛滥之患，丰稔渠致旱干之忧。……本年适值河水爆发，冲破堤防，小鲁渠以水潦控厅，丰稔渠以受旱控县。”[③] 水患导致水渠被冲垮，人民争水。再如镇夷黑河水势澎湃，“遇大雨时，间渡者往往人畜漂没。康熙丙戌，经守御林有蕙、游击余三勇，捐俸创建，大便行旅。嘉庆间为河水冲塌，残碑尚存”[④]。光绪二十九年（1903），高台县“河水泛滥”。[⑤] 黑河水患频仍。

鼎新县。鼎新县也备受河患侵扰，“邑中黑河汪洋无岸，夏秋之交山洪暴涨，水势浩荡，通渡艰难，光绪间邑人造船兴渡，年多被沙沉湮无存，往往水涨之时邑人用牛车渡水，不时淹没人畜”[⑥]。

敦煌县。流经敦煌县的党河到了夏季亦屡次涨发，且影响甚剧，“几至灭顶”[⑦]。由于夏季党河多次涨发，党桥多次重修。据《重修党桥碑记》记载，由于河底多系流沙不稳，加之夏水涨发冲塌，党桥多次坍塌，重修五次。[⑧] 道光八年（1828）夏六月，敦煌发水，“渠水涨发，魁星阁地址坍塌”[⑨]。可知河患的破坏力很强。

---

① 《清圣祖实录》卷二六五，康熙五十四年八月壬辰，第605页。

② （清）黄文炜：《重修肃州新志》，《肃州·水利》，第76页。

③ （民国十年）徐家瑞：《新纂高台县志》卷八《艺文下》，第455页。

④ （民国十年）徐家瑞：《新纂高台县志》卷二《舆地下·桥梁》，第171页。

⑤ （民国十年）徐家瑞：《新纂高台县志》卷五《人物·善行》，第319页。

⑥ （民国三十五年）蔡廷孝：《鼎新县志草编》卷八《交通志·津渡》，金塔县人民委员会翻印1957年版。

⑦ （民国三十年）吕钟：《重修敦煌县志》卷四《交通志·桥梁》，第132页。

⑧ （民国三十年）吕钟：《重修敦煌县志》卷一一《艺文志下·重修党桥碑记》，第568页。

⑨ （民国三十年）吕钟：《重修敦煌县志》卷一一《艺文志下·重修魁星阁碑记》，第566页。

从上述叙述可知，清代河西走廊水患多发。干旱少雨的河西地区水患频仍，究其原因，一为高山积雪融水消融时间较为集中，容易形成巨流下泻。二为水源涵养森林的砍伐导致植被减少，土壤对水源涵养能力下降。三为水利、河防设施修治不善与不及时等。环境的破坏是导致水患不断升级的重要原因。

（四）河流湖泊干涸

随着清代河西走廊垦田范围的不断扩张、水源地及牧地开荒，所导致的土壤沙化、植被减少等一系列环境问题日益突出，除了沙患、河患、风沙的加剧之外，还出现河流、湖泊日益干涸，水源日稀的景况。

在清代河西农业开发的进行中，该地区水源涵养林被逐年砍伐，冬日积雪量减少，相应的到了春季各河流的水量亦随之减少，河流湖泊干涸的现象也就日益增多，用于农业生产的水源日稀。从文献记载看，清代河西各县几乎皆存在河流湖泊的干涸现象。如肃州的路家海子，“旧有水汪汪不竭”，至光绪时期已干涸。[①] 又如乾隆二十六年（1761）九月十六日甘肃巡抚明德奏，凉州府武威县开有永、金、怀、杂、大、黄等六渠，其中黄渠上游之芨芨滩开垦之初，山内树木丛密，积雪深厚，渠水原属充足，虽然芨芨滩截留灌溉，黄渠民田并不存在水浆不敷之患，然而“自乾隆二年（1737）修建凉州满营房衙署，将黄渠源流树木采取应用，以致冰雪不能多积，黄渠之水遂致常患不足。且在民田上游，每值需水灌溉之际，兵、民不无争端”[②]。由于营建衙署营房将渠道源流树木砍伐，导致积雪减少，水源不足，遂有兵民争水。永昌县的昌宁湖因为上流开渠，“湖水已涸成田”[③]。山丹县，“山丹河……而镇夷既启，一泄

---

① （光绪二十二年）吴人寿修，张鸿汀校录：《肃州新志稿》，《地理志·山川》，第490页。

② 《乾隆二十六年（1761）甘肃巡抚明德九月十六日（10月13日）奏》，《清代奏折汇编——农业·环境》，第205页。

③ （民国）慕寿祺：《甘宁青史略》副编卷二《甘宁青山水调查记中编》，第391页。

无余，水落石出，余波浸渗，渐已涸竭”[①]。敦煌城东南石包城的药泉，“今泯其迹”。[②] 再如柳沟的忒不忒河，“昔有河道，今无水，可刈草”[③]，原来的河流干涸，荒草满目。

再以镇番县为例。如明宣德九年（1434）八月，百户傅成募赀在城东南二十五里之苏武山东麓筑苏泉亭，《镇番遗事历鉴》记载道：

> 苏武山旧有灵泉，传说昔日子卿牧羊于此，渴欲饮，因而山上生泉焉。有明之后，土著没游，于亭间凭眺。泉水垂挂，叮咚作响，山脚下潴水成潭。沿溪东流，一路长堤千里，杨柳叠碧，宛如长龙飞腾。水鸟啁啾，牧歌远传，令闻者泠然作出尘之想。塞外风致，良可尚也。

明代镇番苏武山拥有泉水垂挂、积水成潭、潭水流泻、水鸟啁啾之美景。然时至清末，泉水却渐行干涸，无复往日之美景。对此陈广恩记载：

> 余幼随父兄登苏武山，时在三月清明。一路所见，老杨古柳，青蘐团花耳。至山岭，举目晴光激射，岩岫缭绕，石林之气，云鹤之影，争入眼目。风物称美，殊堪浏览。山下游客，接踵而来。黄口秀女，相率络绎。犹阳湖春花之来临，如江海秋水之波动，纷然丛集，声音鼎沸。是时，苏泉已渐干涸，惟石缝间犹有微流，徐徐下注，如玉珠倒挂，银融汞结，晃然夺目。[④]

明代还叮咚作响的泉水，至清末已经渐渐干涸，环境变化之明显由此可见。“《镇番宜土人情记》云：雍正八年（1730）秋八月，苏山蒙泉有泉喷涌，延月余，渐细微，又阅旬日，乃干涸。”可知雍正年间，蒙泉

① （民国）《甘肃通志稿》，《甘肃舆地志·舆地十一·水道三》，第160页。

② （民国）《敦煌县乡土志》卷二《山川》。

③ （清）黄文炜：《重修肃州新志》，《柳沟卫·山川》，第562页。

④ 《镇番遗事历鉴》卷一，宣宗宣德九年甲寅，第14—15页。

水若有若无，然时至清末已是满目黄沙。对此，陈广恩发出如下感叹：“今苏山黄沙如埠，何泉之有？沧桑巨变，此岂验之乎?”,[①] 环境变化之巨，令人感慨万千。再如镇番县的狼跑泉亦干涸无存，“狼跑泉山在县治东北六十里，昔年山涧有泉，传时有狼群饮水泉上，故以名之。今泉涸，狼亦不复更见矣”[②]。“黑水墩泉水泛滥，附近居民于泉旁筑堤修堤。嗣后泉萎，居民因就地画畦分畛，种植菜蔬”[③]，原来泛滥的黑水墩泉水也干涸，居民因地种植菜蔬。另据《甘肃省乡土志稿》[④] 记载，镇番县的柳林湖、管山湖亦干涸。柳林湖，“雍正五年（1727）试种开垦，今为三渠所经，因昔为湖地故名湖”。管山湖，“近年因垦荒开渠灌溉，湖无来流，已干涸”，可知民勤县的柳林湖昔为湖地，雍正五年（1727）已开垦，管山湖亦因垦荒开渠湖无来流已干涸。所以，清代以来镇番县干涸的泉水湖泊较多，并伴随着泉源湖泊的干涸，土地日益沙化、环境恶化，正如古人所言为“沧桑巨变”。

除了湖泊泉源的干涸外，清代河西走廊还有大量的河流、湖泊水量在迅速减少，并处于干涸的边缘。如临泽县的九眼泉，在县城东南三十里，有湖滩，纵十余里，横五里，与五眼泉连。“地皆沮洳，泉从地底涌出，泡花巨者如碗，次者如杯，络绎喷出，夏微涨，冬不冰，畅流如常，汇为渠北流，灌田甚广尾入黑水”，至清末民初则“源微流细”[⑤]。此外临泽县南属五渠以及五眼渠也出现河流浅涸、连旱数年的状况。“县属南五渠，系引用响山河河流之水灌田，查此河之源在南山（即祁连山）梨园口以南，该河之水全赖雪山冰溶成水之多寡以为衡。”清末以来，“冬雪稀少，以故河流浅涸”。“县属五眼渠，该渠系引用五眼泉之水灌田……佥谓当昔泉水甚旺”，清末以来亦“泉浅流微”[⑥]。五眼泉水量也

---

① 《镇番遗事历鉴》卷七，世祖雍正八年庚戌，第274页。
② 《镇番遗事历鉴》卷九，仁宗嘉庆四年己未，第358页。
③ 《镇番遗事历鉴》卷一二，中华民国三年甲寅，第496页。
④ （民国）朱元明：《甘肃省乡土志稿》第二章第六节《河流之分布》，第121页。
⑤ （民国三十二年）《创修临泽县志》卷一《舆地志·山川·井泉池附》，第43页。
⑥ （民国十八年）《临泽县采访录》，《艺文类·水利文书·民国十八年倡办水利程度报告书》，第528页。

大不如前。敦煌县，“党河为全县之大水各水之经流也，至党河口之龙王庙地方分为十渠，其汇归处名曰黑海子，番名哈喇淖尔”，但清代晚期水量减少。[①] 敦煌县农业所仰赖的党河水，也是“河流日渺”，[②] 党河也面临水源不足的困境。高台县亦不例外，“农田灌溉多赖祁连山林雪水”。清末以来，“水量渐小”[③]，据《高台县河渠水利沿革及灌地亩数概况表》[④] 统计，高台县共有渠坝数五十二道，其中水源匮乏及枯竭的渠坝数为七道，这些水源干涸的渠道分别为：

表 26　**清代高台县干涸渠坝表**

暖泉坝	大河水	因山林被伐，致水源匮乏已久
从仁小坝	摆浪河水	水源已竭
苏三湾坝	摆浪河水	水源早已匮乏
元山坝	摆浪河水	水源早已匮乏
四坝	摆浪河水	水源早已匮乏
古城坝	水关河水	水源枯竭，全恃山洪浇灌
三坝	西河水	水源枯竭，全恃山洪浇灌，居民逃亡，坝废

对各渠坝水源匮乏的原因，表中已明确说明为因山林被伐致水源匮乏。同样安西一地的河流水量也日渐变小，由于“安西苏勒河与敦煌党河俱流入呵呵沙石墩而没”，故在清代前中期，“岳锺琪欲开通二河河流，造舟运粮不果，后沈青崖向度河流用牛羊皮鼓气载粮顺流而下，达今安西县城，凡二百余里，故西湖张家圈有运粮河之名”。时至清末民初，“河流甚小早无运输之利”。[⑤]

据上可知，随着植被的减少、环境的破坏，清代河西走廊一些河流

---

① （民国）《敦煌县各项调查表·敦煌水道调查表》。

② （民国三十年）吕钟：《重修敦煌县志》卷一一《艺文志下·入山疏凿党河源悬匾龙王庙以志神庥序》，第 583 页。

③ （民国三十六年九月）冯周人：《高台县要览》第五章《人口·民生概况》，《高台县志辑校》，张志纯等校点，甘肃人民出版社 1998 年版，第 529 页。

④ （民国）《高台县河渠水利沿革及灌地亩数概况表》，甘肃省图书馆藏书。

⑤ （民国）《安西县采访录·一》，《交通第八·河运》。

湖泊已处于干涸、半干涸的状态，水源的减少最终限制了河西走廊的农业发展，并反过来加剧了河西走廊环境的恶化。

（五）旱灾的增多

随着开发力度的增强，清代河西走廊的旱灾次数也呈增长态势。我们在此仅以清代康熙、乾隆时期为例展开论述。据《清实录》等文献记载康熙、乾隆时期河西走廊共发生旱灾四十多次，其中康熙时期仅二次，而到了乾隆时期旱灾次数急剧增加，① 具体列表如下。

表 27 **康熙、乾隆时期河西走廊旱灾次数表**

时间	旱灾地点	资料来源
康熙二十九年（1690）九月	凉州卫、古浪所	《清圣祖实录》卷一四八，康熙二十九年九月甲辰，第 641 页
康熙五十七年（1718）	凉州古浪	《清圣祖实录》卷二八一，康熙五十七年闰九月壬辰，第 748 页
乾隆五年（1740）闰六月	凉州府之永昌县	《清高宗实录》卷一二一，乾隆五年闰六月戊辰，第 784 页
乾隆五年（1740）七月	武威、古浪	《清高宗实录》卷一二三，乾隆五年七月丁酉，第 813 页
乾隆六年（1741）十二月	永昌	《清高宗实录》卷一五七，乾隆六年十二月庚戌，第 1245 页
乾隆七年（1742）正月	武威、永昌、古浪	《清高宗实录》卷一五九，乾隆七年正月甲申，第 11 页
乾隆七年（1742）二月	武威、永昌、古浪、	《清高宗实录》卷一六一，乾隆七年二月丙午，第 23 页
乾隆十四年（1749）七月	武威、永昌、张掖、山丹、高台、金塔寺各堡	《清高宗实录》卷三四五，乾隆十四年七月丙子，第 777 页

① 旱灾次数的增加应考虑乾隆年间“甘肃冒赈案”对灾害次数的夸大等因素。

续表

时间	旱灾地点	资料来源
乾隆十四年（1749）七月	毛目城双树墩	《清高宗实录》卷三四五，乾隆十四年七月丙子，第777页
乾隆十五年（1750）五月	甘、凉、肃等属州县	《清高宗实录》卷三六四，乾隆十五年五月甲寅，第1018页
乾隆十六年（1751）	高台县平川、毛目、双树等屯	《清高宗实录》卷三九五，乾隆十六年七月乙酉，第190页
乾隆十八年（1753）	镇番	《清高宗实录》卷四六一，乾隆十九年四月丁未，第991页
乾隆十九年（1754）四月	镇番	《清高宗实录》卷四六一，乾隆十九年四月丁未，第991页
乾隆二十一年（1756）九月	张掖、山丹、武威、肃州等	《清高宗实录》卷五二一，乾隆二十一年九月乙酉，第571页
乾隆二十二年（1757）六月	甘、凉、二属	《清高宗实录》卷五四一，乾隆二十二年六月庚寅，第861页
乾隆二十二年（1757）八月	柳沟、安西、沙州	《清高宗实录》卷五四四，乾隆二十二年八月己巳，第918页
乾隆二十三年（1758）六月	河西各府属	《清高宗实录》卷五六五，乾隆二十三年六月辛未，第161页
乾隆二十三年（1758）八月	山丹、武威、古浪、永昌、镇番、凉州、甘州	《清高宗实录》卷五六九，乾隆二十三年八月丁丑，第219页
乾隆二十四年（1759）八月	山丹、武威、古浪、永昌、东乐县丞花马池州同	《清高宗实录》卷五九四，乾隆二十四年八月壬午，第616页
乾隆二十四年（1759）十二月	山丹、武威、古浪、东乐县丞属	《清高宗实录》卷六〇二，乾隆二十四年十二月甲申，第758页
乾隆二十七年（1762）九月	武威、永昌、古浪	《清高宗实录》卷六七〇，乾隆二十七年九月戊辰，第491页
乾隆二十八年（1763）十二月	张掖、山丹、武威、永昌、镇番、古浪	《清高宗实录》卷七〇〇，乾隆二十八年十二月丁亥，第831页

续表

时间	旱灾地点	资料来源
乾隆二十八年（1763）	高台	《清高宗实录》卷七〇六，乾隆二十九年三月丁巳，第889页
乾隆二十九年（1764）八月	山丹、东乐县丞、张掖、武威、镇番、古浪、永昌	《清高宗实录》卷七一六，乾隆二十九年八月辛巳，第986页
乾隆二十九年（1764）十一月	张掖、山丹、武威、永昌、镇番、古浪、东乐县丞	《清高宗实录》卷一二二，乾隆二十九年十一月壬子，第1047页
乾隆三十年（1765）八月	山丹、东乐、武威、永昌、镇番、古浪	《清高宗实录》卷七四二，乾隆三十年八月庚申，第166页
乾隆三十年（1765）十二月	山丹、东乐、武成、永昌、镇番、古浪	《清高宗实录》卷七五〇，乾隆三十年十二月戊申，第256页
乾隆三十二年（1767）十一月	武威、肃州、高台、抚彝、古浪、敦煌	《清高宗实录》卷七九七，乾隆三十二年十一月壬寅，第761页
乾隆三十三年（1768）九月	武威	《清高宗实录》卷八一七，乾隆三十三年九月丙戌，第1081页
乾隆三十四年（1769）八月	张掖、山丹、东乐县丞、古浪、肃州、高台	《清高宗实录》卷八四一，乾隆三十四年八月辛未，第234页
乾隆三十六年（1771）八月	张掖、山丹、东乐县丞、武威、永昌、镇番、古浪	《清高宗实录》卷八九一，乾隆三十六年八月癸巳，第950页
乾隆三十七年（1772）六月	张掖、山丹、东乐县丞、武威、永昌、镇番、古浪	《清高宗实录》卷九一〇，乾隆三十七年六月丁丑，第190页
乾隆四十年（1775）四月	山丹、东乐、古浪、肃州、王子庄、高台	《清高宗实录》卷九八一，乾隆四十年四月丙午，第104页
乾隆四十年（1775）八月	张掖、抚彝厅、山丹、东乐县丞、武威、古浪、永昌、镇番、肃州、高台、安西	《清高宗实录》卷九八九，乾隆四十年八月丁酉，第201页
乾隆四十一年（1776）六月	凉州、甘州、肃州	《清高宗实录》卷一〇一〇，乾隆四十一年六月丙午，第560页
乾隆四十一年（1776）夏	抚彝厅、张掖、山丹、武威、永昌、古浪、肃州、高台	《清高宗实录》卷一〇三六，乾隆四十二年七月丙子，第887页

续表

时间	旱灾地点	资料来源
乾隆四十一年（1776）十一月	武威、肃州	《清高宗实录》卷一〇二一，乾隆四十一年十一月壬辰，第688页
乾隆四十一年（1776）十二月	抚彝厅、张掖、山丹、武威、永昌、古浪、肃州、高台	《清高宗实录》卷一〇二二，乾隆四十一年十二月丙午，第700页
乾隆四十二年（1777）正月	武威、肃州、镇番	《清高宗实录》卷一〇二四，乾隆四十二年正月己巳，第718页
乾隆四十二年（1777）四月	武威、镇番、永昌、古浪、抚彝厅、张掖、山丹、东乐、肃州、高台、安西	《清高宗实录》卷一〇三一，乾隆四十二年四月庚申，第824页
乾隆四十二年（1777）八月	张掖、山丹、武威、永昌、镇番、肃州、安西、玉门	《清高宗实录》卷一〇三九，乾隆四十二年八月庚戌，第918页
乾隆四十二年（1777）十二月	张掖、山丹、武威、永昌、镇番、肃州、安西、玉门	《清高宗实录》卷一〇四七，乾隆四十二年十二月癸丑，第1027页
乾隆四十三年（1778）七月	武威、镇番、肃州、高台、安西、玉门、敦煌	《清高宗实录》卷一〇六三，乾隆四十三年七月乙巳，第211页
乾隆四十五年（1780）八月	武威、山丹、肃州、张掖、永昌	《清高宗实录》卷一一一三，乾隆四十五年八月戊辰，第880页
乾隆五十年（1785）十一月	肃州、玉门	《清高宗实录》卷一二四三，乾隆五十年十一月丁卯，第712页
乾隆六十年（1795）八月	武威、镇番、永昌、	《清高宗实录》卷一四八五，乾隆六十年八月壬寅，第847页

从上表可见，康熙在位六十一年，河西有记载的旱灾仅二次。乾隆在位亦六十年，河西有记载的旱灾四十四次，平均不到一年半就有一次旱灾，旱灾次数、频率皆大为增加。

清代以来随着农业垦殖的深入推进，河西原有的良好生态不断遭到破坏，沙尘天气不断、湖泊河流干涸、河水涨发、沙漠入侵、旱灾增多等等，皆是清代河西走廊环境恶化的重要表现。这些环境变动又反过来影响着农耕事业的进一步发展。

三 河西走廊环境变迁的成因

清代河西走廊环境呈现较大变动，我们认为人为因素是造成河西环境变化的重要原因。下面我们即对清代河西走廊环境破坏中的人为因素进行探讨。

（一）砍伐林木

从文献上看，清代河西走廊有大量的树木被砍伐，其程度较前代为剧。祁连山林木破坏益趋加剧，不仅入山伐木猎材的活动愈演愈烈，而且伴随着农垦规模的扩大，一些浅山区也不免遭受犁杖之践诸。[①] 如光绪三十二年（1906），御史赵炳麟上奏曾言：“近日中国农林废弛，西北各省童山赤壤一望荒芜”[②]，即整个西北地区的森林树木都遭到不同程度地砍伐。具体到各县情况亦不容乐观。古浪县的黑松林山，原来“上多松”，至乾隆年间“成童矣”[③]。至嘉庆十年（1805）祁韵士所见，这里“绝少林木，令人闷绝”[④]。临泽县（旧名抚彝厅）原来北山多童山，而合黎山上还多有草木，而由于人为的砍伐，“合黎亦童山也，惟迤北百余里近蒙界处有草木”[⑤]。再如永昌县，原来“木则榆杨而多松柏，昔遍南谷”，至嘉庆年间“今稀”[⑥]。永昌的焉支山，又名青松山“向多松”，至嘉庆时期“樵采殆尽”[⑦]。对此诗歌亦有记载，如金塔县的情形：

大漠平沙莽万重，是谁鞭石涌奇峰。

① 李并成：《河西走廊历史时期沙漠化研究》，第177页。

② 《清朝续文献通考》卷三七九《实业二农务·考一一二五六》。

③ （乾隆十四年）张玿美修、曾钧等纂：《五凉全志》卷四《古浪县志·地理志·疆域图》，第455页。

④ （嘉庆十年）祁韵士：《万里行程记》，问影楼舆地丛书本。

⑤ （民国）《甘肃通志稿》，《甘肃舆地志·舆地六·山脉》，第56页。

⑥ （嘉庆二十一年）南济汉：《永昌县志》卷一《地理志·方产》。

⑦ （嘉庆二十一年）南济汉：《永昌县志》卷一《地理志》。

青山变作童山像，一炬摧残胜祖龙。①

临泽县也是如此：

四民最苦习农工，地利全凭人力丰。
沙拥西流非水窦，砾飞南陇是山童。②

可知金塔、临泽之林地皆遭到破坏。陶保廉于光绪十七年（1891）见甘州山中林木，“遣兵刊伐，摧残太甚，无以荫雪”③。另据《高台县林业调查表》记载，距离高台县一百四十里处之罗尔林地，为南山罗尔家番族属地，其林地面积广大：南北二十里、东西二十里，林地遍布松木与柏木；距离高台县一百五十里之处的八个家林地，为南山八个家番族属地，林地面积亦较为广大：东西二十七里、南北二十里，林地柏木丛生，为高台县属之重要林区，然罗尔林与八个家林地亦遭到砍伐厄运，“查罗尔家八个家二番族旧归甘州营管辖，其地系在高县地对直，所产树木有高台南山户民出租伐卖，近来树木稀少”④。

此外根据民国时期对河西走廊森林分布的调查发现，大片的森林日益减少。祁连山北麓所存之森林，其较大者仅有下列七处，分别为永登县境之连城、古浪县境之莲花山、武威县境之红沟寺、张掖县境之龙首堡、临泽县境之梨园堡、高台县境之牙个郎家，呼个郎家将军台、酒泉县境之茅来泉。而且“以上诸处皆在深山之中，勉强成为片段，至于半山以下及山麓，已均无森林之孑遗，平原之上更无论矣”⑤。半山以下及山麓林地被砍伐殆尽，

① （民国二十五年）赵仁卿等：《金塔县志》卷一〇《金石·诗·四月朔日游青山寺归题二律》。

② 杜绪：《录慕太守屯田记敬赋（三清湾系抚彝连界）》，（民国十八年）《临泽县采访录》，《艺文类》，第508页。

③ （光绪二十三年）陶保廉：《辛卯侍行记》卷四，养树山房刊本。

④ （民国十九年）《高台县各项调查表·高台县林业调查表》，甘肃省图书馆藏书。

⑤ （民国三十一年）《甘肃河西荒地区域调查报告（酒泉、张掖、武威）》，《农林部垦务总局调查报告》第一号，第七章《农业经营》第九节《森林》，第47页。

此应非一朝一夕所成。“惜后因砍森林缺乏，故今日之濯濯童山，往昔亦系满被葱立森林，不毛之沙漠原属良田。”① 森林变童山，良田变沙漠，树木的砍伐已经导致许多的森林退化。如古浪县林木分天然、人造两种，而“天然山林各山林木近年已采伐殆尽，几成濯濯”②。天然林数量减少。

战争破坏是清代河西走廊森林退化、林木减少的原因之一。如前述的古浪县县南三十里的黑松林堡，即旧苍松卫，兵燹后松柏砍伐殆尽。③金塔县，“青山寺昔有林木，相传同治年间回匪之变毁于兵燹，今则童山濯濯矣”④。再如镇番县，清康熙年间，“孙克明等募赀修葺苏武庙，佣人看守，专行种植树木之责。是年栽植香椿二十株，土榆五十株，紫槐三十株，杨树二千株，沙枣二千株。”但由于同治年回民战争，苏山数株已遭到破坏：“苏山数株，今安在乎？今所见者，沙砾、白草、野兔、老鹰而已。询之耆老，佥曰：‘曩时数株，葱茏四被，同治回乱，争筑寨垒，于是席卷空空矣’嗟夫，伤哉！”⑤ 战争是导致河西走廊森林树木砍伐破坏的重要原因。

民众对林木缺乏保护意识，是林木减少的另一重要原因。清代河西多数普通民众在利益的驱使之下，对于保护植被往往缺乏自觉性，偷砍偷伐树木者不在少数。这正如《新修张掖县志》所言：“查种树之利，可以招雨泽，可以滋草木。但人民不明此理，有斩伐而无种植，以致各地林木濯濯俱空，不惟缺养牲之原料，即燃料亦觉为难。此近年以来各地牲畜渐少之所由来也。”⑥ 民众对植树造林的重要性不甚明了，有斩伐而无种植，导致林木破坏。乾隆四十六年（1781），永昌县知县李登瀛与邑绅等在永昌城外自东门壕边至西门植白杨八百余株，城隍行宫前、

① （民国）朱元明：《甘肃省乡土志稿》第六章《甘肃省之林业》第八节《水土保持》，第289页。

② （民国二十八年）马步青、唐云海：《重修古浪县志》卷六《实业志·林业》，第216页。

③ （民国）《甘肃通志稿》，《甘肃建置志·建置五·关梁》，第393页。

④ （民国二十五年）赵仁卿等：《金塔县志》卷一〇《金石·诗·四月朔日游青山寺归题二律》。

⑤ 《镇番遗事历鉴》卷六，圣祖康熙四十三年甲申，第246页。

⑥ （民国）白册侯、余炳元：《新修张掖县志》，《社会志·社会团体·畜牧场》，第105页。

学田中种植白杨更多，经多年生长，“大有踰围者，孔候斧斤及马，自是窃伐者多矣、甚矣，地方攸赖，惟贤宰能兴之能护之也”①。普通民众偷砍偷伐较多。再如《甘肃省乡土志稿》曾言：“人民罔知爱惜，或恣意滥伐，或妄肆焚烧，致此无穷宝芷在斧斤火烈之厄运中，日见消灭，倘不速图整理，恐此硕果仅存之森林不难亦成童山。”② 又如《金塔县志》记载：“金塔林木其栽植与土质最相宜者惟榆柳白杨各种，但隙地虽多，民多懒于种植，必有人以董劝之强迫之，而居地利可尽，而林业得以兴焉。”③ 金塔隙地虽多，但百姓多懒于种植，主动植树者少。清人甘延年所作诗文《路旁树》记载了张掖民众对树株的破坏。诗云：

> 树旁路，车马喧嚣纷如骛。路旁树，行人扳折无朝暮。立干垂条生意饶，云胡不幸厄其数。轮之践兮根为伤，毂之击兮皮亦蠹。所植非其地，岂人于尔恶。纵有郭橐驼，无术为尔护。我欲移往上林苑，渥以云霄之露，少苏尔之困顿，回昊天于一顾。力不足，手无措，心之苦，将谁诉。呜呼！万物托命各有处，谁令汝为路旁树。④

从上引资料看，路旁树经常遭到行人之扳折、车轮之碾压、牲畜之啃啮等摧残，百姓对路旁树的破坏较为严重，缺乏保护意识。据民国时期资料记载，我们发现河西民众的护林意识并不坚定：

> 自民十七年（1928）后情形大变，地方驻军整年入山采伐，山中居民侧目而视，不敢阻遏，地方政府亦限于权力，徒呼叹何……山中番民见其苦心保护之林木为人采伐，始则痛心疾首，欲反抗而不能，继亦起效尤，无所顾忌，于是祁连山中仅有之水源林，亦先

---

① （嘉庆二十一年）南济汉：《永昌县志》卷五《官师志·知县》。

② （民国）朱元明：《甘肃省乡土志稿》第六章《甘肃省之林业》第五节《森林管理》，第281页。

③ （民国二十五年）赵仁卿等：《金塔县志》卷二《人文·林》。

④ （清）甘延年：《路旁树》，（民国）白册侯、余炳元：《新修张掖县志·艺文志》，第406页。

后破坏，其所存留者概在高山悬崖之上，人马交通不便之处，然亦稀落不济，非复昔日葱葱郁郁之天然林可比矣。①

对军阀的乱砍滥伐，民众起初是极为愤慨的，敢怒不敢言。然而看到砍伐无法制止时，民众却起而效尤与军阀一起为害山林，充当了环境破坏的帮凶。可知，清代河西普通民众的护林意识较弱，在日常需求以及利益的驱动下常有毁林及偷伐树木者。民众林木保护意识的薄弱加速了河西树木的减少。

官府的忽视、过度垦荒以及建筑的大量使用，也是造成清代河西森林退化的重要原因。对此，史载“惟以往因政府未曾注意，致此无穷宝芷在斧斤火烈之厄运中，日见消灭”②。政府对森林保护不力，缺乏管护，使得林地日渐消失。如安西，“近城内外绝少树木缘当年建置之初采伐殆尽”③，建筑使用使得大量树木被砍伐。再如古浪县黑松林山，“昔多松，今无，田半”④，过度垦荒使得过去遍布松柏的黑松林山，至乾隆年间只有半山有林，半山已垦为田。

总而言之，森林的消退、树木的砍伐归根结底源于“取之无节养之不时，于是场圃之师仅谈瓜果，田舍之妇但话桑麻，而濯濯童山遂无复过问者矣”⑤。即官府忽视、民众缺乏保护意识、只取不养等因素皆加剧了清代河西林木的破坏。

（二）采薪、烧炭、挖取野生植物

据记载，清代河西各地民众用以炊爨、取暖者，大多为木柴，烧煤

---

① （民国三十一年）《甘肃河西荒地区域调查报告（酒泉、张掖、武威）》，《农林部垦务总局调查报告》第一号，第七章《农业经营》第九节《森林》，第47页。

② （民国）朱元明：《甘肃省乡土志稿》第六章《甘肃省之林业》第五节《森林管理》，第281页。

③ 常钧：《敦煌随笔》卷上《安西》，第375页。

④ （乾隆十四年）张玿美修，曾钧等纂：《五凉全志》卷四《古浪县志·地理志·山川》，第458页。

⑤ 《清朝续文献通考》卷三八一《实业考四农务·考一一二八一》。

者很少。如金塔县，“煤炭艰难，人民亦不籍赖，北山□有煤矿，历年采挖，储水为患，近年时有时无，多不可恃，乡村完全烧柴”①。安西县，“官民炊爨烧炕纯用木柴，虽所属间有产煤之处，亦可代薪，而人情狃于习俗，趋便辞难，未便过为督责，势之所至，当不令而行也”②。正由于此，河西木柴等物消耗量大。

清代河西走廊民众日常使用的薪柴、烧炭、烧炕以及用来拦水堵坝等物，皆来源于各种杂草、低矮不成材的木植甚至榆、杨，沙枣等树。大致包括：红柳、梭梭、黄蒿、碱柴、牛角柴、霸旺柴、冬青、铁僵、茅柴、红沙柴、白茨柴、枸杞树、大白杨、榆、杨、沙枣树、野麻、骆驼刺、麻黄、梧桐树、桦、茨芽、甘草等。清代河西各县薪柴种类大同小异。如据《镇番遗事历鉴》记载镇番县所使用之薪柴种类包括：红柳、梭梭、黄蒿、碱柴③、牛角柴、霸旺柴、冬青、铁僵、茅柴、红沙柴、白茨柴、枸杞等。④ 此外还包括桦，牛觔柴、霸王柴、茅柴、茨柴、红沙柴、花儿柴等。⑤ 再据《金塔县志》记载，金塔县的薪柴、燃料以茨芽、红柳等类甚多，“县城烧柴仰给乡人牵牛车来运卖之劈柴或榆杨沙枣树不等，不成材者劈之贩卖作为烧料”⑥。即金塔县砍伐榆、杨、沙枣树以及一些不成材的树木为薪柴。鼎新县，还以麻黄、梧桐树为薪，“麻黄，邑人当作燃薪之用。梧桐，邑中所产甚多，俗名柴桐，多作燃料其根自出”⑦。肃州，也有以麻黄为薪者，“麻黄，生沙滩中，肃人芟以为薪，大车捆载皆是”⑧。以大车捆载的形式将大批的麻黄芟以为薪。此外清代河西走廊百姓还挖甘草为薪。如安西县，“药材产甘草、锁阳二种，

---

① （民国二十五年）赵仁卿等：《金塔县志》卷二《人文·生计》。

② 常钧：《敦煌随笔》卷上《安西》，第375页。

③ （乾隆十四年）张昭美修，曾钧等纂：《五凉全志》卷二《镇番县志·地理志·物产》，第235页：作“咸柴”。

④ 《镇番遗事历鉴》卷七，世宗雍正十三年乙卯，第277—284页。

⑤ （乾隆十四年）张昭美修，曾钧等纂：《五凉全志》卷二《镇番县志·地理志·物产》，第235页。

⑥ （民国二十五年）赵仁卿等：《金塔县志》卷二《生计》。

⑦ （民国）张应麒修，蔡廷孝纂：《鼎新县志》，《舆地志·物产》，第684页。

⑧ （清）黄文炜：《重修肃州新志》，《肃州·物产》，第137页。

甘草大盈握，土人刈为薪”①。甘州府及山丹县的薪柴有时则屑大木为之，“其薪，柹，或屑大木为之”②，甘州地区采薪时甚至将木材砍削。据《敦煌县各种产物表》载，敦煌县以大白杨、柽柳（红柳）、骆驼刺、野麻等为燃料。③ 其中由于大白杨生长数量最多，为重要燃料，柽柳因为在西湖、北两湖生长最多，亦为最要燃料，野麻，即罗布麻，可作燃料及盖房屋；骆驼刺，骆驼最喜食，亦可作燃料。

从上述记载看，清代河西走廊薪柴的范围极广，小到杂草，大至木材。凡是可用于烧采者皆可，最开始或许还采获杂草、矮小的木植等，到后来则以大木为薪了。同时河西走廊薪柴的使用量亦较大。河西当地百姓每次采薪大多驱赶牛车，到戈壁滩或者沙窝等处采薪，一次采满一牛车，用完再采，如金塔县采薪，“有在戈壁滩牵牛车取者，有在沙窝牵牛车取者，亦有临时在田间取者”④。镇番县采薪则为，“打柴捞草，沙窝麻岗”⑤。这样一来，如果人们不加补种，地表的植被可用来烧取者就愈加减少了。

除了以供炊爨、取暖之用外，河西各地还要缴纳柴草税。如金塔县王子六坝，每坝岁交烧柴四千束，共二万四千束。⑥ 据李并成研究，清代河西地区所纳柴草税数额大，“推估整个河西走廊刈伐荒漠草被可能超过 300 万亩”⑦。这样导致河西柴草供应变得日益紧张，“奈金塔燃料□只此，柴市上有无不定，无处寻买，以后除县署随时购用外，如缺乏时需责令照支准以六千把为限，以免断炊之虑，然支柴交到即时照数给价”⑧。可知金塔柴市柴草供应紧张，甚至产生断炊之虑。

清代河西各地民众用以炊爨、取暖者大多为柴草，加之缴纳柴草税，

---

① （民国）《甘肃省志》第三章《各县邑之概况》第七节《安肃道》，第 103 页。
② （道光十五年）黄璟、朱逊志等：《山丹县志》卷九《食货·市易》，第 385 页。
③ （民国三十年）吕钟：《重修敦煌县志》卷一《天文志·物产》，第 76 页。
④ （民国二十五年）赵仁卿等：《金塔县志》卷二《人文·生计》。
⑤ 《镇番遗事历鉴》卷九，仁宗嘉庆十七年壬申，第 373 页。
⑥ （民国二十五年）赵仁卿等：《金塔县志》卷五《财赋·豁免》。
⑦ 李并成：《河西走廊历史时期沙漠化研究》，第 164 页。
⑧ （民国二十五年）赵仁卿等：《金塔县志》卷五《财赋·豁免》。

可用植被日益减少。乾隆二十四年（1759）七月陕甘总督杨应琚奏，“甘省肃州居民，向藉杂木杂草以供炊爨，迩年商贾辐辏、需用尤多，砍伐殆尽，居民远赴北山樵采，往返辄数百里。查肃州东北乡鸳鸯池一带，出产石炭，且距城仅七十余里，应请酌借工本，招商开采”①。意即在清乾隆中前期，肃州地区以供炊爨的柴草就已经砍伐殆尽，民众要往返数百里远赴北山樵采，官府不得不考虑开采煤炭来解决燃眉之急。直到民国时期河西走廊民众才开始使用煤炭作为燃料，“燃料除砍伐干枯之树株劈，此外多籍北山煤炭燃烧”②。同样，安西“近年刨挖过多求觅渐远，将来必致樵蘇莫济”③，也出现了薪柴紧张的状况。“敦邑薪少值昂，炊将不济。道光辛卯冬，取煤长春山，非神佑不得也。”④ 敦煌县薪柴亦日益减少，出现薪少值昂，炊将不济的窘况，故道光年间需至煤矿采煤补充。再如镇番县，在堪定了蒙汉界址后，由于炊爨樵采薪柴不敷，故将原来所设定的樵采区域扩大，“自开设地方以来阖县官民人等日用柴薪樵采于东西北之边外，以供终年炊爨，实与他地不同，请以边外一二百里之外樵采以资民生”⑤。镇番当地百姓樵采还要出抹山隘口才能采到：“抹山隘口，每五里设立一墩，每墩各有闇门，听采樵车牛出入”⑥。“且红沙堡东边外如乱沙窝、苦斗墩，昔属域外，今大半开垦，居民稠密，不减内地。沿东而下，移丘换段，迤逦直达柳林湖，耕凿率以为常。至于角禽逐兽，采沙米、桦豆等物，尚有至二、三百里外者。”⑦ 可见随着土地的大量垦殖，植被砍伐、挖掘的越来越多，类似沙米、桦豆等物只得到二三百里外的地方去采。

除了采挖薪柴等外，河西走廊各地冬天主要以烧炭来取暖。如安西

---

① 《清高宗实录》卷五九三，乾隆二十四年七月丁丑，第611页。

② （民国三十年）《金塔县采访录·十》，《民俗类》。

③ 常钧：《敦煌随笔》卷上《安西》，第375页。

④ （民国三十年）吕钟：《重修敦煌县志》卷二《方舆志》，第74页。

⑤ 富巽：《蒙汉界址记》，（乾隆十四年）张玿美修，曾钧等纂：《五凉全志》卷二《镇番县志·艺文志》，第331页。

⑥ （民国）马福祥、王之臣等：《民勤县志》，《兵防志·关隘》，《中国方志丛书》，（台北）成文出版社有限公司1970年版，第152页。

⑦ 《镇番遗事历鉴》卷一〇，宣宗道光二年壬午，第393—394页。

以红柳烧炭，“塞外红柳根蟠地最深，樵者引火焚之数月不息，靖逆有窟窿河地下潜烧灰烬绵延数十里，人马践之俱堕深堑，其小者掘地亦可获炭数窖”①。烧炭的过程将红柳的地下根系完全烧毁。靖逆地方还有地下潜烧，将植物的根系破坏无遗。即如诗中所言：“榛莽初披赤卤区，朽材曾不中薪撂，忽看僵柳如人立，眢井□深历劫余。”② 再如镇番县、甘州府、肃州则以梭梭烧炭，“镇番邑令杜荫倡率县人，以梭梭烧炭，屡经磨砺，终告其成。其质坚，其色黛，其火强而经久”③。“镇番炭曰梭梭，火燃时一种清香，大非石煤可拟。”④ 甘州府，“其炭，松其上，锁锁自毛目”⑤。肃州，“锁锁柴，性极坚重，可烧炭，极耐久”⑥。高台，“锁锁柴，生南北山沙中，性极坚重，可烧木炭，耐久”⑦。可知梭梭等物用于烧炭性质优良，所以当地百姓大量采伐梭梭烧炭。

除了采薪、烧炭等行为破坏了河西的地表植被外，清代当地百姓还从事挖甘草、药材及挖草根的活动，更加速了植被的退化。如鼎新县，“甘草，县属沙地产者最多，有两种夏季酒药商多至鼎，觅人工掘之”⑧。据记载，甘凉地区“出口颇多药材，以甘草为大宗”⑨。镇番县，“甘草，遍地滋蔓，人皆漠视，近因赎买力澎涨，采办络绎，实为药材一大宗”⑩。1921年修《新纂高台县志》卷二《舆地志·物产》：“高台地接祁连，药材极多，明清以降，次第发明者，以数十百计，远若新、陕，近则甘、凉、肃，皆取给焉。比年以来如羌活、大黄、苁蓉、黄柏、甘草等驼运出境者，动辄数百担。洵天然利源，土产之大宗也。”随着甘草等药材价值的增长，挖药材及甘草的人趋之若鹜。而且人们还刨挖箕笈

---

① （民国）《安西县采访录·三》，《诗·即事》。
② （民国）《安西县采访录·三》，《诗·即事》。
③ 《镇番遗事历鉴》卷七，世祖雍正八年庚戌，第273页。
④ （道光五年）许协修，谢集成等纂：《镇番县志》卷三《田赋·物产附》，第191页。
⑤ （乾隆四十四年）钟赓起：《甘州府志》卷六《食货·市易》，第624页。
⑥ （清）黄文炜：《重修肃州新志》，《肃州·物产》，第137页。
⑦ （清）黄文炜：《重修肃州新志》，《高台县·物产》，第377页。
⑧ （民国）张应麒修，蔡廷孝纂：《鼎新县志》，《舆地志·物产》，第684页。
⑨ （民国）《甘肃省志》第三章《各县邑之概况》第六节《甘凉道》，第91页。
⑩ （民国八年）周树清、卢殿元：《续修镇番县志》卷三《田赋考·物产》。

及红柳获利。如镇番县昌宁湖县西一百二十里之地，与永昌属之宁远堡接壤，“地基阔平，出箕笈红柳二种，居民籍以为利，又为兵民刍牧之地”[1]。此外人们在土地的开垦中，如若遇到树根等则皆除去。如沙州土地开垦中，“其生地内有荒墩、土堆，令其刨平，红柳树根，令其挖刨，将地面开垦平正，然后分畴迭埂，耕犁泡水”[2]。同时人们还挖草根代薪。如张掖县，“查张掖煤矿甚少，民间烧燃半用薪柴。而近年以来柴薪亦缺，故常有于冬日挖取草根之事，已成为习惯。须知草根既去，则明年即不能发生，牛羊食料即因之不足，此于畜牧事业大有妨碍。近来又加以挖根之弊，则草必日少”[3]。由于柴薪日减，人们冬天开始挖草根，这从根本上限制了草类的繁殖与滋长。

我们根据《敦煌县各种产物表》[4] 看，几乎各种草类及树株皆有被砍伐采获的可能。

表28 **清代敦煌县各种产物表**

木类	白杨	生最多，为地方主要木材	梧桐	野生，西湖最多
	青杨	生最少	沙枣木	作桌凳佳
	柳	为最要木材	柽柳（红柳）	为最要燃料
	榆	次多	桑	最少
	槐	生最少	大白杨	最多，为重要燃料
	椿	生最少	毛柳	栽渠堤最固
草类	芦苇	编席	稗	
	蒲	造纸	白刺	结果可染色
	灰蓬	烧灰和面	刺蓬	似灰蓬而多刺
	野麻	作燃料及盖房屋	苦苣菜	

① （乾隆十四年）张玿美修，曾钧等纂：《五凉全志》卷二《镇番县志·地理志·山川》，第225页。

② （清）黄文炜：《重修肃州新志》，《沙州卫·水利》，第490页。

③ （民国）白册侯、余炳元：《新修张掖县志》，《社会志·社会团体·畜牧场·富甘之畜牧谈》，第105页。

④ （民国三十年）吕钟：《重修敦煌县志》卷一《天文志·物产》，第76页。

续表

草类	马蔺	作纸草	冰草	生最多，可喂马，盐渍后可作绳索
	芨芨	作绳、编筐	蓝靛	草
	骆驼刺	骆驼最喜食，亦可作燃料	苦蒿	生最多，可肥田
	菸草	作旱烟用	萱草	
	羊乳蔓		狼蔓	
	莠			

从上表看，除桑、槐、椿、榆、青杨等数量较少的木类以及莠、狼蔓、羊乳蔓、萱草、稗等无用杂草之外，其他各种植被皆有利用之处。凡是裸露于地表的大多数植被都被包括在使用的范围内，大者如白杨、沙枣树，小者如梭梭、骆驼刺等，人们将其采获砍伐而不续加种植，导致地表植被破坏，地表裸露，沙漠化亦日益严重。

（三）土地抛荒

从清朝立国之始，就在河西大力招民开荒，但由于水源不足、天灾人祸等原因的影响，很多土地开垦以后即被抛荒。土地的抛荒加速了该地区土壤的沙化，导致环境及农业生产基础的恶化。早在明万历年间，镇番县就因为灾荒频仍、人口逃亡而将土地抛荒，如万历三十二年（1604）夏，“大河水竭，官民士庶，纷拥水神庙祈之。至伏天，田禾枯槁，地面龟裂，丰收无望。农民相率弃家逃徙，致使若干田园荒芜”①。清代顺治年间，镇番县由于饥荒人民外逃，土地荒芜，“是年大馑，乡民外徙者争先恐后，阻之不从，田亩多荒废”②。咸丰年间，由于水灾人民外逃，土地荒芜，“青土湖水光浩森，涛声轰鸣，居民患其害，避居沙窝。沿湖庄田，多荒芜弃置焉”③。所以水源不足与灾荒是导致清代河西土地抛荒的重要原因。乾隆三十七年（1772）陕甘总督文绶《陈嘉峪关

① 《镇番遗事历鉴》卷三，神宗万历三十二年甲辰，第125页。

② 《镇番遗事历鉴》卷五，世祖顺治十四年丁申，第211页。

③ 《镇番遗事历鉴》卷一〇，文宗咸丰六年丙辰，第423页。

外情形疏》中就曾对安西土地抛荒现象进行过叙述："查安西府属之玉门、渊泉、敦煌三县，虽土性碱松而可垦之地尚多，向藉渠水灌溉，前因渠水多寡不定，民间将昔年试垦之田渐次抛荒。臣于上年钦奉上谕，以安西一带有向经开垦之田，年来复有听其旷废等因，臣当即谆切饬查，并令广为招垦。"① 看来，由于水源不足，乾隆年间安西土地出现抛荒。

时至清末，由于政治的腐败，官吏横征暴敛，天灾的频仍，赋税的沉重，战争的爆发等一系列原因，民众纷纷外逃，土地抛荒现象变得更加严重：

惟自清末以来，由于骄治经济等原因，人口日少，荒芜日甚。其中尤以汉四郡所在地之敦煌、酒泉、张掖、武威四县内之荒地为多。盖所谓荒地者，生荒固居多数，而熟荒亦复不少。例如沙漠荒地中昔日之村落遗迹及沟渠田埂，到处可以发现，可以证之，我国历代注重边地屯垦，河西即为著名之屯垦区，惟屯垦屡废，不能持久，移民而不养民，垦荒而不防荒，欲其不荒不可得也。②

清末河西土地抛荒现象日甚一日，熟田抛荒者亦较为常见，导致昔日之村庄变为沙漠荒滩，加剧了河西的沙漠化。时至民国年间，抛荒范围日益扩大，"本区各县县境内荒地俯拾皆是，无县无之，大者数十万亩，小者万亩，而各县熟地抛荒，零星夹杂者尤多"③。再举敦煌县的情况为例，雍正三年（1725）迁徙户民至敦煌垦殖，敦煌农业获得复苏与发展，"荐岁丰登，无粜米，遂有官府采买之诏，是敦煌农业有实验矣"④。然而至清末敦煌农业却早已无复当年之胜景：

---

① 文绶：《（乾隆三十七年）陈嘉峪关外情形疏》，贺长龄《皇朝经世文编》卷八一《兵政十二·塞防下》。

② （民国三十一年）《甘肃河西荒地区域调查报告（酒泉、张掖、武威）》，《农林部垦务总局调查报告》第一号，第一章《概述》第二节《荒区沿革》，第1页。

③ （民国三十一年）《甘肃河西荒地区域调查报告（酒泉、张掖、武威）》，《农林部垦务总局调查报告》第一号，第一章《概述》第三节《荒区范围》，第2页。

④ （民国三十年）吕钟：《重修敦煌县志》卷三《民族志·四时风俗·农事》，第119页。

阳关、玉门关以外，荒圻数千里，阡陌沟洫，旧迹犹存者，惜无人耕种耳。清初，敦煌共户二千四百，现时不及二千矣。蚩蚩之氓，负担太重，多逃新疆。闻新省政府特辟沙湾县，招留安、敦、玉三县之难民。鱼藏于渊，雀徙于丛，谁之咎也？徭赋频仍，朝夕追逼，缧绁囚系之不暇，遑论农业耶？①

由于赋税沉重导致人口逃亡，土地被抛荒，形成荒圻数千里之景象，清末敦煌县已经无法与清初农业的岁岁丰登相提并论。时至民国时期土地抛荒亦愈演愈烈。如民勤县与安西县的土地抛荒即十分严重。民勤县，“全县荒地官荒约占荒地十分之六，民荒约占荒地十分之四。无人纳税之荒地约占民荒十分之一。有人纳税而不耕之荒地约占民荒十分之九”②。安西县，抛荒现象严重，荒地数量已超出耕地数。“全县有耕地37200亩，有荒地42000余亩。全县有官荒地亩12600余亩，民荒地亩29400余亩。”③ 现将民国时期河西各县抛荒土地数量整理如下：

表29 **民国河西走廊各县熟荒荒地面积表**④ （单位：亩）

县名	荒地面积	县名	荒地面积
永登	105765	民乐	
古浪	70675	临泽	20078
民勤	72669	高台	12228
武威	227622	酒泉	31751
永昌	13193	鼎新	6446

① （民国三十年）吕钟：《重修敦煌县志》卷三《民族志·四时风俗·农事》，第119页。

② （民国）《甘肃省二十七县社会调查纲要》，《甘肃省民勤县社会调查纲要一·土地与人口》。

③ （民国）《甘肃省二十七县社会调查纲要》，《甘肃省安西县社会调查纲要一·土地与人口》。

④ 本表所列荒地亩数，系根据民国二十六年各县政府之册报。

续表

县名	荒地面积	县名	荒地面积
山丹	12071	金塔	
张掖	84341	玉门	
安西	42199	肃北	
敦煌	219		
合计	699257		

表30　**民国武威、张掖、酒泉、玉门四县荒地查勘估计表**①　（单位：亩）

县别	荒地名称	面积	县别	荒地名称	面积
武威	新河滩	360000	酒泉	东坝土滩	450000
张掖	南滩	547500		黄泥铺滩	756000
	新沟滩	15000	玉门	黄水沟滩	13500
	兔儿坝滩	28125		火烧沟	248940
总计	2677065				

根据上面两表的统计，民国时期河西走廊荒地面积超过260万亩，其中熟荒面积接近70万亩，数额较大。而这些抛荒的土地是不断积累起来的，清代以来土地的抛荒应是形成民国河西土地日益荒芜的重要原因。

土地抛荒导致了环境的恶化，土地一经开垦而不耕种，随着风沙的侵袭以及雨水的冲刷，土壤的沙化就不可避免，更何谈农业的发展。“今则沃土成为沙漠者，比比皆是矣。移民而不养民，垦荒而不防荒，欲其不荒不可得也。”② 清代以来河西土地的抛荒导致大量沃土成为沙漠，加剧了河西走廊土壤的沙漠化，河西走廊农业发展受到影响。

① 两表源自（民国三十一年）《甘肃河西荒地区域调查报告（酒泉、张掖、武威）》，《农林部垦务总局调查报告》第一号，第一章《概述》第三节《荒区范围》，第2页。

② （民国三十一年）《甘肃河西荒地区域调查报告（酒泉、张掖、武威）》，《农林部垦务总局调查报告》第一号，第一章《概述》第三节《荒区范围》，第3页。

（四）捕杀野生动物

上文提到，清代河西走廊生存着不少野生动物。但随着人口的增长、土地的大量垦殖，植被的破坏，适于动物生存的空间日益减少。加之野生动物皮、毛、骨骼等具用较高的商业价值，人们通过捕杀野生动物以获取利润。这导致野生动物数量急剧下降，破坏了人与自然和谐共处的生态平衡。

清代以来野生动物皮、毛利润日益增长，如嘉庆二十三年（1818）镇番县晋商吴钦德素与邑孝廉王席珍善，"皮毛贸易俊发，幸获巨利，承王老夫子雅劝，输金三百两捐助文社。谢令为赠'德钦西陲'额"[①]。可知野生动物捕杀获利颇丰，导致野生动物捕杀愈演愈烈。据河西方志记载，河西走廊被捕获的野牲皮种类较多，大致包括：狐皮、狼皮、猞猁皮、哈儿皮等，[②] 甚至还有虎皮、熊皮[③]。河西祁连山被捕获之青羊皮、黄羊皮、扫雪皮、臭狗皮等年可达数千张。[④] 各县所产野生动物皮、毛等亦有所区别。如甘凉地区所产动物皮、毛等大致为："山产鹿、豹、狼、狐，尤以麝香、鹿茸、羊毛、驼毛、牛羊毛为大宗。"[⑤] 甘州府，则出产野马皮、麝香、虎骨等；凉州府出产羚羊角、野马皮等。[⑥] 古浪县，则出产"鹿茸，南山一带岁出百数十架，官商购去为入药贵品，最大者有四五尺，长十二叉，重六七十斤者。麝香，亦出南山中，猎户取之，每岁约值数千元。鹿干角，四川商人贩去以制鹿角胶，每年出约百十石"[⑦]。镇番县，出产狐皮、狼皮、狼獾皮、獾猪肉、獾猪皮、青羊肉、

---

① 《镇番遗事历鉴》卷九，仁宗嘉庆二十三年戊寅，第383页。

② （民国）朱元明：《甘肃省乡土志稿》第五章《甘肃省之农业》第五节《农产贸易》，第226页。

③ （民国）《甘肃通志稿》，《民族八·工》，第573页。

④ （民国）朱元明：《甘肃省乡土志稿》第五章《甘肃省之农业》第五节《农产贸易》，第226页。

⑤ （民国）《甘肃省志》第三章《各县邑之概况》第六节《甘凉道》，第91页。

⑥ （清）许容等：《甘肃通志》卷二〇《物产》，第559页。

⑦ （民国二十八年）马步青、唐云海：《重修古浪县志》卷六《实业志·物产》，第216页。

青羊角、黄羊肉、野马肉、土豹子皮等。[①] 其中狼獾皮与狐皮县境内多有，“獾娇小如狸，逃窜甚疾，猎人设陷阱可捕之。其皮价昂，制裘帽远胜于狐皮”[②]，“狐尤多，夹河、大滩堡诸地有世代以猎狐为生者”[③]，“狐，境内外颇多，县中猎人以捕狐为能事”[④]。肃州，出产相对较少，仅野马角、皮等。[⑤] 安西，出产豹皮、狐皮、狼皮、麝香、鹿茸等，[⑥] 大量的野生动物被捕杀。

随着野生动物的大量捕杀，动物数量下降。《新修张掖县志》所言张掖县的情况就具有代表性：

> 狐狸等野畜，向为地方一大出产，但以近年之情势推之，恐三五年间此等物或将绝种……据近年来之调查，所产野兽之数已不敌十年前之十一。恐再越二三十年，野牲恐将绝种。[⑦]

野生动物的捕杀，造成一些珍稀动物在某些县的消失。如前述清初镇番县有虎，但是到了民国时期镇番已经无虎了，“今境内无虎，常见者，狼獾而已”[⑧]。一方面生态环境的破坏造成珍稀动物的减少甚至灭绝，另一方面捕杀野生动物也将破坏人与自然和谐相处的生态平衡。

（五）水源地开荒

河西走廊农业灌溉仰赖高山积雪及大大小小的泉源湖泊，保护水源

---

① （乾隆十四年）张玿美修、曾钧等纂：《五凉全志》卷二《镇番县志·地理志·物产》，第235页。

② 《镇番遗事历鉴》卷六，圣祖康熙三十五年丙子，第242页。

③ 《镇番遗事历鉴》卷六，圣祖康熙三十五年丙子，第242页。

④ 《镇番遗事历鉴》卷七，世宗雍正十三年乙卯，第277—284页。

⑤ （清）许容等：《甘肃通志》卷二〇《物产》，第561页。

⑥ （民国）《甘肃省二十七县社会调查纲要》，《甘肃省安西县社会调查纲要二·产业与产品》。

⑦ （民国）白册侯、余炳元：《新修张掖县志》，《社会志·社会团体·畜牧场·富甘之畜牧谈》，第106页。

⑧ 《镇番遗事历鉴》卷六，圣祖康熙三十五年丙子，第242页。

实际上就是保护农田。而清代随着人口的增长，土地的减少，水源地开垦者日益增多，逐水而居、逐水开荒的现象并不少见。以镇番县的情况为例。史载：

> 镇番土沃泽饶，可耕可渔，人勇而知义，俗朴而风醇。按土地肥瘠视水转移，镇邑明末清初地广人稀，水足产饶，颇形优渥，自风沙患起上流壅塞，移圻开荒逐水而居者所在皆是。①

明末清初镇番县是地广人稀、水足产饶、颇形优渥之地，然而由于沙患常起、水源阻塞，逐水而居、逐水开荒者越来越多。自清初以后，镇番县开垦水源地之现象所在皆是：

> 当其时，镇邑人多地狭，粮糈不敷自用，加之沿湖新开之地，湫隘阴湿，春之将始，沼沼如泽，难以播种。待至夏节，勉可种植，收获无几。而柳湖远湖之地，沙地居多，一经春风涤荡，顿成干爽肥沃之区。无论夏秋田禾，俱能生长繁茂。一旦准垦，自食之需，何复虑哉！②

镇番民众开垦沿湖水源地由于水汽湿度过大，而收获无几，但距离湖泊稍远之沙地，由于土壤干爽肥沃、收获颇丰，已经被广泛开垦出来。以致形成了“以移圻开荒者，沿河棋布”③ 的景象。再如镇番县城西北清水河滩为大河的发源地，镇人于此建龙王庙，置地八亩，“但地远年沿碑记剥落，基址地亩半为临民蚕食”④，镇番当地百姓甚至将建于河源地的龙王庙基址地亩蚕食开垦一半。此外民勤县的鱼海子、白亭海、六坝

① （民国八年）周树清、卢殿元：《续修镇番县志》卷一《地理考·风俗》。

② 《镇番遗事历鉴》卷七，世宗雍正元年癸卯，第261页。

③ （乾隆十四年）张玿美修，曾钧等纂：《五凉全志》卷二《镇番县志·风俗志》，第255页。

④ （道光五年）许协修，谢集成等纂：《镇番县志》卷四《水利考·碑例·总龙王庙碑记》，第218页。

湖也被垦为田，“今则地多开垦，与白亭海地同而名称异耳”①。“嗣后生齿日繁并白亭海四面之地逐渐成田。”② 镇番的六坝湖，“在县东边外，距城三十余里，今垦为田”③。永昌县也是如此，“泉水出湖波，湖波带潮色，似赤卤而常白，土人开种，泉源多淤……近泉之潮波，奸民不得开种，则泉流通矣”④。可见永昌的近泉潮波地也被开种。

水源地开荒造成的影响是显而易见的。首先会导致下游水源减少，“殖民地辟、河流日微，将有人满地减之忧”⑤；“土人开种，泉源多淤”。也即水源地开荒，导致下游水流不畅，农田受损。其次会加速环境恶化，还以镇番县为例：

> 以移垦开荒者，沿河棋布，河水日细生齿日繁，贫民率皆采野产之沙米桦豆以糊口，河水既细，泽梁亦涸，多鱼无梦，惟蔡旗堡微有孳息，然百步之洼，所产无几。⑥

由于水源地开荒，导致镇番县环境的较大变化，由水族孳息至泽梁涸而多鱼无梦，由土沃泽饶至竟成往事。水源地一旦被开垦，势必导致水源的破坏及水量的减少，从而从总体上影响该水源流域的农业生产，并对该地区的生态系统造成破坏。

（六）破坏牧地

由于民众的盲目垦荒，清代河西走廊的草场牧地也遭到不同程度的破坏。“即系甘肃凉州之南山，林木丛杂最易藏奸，且升平日久，牧地渐

---

① （民国）慕寿祺：《甘宁青史略》副编卷二《甘宁青山水调查记中编》，第391页。

② （民国）慕寿祺：《甘宁青史略》副编卷二《河西四郡水道调查记》，第399页。

③ （民国）《甘肃通志稿》，《甘肃舆地志·舆地十一·水道三》，第158页。

④ （民国）《甘肃通志稿》，《甘肃民政志一·民政三·水利》，第28页。

⑤ （民国八年）周树清、卢殿元：《续修镇番县志》卷一《地理考·风俗》。

⑥ （乾隆十四年）张玿美修，曾钧等纂：《五凉全志》卷二《镇番县志·风俗志》，第255页。

稀。”① 而河西牧地破坏的重要手段即为牧地开荒。如乾隆十四年（1749）十月陕甘总督尹继善的奏折中言，山丹县属之大草滩，在雍正十二年（1734）设为甘提标营马厂，其余为民众采草之场，其中可以垦种者雍正十三年（1735）曾开垦地15顷80亩，又续垦顶补水冲沙压地256顷余亩，“现存未垦之区细加查勘，沙漏地高，均无渠水可溉，即饮食之水亦甚难得。况逼近雪山，气候早寒，每年交秋遇雨，常致冻结，米谷不能成熟，是大草滩余地实难收耕获之利”②。山丹县之大草滩已经开垦田地27000余亩，而其余未垦地则是由于实难收耕获之利，草场遭到破坏。

草场破坏的直接危害就是土壤的沙化。如金塔县之天生厂，“一片荒凉，前后数十里均是沙漠，虚名枉号天生厂，不是天然好牧场，水草无多沙碛遍，宛同塞外走穷荒”③。金塔县原来遍布牧草的天生厂牧场已经沙碛遍野，环境遭到破坏。

以上我们对清代河西走廊环境的破坏及成因做了探讨，不难看出，人为因素是河西环境变动的重要原因。人们砍伐林木、采薪烧炭挖野生植物、破坏牧地等，破坏了地表植被，使许多固定沙丘变为移动沙丘；水源地开荒，导致水源日稀、下游水量减小，加剧了下游沙漠化过程；捕杀野生动物等，破坏了人与自然和谐相处的生态平衡；土地的抛荒，使得大量农田弃耕，沙漠化速度加快。所有这些人为因素结合在一起，导致清代河西环境的恶化。

四 环境变动对河西走廊灌溉农业发展的制约

环境的破坏对河西农业的影响是显著且深远的。下面我们对清代河西环境破坏对农业发展的制约作用进行探讨。

---

① （民国）慕寿祺：《甘宁青史略》正编卷一九，第23页。

② 《乾隆十四年（1749）陕甘总督尹继善十月初一日（11月10日）奏》，《清代奏折汇编——农业·环境》，第112页。

③ （民国二十五年）赵仁卿等：《金塔县志》卷一〇《金石·诗》。

（一）森林砍伐对河西农业的影响

据文献记载，清代河西走廊森林破坏较为严重，所存森林面积下降，分布零星。森林的破坏对河西农业的制约是显而易见的。对此清代相关记载较为缺乏，而民国时期的诸多文献却对清代河西走廊森林破坏对农业的影响进行了记载。总体而言：

> 河西森林破坏后，所生之恶果，至为显著：（1）河西积雪减少，各大小河流水源不旺，盈枯不时。（2）河流水少灌溉不足，致成旱灾。（3）雪水减少，使平原上之地下水位降低。（4）农作物及草类生长不茂。（5）空气干燥，雨量减少。（6）塞外流沙南侵，压没村落农田，漠风为害，沃野变为沙碛。①

森林的减少对河西农业发展造成的影响显著而且全面，会导致水源减少、旱灾频发、地下水位下降、农作物生长艰难、降水减少、沙漠入侵等危害。

> 森林对于河西水利之关系：1. 水量来源减少。2. 地下水位降低。3. 降雨量逐年减少。4. 湿度减低，下降不匀。5. 生产量逐年减低。6. 瑞雪之积，一化而尽。7. 沙压地亩，惟此可防。8. 畜牧不繁，牲畜奔散。9. 柴木供给，逐年缺乏。10. 土地河岸，树根为固。②

森林减少对河西水利的影响亦甚为剧烈，除了会导致水量减少、地下水位降低、湿度降低及降雨量减少外，甚至社会生产的诸多方面皆会受到影响，会导致农产量降低、畜牧业衰颓、沙漠入侵等后果。

---

① （民国三十一年）《甘肃河西荒地区域调查报告（酒泉、张掖、武威）》，《农林部垦务总局调查报告》第一号，第七章《农业经营》第九节《森林》，第47页。

② （民国）江戎疆：《河西水系与水利建设》，《力行月刊》第八卷《水利整治》。

本省地居黄土高原区域，原以土质肥沃、农产富裕，故为我民族发源地，惜后因砍森林缺乏，土壤遂失其包含水份之功能，加以垦殖无方，工作方法不知改善，致使土地利用失调，使地质疏细之黄土，渐受雨水冲蚀而流走，良田败坏、沟壑纵横，耕田面积日见支碎，又因施肥不足，年年继续消耗地力，以致土地单位面积生产力亦因之而逐渐减低，乃使农村经济衰微，更无余力以改良土地，影响所及更加速土壤冲蚀、土地破坏，故今日之濯濯童山，往昔亦系满被葱立森林，不毛之沙漠原属良田。①

森林砍伐导致土壤肥力下降、耕地面积受雨水冲蚀日见破碎、土地产量降低、良田变为沙漠、农业经济衰微等，影响巨大且深远：

原有森林摧毁净尽，如河西一带童山濯濯平原荒芜，气候无以调和，农田失其保护，近年以来非旱魃为虐，即洪水肆灾，或冰雹打毁田禾，或飞沙掩没田土，每年农产损失之巨不可胜记。②

森林砍伐导致灾害频发、农业受损严重。再如，森林砍伐积雪日少，导致河西走廊水资源恶化：

其特象有四：空气干燥，雨量稀少；地下水枯，井水较他省为少。有泉亦多苦咸；祁连山侵入雪线，故雪水独多；境当西北高地水源之部，诸河多水浅流急之患，惟黄河水势甚大。③

森林砍伐导致水质恶化、水患增多并危及农业灌溉。具体到各县，

① （民国）朱元明：《甘肃省乡土志稿》第六章《甘肃省之林业》第八节《水土保持》，第289页。

② （民国二十五年）李廓清：《甘肃河西农村经济之研究》第三章《河西农村经济破产之原因及救济之意见》第二节《救济河西农村经济之意见》，胶片号：26532。

③ （民国）《甘肃省志》第四章《山水志略》第二节《志水》，第117页。

其农业亦深受森林砍伐的影响，如武威县，“其浇灌有山水有泉水，山水浇者十之七，往者林木茂密厚藏冬雪，滋山泉，故逢夏水盛，今则林损雪微，泉减水弱，而浇灌渐难，岁惟一获”①。林损雪微，收成减少。可见森林砍伐及破坏植被，导致水源日小，各种自然灾害频仍、沙漠化加剧，农业损失甚巨。

（二）沙患对清代河西农业的影响

沙患对河西农业的影响最显著的表现为沙压田禾与土地沙化。如顺治七年（1650），镇番县何孔学由功贡出任北直杨村通判，到达镇番后发现，“镇番沙压陪粮甚多”②。乾隆年间镇番县，“飞沙流走沃壤忽成邱墟，未经淤塞者遮敝耕之，陆续现地者节次耕之，一经沙过土脉生冷，培粪数年方熟”③，沙患导致镇番县耕地沙化、肥力下降。“镇地风大沙狂，气温寒凉，西外渠、东渠等多处，几被风沙埋压净尽。又兼水淹，竟无可耕之田。流亡人众，接踵道路，县民凄惨之状，未有甚于其时者也。”④ 沙患导致镇番耕地被埋压净尽，“竟无可耕之田”，人口逃亡。至清末，镇番县沙漠已占镇番全县面积的60%，“俗谓镇番疆域沙占之十六，人占十之四，不诚然哉”⑤。并且出现沙进而人无处退的窘境，“然将徙城以避沙，则处处飞来，迁地弗良”⑥。金塔县也是如此，“本县地处沙漠常以风旱为灾，田地多被沙压，人民四散流离”⑦。沙患导致田地被压，土地沙化，人口逃亡。乾隆三十三年（1768）五月十二日陕甘总督吴达善奏折中记载：“甘州府属张掖县四月十七日（6月1日）等日被

① （乾隆十四年）张玿美修，曾钧等纂：《五凉全志》卷一《武威县志·风俗志》，第63页。

② 《镇番遗事历鉴》卷五，世祖顺治七年庚寅，第205页。

③ （乾隆十四年）张玿美修，曾钧等纂：《五凉全志》卷二《镇番县志·地理志·田亩》，第228页。

④ 《镇番遗事历鉴》卷一二，民国十八年己巳，第522页。

⑤ （民国八年）周树清、卢殿元：《续修镇番县志》卷一《地理考》。

⑥ 《镇番遗事历鉴》卷一一，德宗光绪三十四年戊申，第476—480页。

⑦ （民国三十年）《金塔县采访录》七《财政类·历年田赋及税捐经征状况》。

风，沙压田禾，微有损伤。时值芒种以前，正可补种晚禾。”[①] 由于沙压田禾，甘州府张掖县需要重新种植晚禾。再如临泽县，沙患填埋河渠，导致农田受旱：

> 惟其中八、九坝两渠人口稀少，灌田无多，自应较易整顿。所困难者，该两渠渠身北靠沙漠，南近河岸，每逢风吹，即致被沙起，最易淹蔽渠身，渠身一经沙填，水即不流，缘水少地多，年年受旱。[②]

沙患导致河西耕地被压，土地沙化、土壤肥力下降，农业发展受阻。沙患成为制约清代河西农业经济的一个重要因素。

（三）水患对河西农业的影响

随着水源涵养林被砍伐，导致河西走廊山洪，水患频发，农田被淹，民众逃亡，土壤盐碱化加剧。水患对河西农业的影响甚剧。咸丰六年（1856）四月，镇番县青土湖涛声轰鸣，居民纷纷逃避，“沿湖庄田，多荒芜弃置焉”[③]，水患导致土地抛荒。“一遇山水洪大堤坝即溃，水入柳湖，河渠干涸，熟田受病，遑论垦辟。”[④] 水患之下农田被冲、河渠干涸，农耕废弛。镇番“自西河为患以来，往往以倒折之水淹没居民田庐，田庐既尽贫民无地可耕，不能不奔走他方，自谋生计”[⑤]。水患淹没田庐，人们无地可耕不得不四处逃亡，土地随之抛荒。再看张掖县的情况，乾隆三十年（1765），“县境黑河水势汹涌，附近田亩岁有冲坍，且多咸

① 《乾隆三十三年（1768）陕甘总督吴达善五月十二日（6月26日）奏》，《清代奏折汇编——农业·环境》，第229页。

② （民国十八年）《临泽县采访录》，《艺文类·水利文书·民国十八年倡办水利程度报告书》，第528页。

③ 《镇番遗事历鉴》卷一〇，文宗咸丰六年丙辰，第423页。

④ （民国八年）周树清、卢殿元：《续修镇番县志》卷四《水利考·河防》。

⑤ （宣统三年）《镇番县志》，《贡赋考》卷四之一《户口》。

碱，不堪种植”①。河患导致土壤的盐碱化，作物不堪种植。再看古浪县，城东山水陡发，将河西渠道冲断，“每岁六七月间山水与河水为害，田禾常被淹没，反不如旱田之薄有收成”②，河患导致该县收成降低。再如高台河，光绪二十九年（1903）河水泛滥，近河永安渠田地被冲，“计共四百七十六亩，正粮四十七石七斛，耗粮七石七斗，小草一千八百五十三束，合二十一斛，大草六百一十七束零”③。河患导致400多亩田地被冲，赋税无着。又如肃州红水坝，“但此水涨，先年将果园、地亩，漂崩不知几千顷”④。水患淹没果园、地亩，给农业造成巨大损失。临泽县也是如此。由于黑河水发给临泽农业造成了较大影响，“黑河秋雨连绵，山洪暴发，两岸农田被山洪冲破者不少”⑤。“黑河北岸，历年被水冲跌田亩甚多”⑥，河患频仍，农田被冲。森林砍伐导致河患频仍，田禾村庄被淹。水患是制约河西农业发展的又一重要因素。

（四）河流湖泊干涸对河西农业的影响

河流湖泊干涸对农业的影响是十分明显的，失去了水源灌溉，农作物也就无法生长，更遑论农业的发展了。如临泽九眼泉，“今则源微流细，田亩亢旱”⑦。敦煌党河，“迩来河流日渺，农业之仰给不足”⑧，由于河水量减少，“灌田不足”⑨。临泽县属南五渠、五眼渠，“以故河流浅涸，因之该五渠连旱数年，民不聊生”⑩。高台县也由于水源干涸，导致“少数地亩迭遭旱灾，产粮不足自给”⑪。古浪铧尖滩地亩，由于河水微

① （宣统元年）长庚：《甘肃新通志》卷六一《职官志·循卓下》，第189页。

② （民国）慕寿祺：《甘宁青史略》正编卷一九，第15页。

③ （民国十年）徐家瑞：《新纂高台县志》卷五《人物·善行》，第319页。

④ （清）黄文炜：《重修肃州新志》，《肃州·水利》，第76页。

⑤ （民国三十二年）《创修临泽县志》卷一《舆地志·山川》，第37页。

⑥ （民国三十二年）《创修临泽县志》卷一三《金石志·平川石人》，第361页。

⑦ （民国三十二年）《创修临泽县志》卷一《舆地志·山川·井泉池附》，第43页。

⑧ （民国三十年）吕钟：《重修敦煌县志》卷一一《艺文志下·入山疏凿党河源悬匾龙王庙以志神庥序》，第583页。

⑨ （民国）《敦煌县各项调查表·敦煌水道调查表》。

⑩ （民国十八年）《临泽县采访录》，《艺文类·水利文书》，第527页。

⑪ （民国三十六年）冯周人：《高台县要览》第五章《人口》，第529页。

细，最后荒芜。[1] 类似例证颇多，不再一一列举。

（五）沙尘暴对河西农业的影响

清代以来河西走廊的沙尘现象日益严重，并日益成为制约河西农业发展的另一重要因素。清代镇番县受风沙的影响甚为剧烈，“刮尽田间籽粒，拔苗逐种，侵伤于斯为盛，饥馑因而荐臻，未有如今日者”[2]。沙尘将籽粒刮尽，农业颗粒无收。康熙九年（1670）六月，镇番县“飓风，漫天沙尘，田禾被灾者十之八九”[3]。雍正十二年（1734）由于风沙过巨，故镇番县作“祭风表”：

> 夏之月，阖邑祭风伯，建醮于玄真观，凡所士民，咸雍雍肃肃，未敢稍怯。卢公生华作“祭风表”，略曰：……迩来，狂飕肆虐，阴霾为灾。黑雾滔天，刮尽田间籽粒；黄沙卷地，飞来塞外丘山。鬻儿卖女，半是被灾之辈；离家荡产，尽为沙压之民。此日之播种无资，将来之供赋安处？征之风必扬沙，乃知箕离于月。拔苗逐种，怨气与风气交加；呼天吁地，号声协沙声并列。侵伤于斯为盛，饥馑因而荐臻，未有如今日者。[4]

沙尘导致田间颗粒无收，使得塞外沙丘侵入，民众离家荡产，沙尘对农业的影响甚剧。风沙加速了沙漠的入侵，并导致土壤沙化。“甘肃各地每逢春季时有狂风暴作，因河西之流沙逐年内迁，为目前之一大严重问题。”[5] 沙尘暴加速了河西流沙的内迁，严重制约河西的农业生产。安

---

① （乾隆十四年）张玿美修、曾钧等纂：《五凉全志》卷四《古浪县志·地理志·山川》，第 458 页。

② 《镇番遗事历鉴》卷七，世宗雍正十二年甲寅，第 275—276 页。

③ 《镇番遗事历鉴》卷六，圣祖康熙九年庚戌，第 227 页。

④ 《镇番遗事历鉴》卷七，世宗雍正十二年甲寅，第 275—276 页。

⑤ （民国）朱元明：《甘肃省乡土志稿》第三章《甘肃省之气候》第六节《风》，第 186 页。

西就因为风沙影响，“农事颇感困难”[①]，农业生产受风沙影响而不能顺利开展。金塔县，“每遇劲风一□而禾苗咸被其萎颓，十年之中丰稔者少，凶歉者多”[②]。沙尘导致禾苗萎颓，收成难保。清代沙尘已经对该地的农业生产和民众的生活造成巨大影响，沙尘之下农业歉收，民众流离失所。

（六）旱灾对农业的影响

清代日益频繁的旱灾对河西走廊的农业影响同样十分明显，导致该地区赤地千里，禾稼枯焦，颗粒无收。如乾隆二十一年（1756），镇番县发生大旱，“秋禾被灾甚钜，草场如洗，牧人多叹息之声”[③]。乾隆四十七年（1782），镇番旱灾，“秋禾被害，糜谷青秕，几无收获”[④]。民国时期的资料称，民勤县“农民衣褴褛食糠麸住茅由处不得，推其痛苦原因半由灾旱频仍收获无几”[⑤]。旱灾使得农业无所收获，人民生活困苦。再如武威县，也由于受旱灾的影响，导致“地利之生产太少，常年之负担太重”[⑥]。又如安西县，每年最为剧烈的灾害是旱灾与风灾，“安西农田灌溉泉水及雨水各居其半，雨水田地若天乏不雨，必成重灾”。可见旱灾对河西农业的影响甚巨。

综上所述，清代河西农业开发在促进该地区社会经济发展的同时，一系列的环境问题也随之产生，如植被的砍伐、土壤的沙漠化、河流的干涸与风沙的肆虐等。同样这些环境问题又反过来限制了河西农业的进一步发展，如土壤的盐碱化加剧、河患风灾等导致的农田受损、农产量减低、沙压田禾等。环境的破坏已经成为制约河西农业发展重要因素。

---

① （民国二十五年）李廓清：《甘肃河西农村经济之研究》第一章《河西之农业概况》第一节《自然环境》，胶片号：26388。

② （民国二十五年）赵仁卿等：《金塔县志》卷二《人文·农》。

③ 《镇番遗事历鉴》卷八，高宗乾隆二十一年丙子，第314页。

④ 《镇番遗事历鉴》卷八，高宗乾隆四十七年壬寅，第332页。

⑤ （民国）《甘肃省二十七县社会调查纲要》，《甘肃省民勤县社会调查纲要·四农业与农村》。

⑥ （民国）《甘肃省二十七县社会调查纲要》，《甘肃省武威县社会调查纲要·四农业与农村》。

五　清代河西走廊环境的保护

上文我们对清代河西走廊环境的破坏及其对农业造成的影响进行了论述，可知清代是河西走廊环境变动的重要时期。然而我们却从文献当中看到，清代在河西地区还采取了一些环境保护的措施，如保护林木、植树造林与禁止无度开荒及樵采等。这在一定程度上保护了河西走廊的环境，有利于减缓河西走廊环境恶化的速度。

（一）保护林木

清代河西走廊较为注意保护水源林木，严禁砍伐，对现有的树木森林进行保护。如据《甘州府志》“八宝山来脉说”“八宝山松林积雪说”“引黑河水灌溉甘州五十二渠说”等文的记载，我们可以看到清代官员对河西森林重要性的认识。“八宝山来脉说”云：

> 黑河流出北雪山，开渠五十二道灌溉甘州水田，为甘郡黎庶生计。是以八宝山之积雪其功大矣。雪融助河，收水利以敷灌溉之用；若雪小水歉，则五十二渠大有艰涩窘乏之害。甘府之丰歉总视黑河雪水之大小。所以永远禁止樵采，盖为四郡风水攸关，司兹土者，当何如敬慎与！因作八宝山说，记其大概以贻后之同志者。嘉庆七年（1802）孟春宁夏将军兼甘肃提督丰宁苏宁阿记。[①]

“八宝山松林积雪说”云：

> 一斯门庆河西流至八宝山之东，汇归黑河而西，绕过八宝山而北流出山，至甘州之西南灌溉五十二渠，甘州人民之生计全依黑河之水，于春夏之交，其松林之积雪初溶灌入五十二渠溉田，于夏秋

① （乾隆四十四年）钟赓起：《甘州府志》卷四《天文·山川》，第425页。

之交二次之雪溶入黑河，灌入五十二渠，始保其收获，若无八宝山一带之松树，冬雪至春末一涌而溶化，黑河涨溢，五十二渠不能承受，则有冲决之水灾，至夏秋二次溶化之雪水微弱，黑河水小而低，则不能入渠灌田，则有报旱之虞，甘州居民之生计全仗松树多而积雪，若被砍伐不能积雪大为民患，自当永远保护。嘉庆七年（1802）孟春宁夏将军兼甘肃提督丰宁苏宁阿记。①

“引黑河水灌溉甘州五十二渠说”云：

黑河出山后，至甘州之南七十里，上龙王庙地方，即引入五十二渠灌田，甘州永赖以为水利。是以甘州少旱灾者因得黑河之水利故也，黑河之源不涸乏者，全仗八宝山一带山上之树多能积雪，溶化归河也，河水涨溢溜高方可引以入渠，若河水小而势低不高则不能引入渠矣，所以八宝山一带山上之树木积雪，水势之大小，于甘州年稔之丰歉攸关。嘉庆七年（1802）孟春宁夏将军兼甘肃提督丰宁苏宁阿记。②

从此三条资料来看，清代的一些官员已经认识到河西走廊森林的多寡具有的重要意义，即森林可以积雪，又可以涵养水源，还能保持水土，河西农业生产仰赖于森林所积之雪，积雪多则河流水量亦大，农业收成就有保证，故着重强调要保护森林。再如，道光初年山丹县署邑令许乃谷曾作诗《仲春登焉支山查勘松林放歌》云：

无草众山死，有树一山活，硖口况无水一勺，只仗冬春冰雪积，五月消融灌阡陌，山灵为守羊湖口，不许樵夫荷锄走，须知松即是

① （乾隆四十四年）钟赓起：《甘州府志》卷四《天文·山川》，第431页。
② （乾隆四十四年）钟赓起：《甘州府志》卷四《天文·山川》，第433页。

苍龙，龙在何愁水危漏。①

许乃谷认为，植被遍布山野，则水源丰沛，松林乃司雨之苍龙，森林对水源的涵养具有重要作用。此外，清代河西其他各地官民亦对森林所具有的水源涵养作用有明晰认识，如“且山水之流裕于林木蕴于冰雪，林木疏则雪不凝，而山水不给矣”。“泉水出湖波，湖波带潮色，似赤卤而常白，土人开种泉源多淤，惟赖留心民瘼者严法令以保南山之林木，使荫藏深厚，盛夏犹能积雪，则山水盈流，近泉之潮波，奸民不得开种，则泉流通矣。”② 皆强调森林与河西水源的紧密关系。乾隆二十九年（1764）二月，镇番县积沙拥城，官员上奏：“镇番邻近边塞，今东西北三面内外砂与城齐，几无城垣形迹。先富劝民刨运砂土，于近城处种柳成林，俟足御风砂之后，始可徐议修葺。”③ 看来，官员对于植树防沙亦有清晰的认识。

除对林木的重要性有清晰认识外，清代河西各地还将保护林木落到实处，采取切实措施保护森林。如（民国）《甘肃河西荒地区域调查报告（酒泉、张掖、武威）》记载：“清制如入山採林之人数、时期、数额，皆有严格限制，滥採滥罚著为禁令。”④ 可知清代从入山採林之人数、时期、数额，皆有严格限制。再如乾隆二十八年（1763）十二月，官员阿思哈为了多留木植荫雪灌田，向皇帝上疏，于甘凉一带山木出口之处派员稽察，以防森林被伐，“请派员稽察一摺，盖为多留木植荫雪灌田起见，所言殊切事理，著将原摺钞录，于该督杨应琚奏事之便寄与阅看，令其留心查办以利农田”⑤。又如东乐县光绪年间，由于百姓私砍水源大木导致争水，因而官府规定不得砍伐老林树木，以保护水源：

---

① （道光十五年）黄璟、朱逊志等：《山丹县志》卷一〇《艺文·诗钞·仲春登焉支山查勘松林放歌》，第525页。

② （民国）《甘肃通志稿》，《甘肃民政志一·民政三·水利》，第28页。

③ 《清高宗实录》卷七〇五，乾隆二十九年二月辛亥，第881页。

④ （民国三十一年）《甘肃河西荒地区域调查报告（酒泉、张掖、武威）》，《农林部垦务总局调查报告》第一号，第一章《概述》第四节《荒芜原因》，第4页。

⑤ 《清高宗实录》卷七〇〇，乾隆二十八年十二月乙未，第833页。

又于光绪二十七年（1901）山丹县属南滩十庄户民藉采薪之名私入西水关口偷伐水源大木，坝民与该十庄户民互控府县各衙门，有甘州府诚张掖县杜山丹县郑东乐分县蒋断案碑文照录：……双寿寺距西水关约有十五里之谱，既不可碍东乐民人水源，亦不可断山丹人民烟火，除西水关以内林木甚繁自应严禁入山以顾水源，自西水关以外以五里留为护山之地，不准采薪，尚有十里至双寿寺即准采薪以资烟火，凡十五里山场作为三分，以二分地顾烟火，以一分地护水源，打立界碑永远遵行，并令采薪人民入山时只准用镰刀不准用铁斧，如有砍伐松柏一株者查获罚钱二十串文充公使用，并照案出示晓谕以使周知，该两造士民当堂悦服，各具遵结附卷完案，详蒙府县批准并移东乐、山丹存案，俟又控经山丹县断令两县分界仍照大河为准，所有老林树两县均不准砍伐以护水源，尹家庄、展家庄用镰刀砍伐烧柴只在老君庙以下，老君庙以上无论何县田地均应保护林木不准砍伐，如有犯者从重处罚，各具有遵结完案，尔士民等自应遵此断案，公立界碑以息讼端而垂久远……光绪二十七年（1901）八月二十日立。①

光绪二十七年（1901）所立碑文对采薪的地点、采薪的工具、处罚的措施等，都有严格规定，且无论何人皆不得砍伐老林，即使用镰刀砍伐烧柴之地，亦有明确限制，如有违者从重处罚，对森林的保护不可谓不严。再如清嘉庆时期名宦苏宁阿为防止奸商开采八宝山，特铸铁牌以保林木：

有商民请开八宝山铅矿，大吏已允如所请，特以地处甘提，征求提督同意，苏乃亲往履堪。见八宝山松柏成林，一望无涯，皆数百年古木，积雪皑皑，寒气袭人。欣然曰："此甘民衣食之源，顾可徇一二奸商之意，牺牲数百年所培之松林耶？"（恐矿徒伐森林，以

① （民国）徐传钧、张著常等：《东乐县志》卷一《地理志·水利》，第426页。

致水源不足）。乃反对开矿，专折奏明，幸沐允从。用铁万斤，铸“圣旨”二字，旁注：“伐树一株者斩”，是认八宝山森林为国所有，后之守土者随时严禁，以保水源，则有功于张掖者甚大。[①]

苏宁阿在实地勘测八宝山林木状况后，认为八宝山之林木为甘民衣食之源，故反对开矿，上奏朝廷，并在山脚铸铁牌，上书明砍树一棵处斩。可见清王朝对于河西林木的重要性有清楚地认识，并采取切实措施保护该地区之林木。

（二）植树造林

除了采取措施保护现有森林资源外，清朝还积极劝导民众植树造林，一些官员还以身作则积极植树造林。如清代甘肃官员何大璋曾撰文劝民种树：

盖树木所以佐五谷之不足，供梁栋之用，资爨薪之需，制器物、荫行路，皆吾民之取益也……今时值春融正当种植之候，凡尔士民择其地所宜，树木无论桑柘榆柳以及桃李枣杏，实繁易成者，于河旁池泮并道左地角悉行栽植，或五尺一株，或一丈一株，不使地有空闲，较之田亩所种不纳税租，不烦耕锄，不忧水旱，因地之力而坐收厚利，可以济贫乏，赡子孙。[②]

何大璋认为，树木可以佐五谷，供梁栋，资爨薪，制器物，荫行路，有百利而无一弊，即从经济发展及利民生的角度强调植树的重要性。乾隆五十三年（1788），彭以懋调任敦煌，“每岁孟春饬令每户树木”[③]。再如《金塔县志》记载，“光绪五年（1879），左文襄公驻肃，教民多种林

① （民国）白册侯、余炳元：《新修张掖县志》，《人物志·名宦》，第343页。
② （宣统元年）长庚：《甘肃新通志》卷九三《文》，第594页。
③ （道光十一年）苏履吉修，曾诚纂：《敦煌县志》卷五《人物志》，第209页。

木，发给桑籽，更令民种桑，颁有劝民种树歌”。[①] 官员采用歌谣这种喜闻乐见的形式劝民种树。

除劝导民众植树外，地方官员还能够以身作则，真正做到植树造林，造福一方。如镇番县官员皆重视植树造林，康熙四十三年（1704），镇番县孙克明等募赀修葺苏武庙，筑土屋数间，佣人看守，专行种植树木之责。“是年栽植香椿二十株，土榆五十株，紫槐三十株，杨树二千株，沙枣二千株。”[②] 张子白任镇番知县期间，亲自率领家仆植树，“常乘橐驼行边，连旬日不返，手画而口示，盖种柳掘壕以万计，而民益劝。君尝语所亲曰：使复数年俾壕尽成而柳尽活，数世之利也”[③]。乾隆五十二年（1787）三月，镇番县令倡率植树，“东西大河堤干遍插杨柳，武镇大路设段分栽沙枣”[④]。嘉庆十一年（1806），镇番县令亲率民夫七百名，沿河植树，“共植杨树三千株，沙枣一千五百株，柳条一万八千八百余棵”[⑤]，“沿河两岸，遍植杨柳，以护堤身”[⑥]。

河西走廊其他各县官员亦能尽力植树。乾隆四十六年（1781），永昌知县李登瀛认为城外适宜种树，故与邑绅南济汉、谢弼翰、方毓伦自东门壕边至西门植白杨八百余株，“城隍行宫前、学田中尤伙”[⑦]。嘉庆六年（1801），山丹知县黎建三，“洁已爱民，栽树株，修河坝”[⑧]。道光年间敦煌县知县许乃谷，沿党河沿流“植柽柳万株，榜曰‘柳桥’”[⑨]。光绪元年（1875）左宗棠西征新疆时，为便于运兵、运粮草，对甘新公路进行整修，路宽三至十丈，两边植上树木，派专人管护。曾有告示云：

---

① （民国二十五年）赵仁卿等：《金塔县志》卷二《人文·林》。

② 《镇番遗事历鉴》卷六，圣祖康熙四十三年甲申，第246页。

③ 程同文：《送张子白还镇番序》，贺长龄：《皇朝经世文编》卷二一《吏政七·守令上》。

④ 《镇番遗事历鉴》卷八，高宗乾隆五十二年丁未，第338页。

⑤ 《镇番遗事历鉴》卷九，仁宗嘉庆十一年丙寅，第365页。

⑥ 《镇番遗事历鉴》卷一二，中华民国四年乙卯，第499—500页。

⑦ （嘉庆二十一年）南济汉：《永昌县志》卷五《官师志·知县》。

⑧ （宣统元年）长庚：《甘肃新通志》卷六一《职官志·循卓下》，第189页。

⑨ 许乃谷：《附创修党桥碑》，（民国三十年）吕钟：《重修敦煌县志》卷四《交通志·桥梁》，第132页。

“谁引春风，千里一碧，勿剪勿伐，左氏所植”，后人把这些树称为左公柳。[①] 光绪十九年（1893），甘肃部堂陶又散给桑籽，“饬金塔王子庄州同詹廷镛播民种桑，亦有成活者”[②]。此外雍正时期甘州府屯官慕国琠还注意在水渠两岸及沙丘之间植树，以固渠防飞沙，“岸旁插柳二千余株，绿树浓荫风回沙落，树长根行盘绕交固矣。由双泉至大墩约十八里，中有骆驼脖，曲折高峰，渠深如涧，地土性坚难于刨挖者千有余丈，此外半在沙山之内，故亦种树以隔飞沙”[③]。又如乾隆年间肃州官员为了解决居民的柴薪问题而种树造林。据载，肃州官民所用薪柴，需远从王子庄边墙外采取，往返需八日，路途遥远，为了解决民用薪柴问题，郡伯康基渊积极栽树植柳：

> 于东北郊关外相得湖地废滩二区，不堪艺禾适堪种树。因劝城东、黄草、沙子、河北四坝于农隙协力浚深沟洫以泻碱卤，种植杨柳十万余株，引各坝灌田余水浸浇。虑官为经理久滋弊废，擢坝民之有行谊者董理其事，详明各宪照下则例按亩升科，俾永为民业。建立民亭三楹，守户住屋八所。于今树已成株，间有剥损，每春坝民不烦董劝自为树植，盖愚民亦知为己利而不遗余力也。十年之计在木，转瞬樵薪合郡农末均沾惠利矣，又广谕乡堡种植于总寨屯军营临水图尔等坝，弥望树荫锺而增者利更无穷。[④]

肃州郡伯康基渊在东北郊关外湖地废滩二区种植杨柳十万余株，水源为各坝灌田余水，并派专人管理该片林地。可见清代是重视在河西地区的植树造林活动的，并且将其付诸实施，造林插柳，不遗余力。

以上对清代在河西的造林护林举措进行了探讨，那么其效果如何？

---

① （民国）白册侯、余炳元：《新修张掖县志》，《交通邮政志·公路》，第223页。

② （民国二十五年）赵仁卿等：《金塔县志》卷二《人文·林》。

③ 慕国琠：《开垦屯田记》，（乾隆四十四年）钟赓起：《甘州府志》卷一四《艺文中·文钞》，第1518页。

④ （光绪二十二年）吴人寿修，张鸿汀校录：《肃州新志稿》，《文艺志·康公治肃政略》，第698页。

清代文献对此记载阙如，我们仅从民国时期的相关记载来进行探讨。从民国时期的资料看清代对河西环境的修护取得了一定效果。如（民国）《甘肃河西荒地区域调查报告（酒泉、张掖、武威）》中云：

> 清制如入山采林之人数、时期、数额，皆有严格限制，滥采滥罚著为禁令，政府人民互相遵守，寓保护于禁止之中，用意深远，其效亦甚显。民初仍沿用旧制，虽时有非法采伐，究属少数，故民十五六年（1926、1927 年）以前，虽有旱灾，然远不及近年来之严重。①

从“政府人民互相遵守”“其效亦甚显”等可见，清代对河西森林的保护措施取得了效果。又据《创修临泽县志》载：“前清时为保持水源，严禁砍伐，并于甘州提署铸有铁牌，悬为厉禁，迨后禁令废驰，无人保护。近年以来森林操于驻军，滥事采伐，影响水利甚巨”②，“民初尚沿用清制，但旋以内政紊乱，地方不靖，旧规尽废，滥伐乃大盛”③。从“迨后禁令废驰，无人保护”可见，清朝对林木的保护政令在其推行初期是取得了预期的成效的，而在清朝末年开始废弛，森林遭到破坏。

（三）禁止无度开荒及樵采

面对由于过度垦荒而造成的环境破坏与土地沙漠化，清代河西走廊一些地方官员积极主张禁止无度垦荒，开源节流。各地的方志对此多有记载，此处以镇番县的情况为例作一说明。

事实上早在明代镇番县就对擅自垦荒者进行规范。明万历年间，邑人王珠等擅开新荒而受到处罚，“依律罚麦四斗，大草一百束。民人畏之”④。嘉靖年间，邑人孙玉青等，欲下湖拓地而受到笞刑处罚，“卫守

① （民国三十一年）《甘肃河西荒地区域调查报告（酒泉、张掖、武威）》，《农林部垦务总局调查报告》第一号，第一章《概述》第四节《荒芜原因》，第 4 页。

② （民国三十二年）《创修临泽县志》卷三《民族志》，第 124 页。

③ （民国三十一年）《甘肃河西荒地区域调查报告（酒泉、张掖、武威）》，《农林部垦务总局调查报告》第一号，第七章《农业经营》第九节《森林》，第 47 页。

④ 《镇番遗事历鉴》卷三，神宗万历四十四年丙辰，第 131 页。

备陈泉谟奉饬答之，遂无复问津者”[①]。清朝初年，对于新垦地的处理较为谨慎，一些官员还要事先查勘，对于关涉水源的地点则不许开垦。如康熙二十八年（1689），镇番县绅衿有开拓柳林湖之议，未获准允。[②]康熙六十一年（1722），武威县高沟堡百姓欲开垦附近之督宽湖，并向官府讨要开垦执照，镇番百姓控告于甘抚，故邑令烘涣协凉州监督及庄浪知事专门赴洪水河踏验，并绘图呈详之后府尹亲诣会勘，认为事关水源，“批：于此开垦者，永行禁止，违者严惩”[③]。时至清代中后期，对于民众的垦荒行为往往采取谨慎态度而加以禁止。如乾隆二年（1737）镇番县高沟堡民众控镇民开垦洪水河滩，“邑令张能第阅志审详，寝止”[④]，禁止开垦河滩等水源地。再如乾隆时期，禁止开垦永昌县大河水源地，“近泉之湖泊，奸民不得开种”[⑤]，嘉庆十八年（1813），镇番“马王庙湖、六坝湖及柳林湖暂停垦荒，亦不收接外埠屯民，以省地节水故也”[⑥]。镇番县将马王庙湖、六坝湖及柳林湖暂停垦荒，可知至嘉庆时期镇番县已禁止垦荒与人口的大量移入，目的即为省地节水。然即使如此，陈广恩在记载此事时认为太迟，“乾隆之季，已有人稠地少、水不敷用之吁请，至嘉道间，上游来水显见减少，镇人屡讼于凉府，力控上流强堵水流，断绝水路，历官虽时加勘验，以理公判，无如武民有近水楼台之便，旋判旋犯，殆无休已”[⑦]。可知清代初年对于水源地垦荒行为是持谨慎态度的，而至雍乾时期，政府积极鼓励垦荒，河西土地被大规模开垦，因而对环境造成了一定破坏，至清代中后期镇番县已经开始限制垦荒了。

清代河西走廊植被覆盖率低，民众的无序樵采、烧荒等，也是造成河西环境破坏的重要原因，所以清代河西地区还严禁樵采，禁止放火烧

---

① 《镇番遗事历鉴》卷二，世宗嘉靖三十五年丙辰，第69页。

② 《镇番遗事历鉴》卷六，圣祖康熙二十八年己巳，第240页。

③ 《镇番遗事历鉴》卷六，圣祖康熙六十一年壬寅，第254页。

④ 《镇番遗事历鉴》卷八，高宗乾隆二年丁巳，第294页。

⑤ （乾隆十四年）张玿美修，曾钧等纂：《五凉全志》卷三《永昌县志》，《地理志·水利图说》，第374页。

⑥ 《镇番遗事历鉴》卷九，仁宗嘉庆十八年癸酉，第375页。

⑦ 《镇番遗事历鉴》卷九，仁宗嘉庆十八年癸酉，第375页。

荒，以保护植被。如针对沙尘为害，镇番县还采取了一些防护措施，道光二十八年（1848）制定了禁樵采的政策，“镇番二月飓风。东沙窝禁砍樵，继而，西沙窝亦禁之。违者罚钱二两，屡违者以约法论之”[①]。东西沙、窝相继严禁樵采，并对初犯者以罚钱作为惩处方法，若多次违犯樵采禁令，则以“约法论之”。同治十年（1871）十一月，左宗棠见到有将士纵火烧荒，认为，“前代骄虏犯边，中国将士出塞纵火不得已而为之。今幸承平安用此，况冬令严寒，虫类蜷伏，任意焚烧生机尽矣……遂出示严禁”[②]，严禁烧荒，以保护植被虫类。

从以上论述可见，清朝在河西走廊采取了多项措施保护环境，如保护林木、植树造林、禁止无度开荒与樵采等，这些措施在一定程度上减缓了河西环境恶化的速度。需要指出的是，清代河西环境保护的举措多为少数开明地方官员所为，整个社会还没有形成群体的环境意识。受环境认识发展整体水平以及当时社会政治经济体制和政绩评价体系所限，这些措施只能是一些地方官员的个人行为，不可能形成一种可以连续施行的地方政策，人走茶凉，随着这些地方官员的离任，相应的措施也就难以继续得到落实，因此其效果也是有限的。[③]

---

① 《镇番遗事历鉴》卷一〇，宣宗道光二十八年戊甲，第416页。

② （民国）慕寿祺：《甘宁青史略》正编卷二三，第100页。

③ 王社教：《清代西北地区地方官员的环境意识——对清代陕甘两省地方志的考察》，《中国历史地理论丛》2004年第1期。

结语　清代河西走廊灌溉农业的特点与启示

清代的河西走廊具有经略西域的重要战略地位，因此受到朝廷重视。清王朝通过移民实边、大兴屯田、兴修水利、积极垦荒等措施，推进了该区的社会发展。移民、水利与垦灌是清廷经营河西的核心举措，也是河西农业社会发展的主要内容。在清朝近300年的河西垦灌历史中，该地区形成了区域特征明显的农业发展历程，大致可梳理为：灌溉的广泛开展与人口的不断增加，促进了社会经济的进步，也刺激着人口与土地的更大规模增殖。然而，该区脆弱的环境、匮乏的水资源以及有限的土地、人口承载力，使得剧烈地开发往往会造成明显的环境后果。因此，河西走廊灌溉农业的发展需与环境相调适。

一　清代河西走廊灌溉农业的特点

河西走廊位于我国西北内陆，天然降水匮乏，高山积雪融水所汇集之河流是其重要水源，如发源于祁连山的石羊河、黑河、疏勒河等。其水源形成、管水制度、垦种方式和环境变迁等方面，地域特性显著。

其一，高山积雪融水是河西走廊灌溉农业的重要水源。

河西走廊因天然降水匮乏，农业“非灌不殖”，农业仰赖水利灌溉，故该区极其重视水利建设，水利成为区域社会发展的命脉。所谓“水利者，固民生相依为命者也”[1]。《镇番县志》载“地介沙漠，全资水利，播种之多寡恒视灌溉之广狭以为衡，而灌溉之广狭必按粮数之轻重以分水，此吾邑所以论水不论地也”[2]。水利的重要性可见一斑。民国时期文献中亦称“总之河渠为河西之命脉……昔人谓‘无黑河则无张掖’，扩而广之，亦可谓‘无河渠则无河西’。是河渠对于河西土地利用之关系至重且大”[3]。

从水源角度看，高山融雪及山区降水汇成之河流，是该区灌溉农业的主要水源。《甘肃通志稿·舆地》称：“祁连山，四时积雪，春夏消释，冰水入河以溉田亩，郡人赖之。”“以河西凉甘肃等处，夏常少雨，全仗积雪融流分渠导引溉田。”因此，河西民众“恒以冬季降雪多寡卜明年丰歉”[4]。高山积雪融水的水源特性，是河西走廊灌溉农业区别于其他地区农业发展的重要特点。

正因为河西走廊地表径流的重要补给源于高山融雪，决定了该区水源与水利管理等季节性明显。冬春天寒，积雪不融而无法下流，因此河西春季各河皆涓涓细流，不敷灌溉。至四五月间初次发水，水量亦不大。到秋初积雪完全消解，水量快速增多。水源的季节性特点决定了该区灌溉用水的季节分布不均，春季少而夏秋多。春季正值灌溉用水时节，水少往往导致争水水案的发生。而夏秋水量猛涨，又易造成水患。即所谓“水微则滞，水涨则溢”[5]。因此该区水资源管理亦具有季节性特点。如分水规章中春秋两季水利管理重点不同，春季侧重分水，秋季则重点排水。“三月初旬，河冰已消，清明开始播种，农民可任意浇水，谓之

① 《镇番遗事历鉴》卷一二，中华民国四年乙卯，第499—500页。

② （道光五年）许协修，谢集成等纂：《镇番县志》卷四《水利考·蔡旗堡水利附》，第236页。

③ （民国二十五年）李廓清：《甘肃河西农村经济之研究》第一章《河西之农业概况》第一节《水利》，胶片号：26392。

④ （民国）《甘肃省志》第三章《各县邑之概况》第七节《安肃道（二）·安西县》，第103页。

⑤ （民国八年）周树清、卢殿元：《续修镇番县志》卷四《水利考·河源》。

‘春水’”，“当盛夏水涨或闸坝坍塌，渠水泛滥需巡查修筑”①。春季用水紧缺，官府采取诸多措施保证合理分水。夏秋季节，大水冲垮渠道、淹没村庄，使得修渠清淤、预防水患的任务尤为繁重。显然，水源季节性及水量不稳定性等，使得用水制度等有别于其他地区，呈现出河西走廊灌溉农业的地域性特征。

其二，绿洲灌溉农业历史悠久，水利管理体系完备。

河西走廊有着悠久的绿洲灌溉历史，与此同时形成了较为完备和细致的水利管理体系。据《汉书·沟洫志》载，汉代就在河西走廊广开渠道，“用事者争言水利，朔方、西河、河西、酒泉皆引河及川谷以溉田”。另据《敦煌悬泉汉简释粹》Ⅱ0213③：4简：“民自穿渠，第二左渠、第二右内渠水门广六尺，袤十二里，上广五。”可见，早在汉代水利灌溉与管理在河西走廊即有效展开。

时至清代，水利兴修和管理体系日益细化。河西各县形成了完善严格的均水法规，“至立夏则正式‘分水’，由渠正、渠长请本县县长亲临现渠渠口，依照规定尺寸、数量分配各渠”②。按粮均水、按夫分水、点香分水等水规水法普遍推行。各地之坝口宽窄、浇灌时刻、轮浇次序等皆有严格规定，即所谓“渠口有丈尺，闸压有分寸，轮浇有次第，期限有时刻”③。河西走廊分水制度的严格性可见一斑。同时，对于一些地形不同、水量多寡等的特定情况，也能采取灵活的措施加以均水。河西地区还出台了相应的水利管理方法。配置了专门的水官、农官，并明确水官管理方法，以解决可能出现的水利纠纷及分水不公现象。此外，由于水源匮乏，河西走廊水利纠纷多发，“年年均水起喧嚣”④，地方政府、

---

① （民国二十五年）李廓清：《甘肃河西农村经济之研究》第一章《河西之农业概况》第一节《（四）水利》，胶片号：26396—26408。

② （民国二十五年）李廓清：《甘肃河西农村经济之研究》第一章《河西之农业概况》第一节《（四）水利》，胶片号：26396—26408。

③ （乾隆十四年）张玿美修，曾钧等纂：《五凉全志》卷一《武威县志·地理志·水利图说》，第44页。

④ （民国二十五年）赵仁卿等：《金塔县志》卷一〇《金石·金塔八景诗·谷雨后五日分水即事》。

水官、士绅等共同参与到水事纠纷的调处当中。完备的水利管理体系成为河西走廊灌溉农业稳定发展的关键性因素。

其三，国家力量全面介入河西垦灌事业。

河西走廊地接西域，具有重要的军事地理位置。国家力量全面介入到河西走廊灌溉农业的建设与管理之中，从劝民惠农政策的推广、移民的招徕、屯田的开设、水利工程修治、水利纠纷调处等，国家与政府的身影随处可见。

如清初河西人口稀少，清王朝多方招徕移民，并给予移民各种优惠扶持政策，对于无力垦荒者给予资助，实行免税、减税、延长征税期限、官府出借农业基本资料、动用库银帮民买给牛种[①]、借给银钱帮助兴工等。[②] 政府多渠道推进移民拓荒；清代河西走廊屯垦收成并不高，但政府依然大量投入并在河西开展屯田事业，屯垦数量与规模上皆超越了前代；国家积极参与河西走廊的水渠修建，河西走廊的大型水渠多在政府主导下修建完成，如高台县红沙河坝、丰稔渠、临泽新工渠、肃州九家窑水渠、肃州西洞子渠等；此外，由于水源匮乏，河西走廊水利纠纷多发，地方政府成为调处大型水事纠纷的核心力量。在惩治违犯水规者、处置水利强霸、惩戒缠讼民众等方面，皆有国家力量的介入。可以说，小到移民房屋的修建，大到水利工程修治与水案调处，政府全面参与到河西走廊灌溉农业的建设之中。

其四，灌溉农业发展与环境变迁紧密相关。

河西走廊地处西北干旱地区，灌溉农业发展与环境变动之间关系密切。水利的不合理利用，往往造成较为严重的沙漠化问题。二者互为因果，共同影响区域社会的发展。据李并成研究，河西走廊沙漠化的加剧与水源的不当利用直接相关，民勤青土湖的变迁即是典型的例证。据《镇番县志》等文献记载，青土湖清康熙年间水量丰沛，雍正年间开垦，“以移垣开荒者，沿河棋布，河水日细生齿日繁”，至民国时期则“海水

① 《清朝文献通考》卷二《田赋二田赋之制·考四八六八》。

② 《乾隆十年（1745年）甘肃巡抚黄廷桂五月初十日（6月9日）奏》，《清代奏折汇编——农业·环境》，第87页。

尽涸”①，演变成为大型沙窝。同时，环境的恶化又加剧水利纠纷的产生，如《重修古浪县志》记载古浪县由于林木毁坏，致使水源更为微细，造成“浇灌俱坚”，“争端因之愈甚”② 等。

环境的变动及沙漠化促使河西地方在水规制定等方面融入更多的环境因素。如每渠的润河水即专为缓解渠道沙化渗水而设。道光《镇番县志》亦记，若水渠风沙重，即可在分水中获得较多润河水，植被茂密、不致停沙处则润河水少，“于按粮均水之中量风沙轻重、水途远近通融调剂，以杜争端”。可见，风沙轻重等环境因素在灌溉管理中得到细致考量。

要之，清代河西走廊由于高山积雪融水的水源特性，使得该区的灌溉农业发展更加仰赖水利，加之该区重要的军事地理位置，使得国家重视河西地区的农业经济发展，在移民的招徕、水利工程的修建、屯田的开设等方面，国家力量全方位推动该区的农垦事业。我们看到，在河西走廊灌溉农业发展中，既有季节变化和生态变迁的自然因素，又有人为活动和政府参与，自然、生态与人类活动等诸种因素交织互动，共同推动着地方社会的发展，呈现出鲜明的地域特征。

二 清代河西走廊灌溉农业发展的启示

“人为的不合理的开发经营活动对我国历史上干旱、半干旱地区沙漠化的形成和发展起着特殊的作用。要解决今天的沙漠化问题，就必须重视历史上的经验教训，追根溯源，考究其形成发展的历史过程和原因，以科学地认识其在人类活动作用下的演变规律，预测其今后的发展方向，制定科学的土地开发和生态环境建设的可持续发展战略。”③

从上文我们看到，清代在河西走廊所采取的各项兴农措施取得了一

---

① （乾隆十四年）张玿美修，曾钧等纂：《五凉全志》卷二《镇番县志·风俗志》，第255页。

② （民国二十八年）马步青、唐云海：《重修古浪县志》卷二《地理志·水利·长流、川六坝水利碑记》，第177页。

③ 李并成：《我国历史上的沙漠化问题及其警示》，《求是》2002年第15期。

定的成效：水利工程的兴修以及所制定的一套较为严格、灵活的水规水法，为河西走廊灌溉农业发展奠定了基础；在河西各地大兴屯田，以及鼓励民间垦荒等措施，增加了河西地区土地垦殖面积，养活了更多的人口；在河西地区实行的移民拓殖政策，增加了河西的劳动力，为河西农业发展注入了新的活力与动力；小麦、棉花等作物的种植耕作经验的积累等，也促进了河西农业的繁荣。清代河西走廊土地垦殖与水资源利用所取得的成就，不仅对于河西社会经济的全面发展，并且对于支援支持新疆等地的开发和稳定等方面发挥了重要的作用。然而在取得上述成就的同时，河西走廊农业发展也面临着若干新的问题。在农业发展的同时环境问题日益凸显，各种自然灾害频繁发生，水源日稀等问题日益严峻。这就要求我们对清代河西走廊灌溉农业发展中的一些作为进行反思，以总结历史的经验与教训，更好地促进今天河西走廊农业的发展。

（一）清代河西走廊灌溉农业发展的经验

清代河西走廊农业的发展中，在惠农政策、水利兴修、水利分配、作物种植、移民垦殖等方面取得了一定的成效，积累了一些成功的经验。主要有以下几个方面：

清代实施的重农、惠农政策，积极鼓励农业生产，促使农民全身心地投入农业的生产中去。如清代在河西走廊所实行的免税、减税、延长征税期限、官府出借农业基本资料、青黄不接时出借口粮等行为，有利于减轻人民负担，鼓励更多的人投身农业生产。

清代在河西走廊新修了一批水利工程，增加了农作物浇灌面积，农业用水得以确保，并建立了相应的水利维护与管理方法，从而保证了水利工程的正常运作。这为清代河西走廊农业发展奠定了重要基础。

清代河西走廊制定了一套较为实用的水规水法，基本解决了该地区的水资源分配问题。清代河西的水规较为严格，家家有水簿，按粮分水、按亩分水等方式大都能严格执行，水时可精确到几刻几分。对于一些地形不同、水量多寡不同之处，也能采取灵活的措施加以均水。清代河西走廊农业能够取得一定的发展，是与水规的建立及其执行中严格性与灵

活性相结合密不可分的。同时还出台了相应的水利管理方法。如配置了专门的水官、农官，以解决可能出现的水利纠纷及分水不公现象。在水规的实际执行中，一些地方豪强往往希图多占水利，这就需要有严格的执法者加以规范，水规方得以顺利执行。同时对于水官也有明确的管理与约束方法，将水官工作政绩与其奖励升迁联系。这有利于水官严格执法，也促进了河西走廊水利分配的公平性。

清代河西走廊农作物主要以麦类作物为主，同时还可以种植水稻等，在敦煌等地可以种植棉花等经济作物，一来可以解决河西的穿衣问题，同时也是增加农民收入的好方法。清代河西走廊以麦为主，多种作物配合种植，对适应地利条件，增加农业收入，抵御自然灾害等发挥了重要作用。

清代河西走廊实施移民拓殖政策，从各地迁徙大量人口至此，增加了该地的劳动力数量，为该地农业发展注入了新鲜血液与新活力。同时劳动力数量的增加，也扩大了该地区土地的垦殖面积，促进了农业的发展。

清代注意保护河西走廊的水源林，严禁砍伐林木，地方官员也积极动员民众植树造林，增加植被覆盖率，这也是值得今人借鉴的。

（二）清代河西走廊灌溉农业发展的教训

由于自然环境的限制和历史的局限，清代河西走廊农业在发展的同时，也出现了若干问题。人们在积累了一定成功经验的同时，也有不少值得反思的教训。

盲目垦荒，造成土地沙化。河西走廊水源有限，土地开垦数目需遵从水源多寡而定。清代在开发河西的过程中，由于对土地资源的利用不当、无视水源供给与环境保护，盲目垦荒、滥垦、滥牧、滥樵、滥用水资源，以及战争的破坏、农牧业土地利用方式的交替等，致使原本脆弱的绿洲生态系统遭到严重的冲击和破坏，甚至形成恶性循环，从而诱发沙漠化过程的发生和发展，使绿洲向荒漠演替。①

水利修治技术落后，导致水渠修治成本高，加重农民负担。清代河西走廊水利工程的修建，渠堤与渠身大多使用透水性很高的泥沙、柴草等物，使得渠水在流淌过程中大半渗入地下，水资源利用率不高。而且水渠流程越长，损失和浪费也越大，致使下游地区时常发生断流现象。并且渠底也多为泥石，泥沙容易淤积，需年年清理、补修，故清代河西走廊水利修治成本费用较高。在地瘠民贫的河西走廊地区，水利修治费用多为农民自行负担，农民负担随之加重。若渠道修治一时跟不上，渠身不通又往往导致渠身垮溃，在水势涨发时即会形成水患，导致农田被淹，民众受害。

河西走廊的生态条件决定了其人口承载力有限，而过量移民造成局部地区的人口压力加大。清代雍正、乾隆时期，在河西走廊迁徙了大量人口，加上清代废止人头税政策的实施，河西走廊自身人口在清代中期出现了大幅增长，甚至超过同时期全国平均增长水平。这成为导致生态环境变动的重要原因。② 一些地区人口数量增长过快，对于本区原本就脆弱的生态环境造成压力，促使了沙漠化的发生。人口的增多，势必导致资源消耗与需求的增多，加剧了水资源与环境的恶化。

植被破坏，灾害频仍，生态环境变动明显。清代河西民众日常生活中林木的需求量较大，加之人口的增长，林木砍伐量亦越来越多。同时战争等因素也造成河西走廊森林的破坏。林草资源破坏的后果，不仅使祁连山区本身生态环境恶化，更是对绿洲地区的农业发展构成直接威胁。山区蕴涵、调节水源的能力越来越差，地表径流趋于减少，且稳定性变差，来水易骤起骤落，易形成灾害，使其补给地下径流的时间缩短，补给量降低，导致绿洲水资源量缩减；径流的不稳定还易使其冲刷力加强，含沙量增大，山区水土流失加重，输入绿洲的疏松物资增多，易使河道季节性断流。从而为风沙活动的活跃提供条件，造成绿洲景观的退化

① 李并成：《河西走廊历史时期沙漠化研究》，第298页。

② 赵珍：《清代西北地区的人地矛盾与生态变迁》，《社会科学战线》2004年第5期。

演替。①

水源有限，争水及水案频发，影响农业生产的正常进行，导致社会秩序紊乱。由于争水而导致两地、两渠百姓持械殴斗，流血事件时有发生。如果管水人员贪赃枉法，不能严格均水，则会加剧双方矛盾，导致更多的争水事件，并加深民众内部矛盾。

受农业技术限制，农作物产量不高。清代河西走廊农业生产技术大多因循前代，农具改良亦少，土地多实施粗放耕作方式，故产量不高。

（三）清代河西走廊灌溉农业发展的当代启示

清代河西走廊农业取得了很大成就，有许多成功的经验，但其教训也极为深刻。在今天西北地区的垦灌过程中，认真总结经验，努力吸取教训，无疑是非常必要的。

建立科学的决策制度。科学的决策是决定生产发展方向与成败的关键，在河西走廊生态脆弱、水源稀少的地区发展农业，科学的决策就显得尤为重要。在决策中要切实考虑到河西走廊的地利特性，符合生态规律，从长远角度进行决策，以科学发展观为指导，加强生态文明建设。

要适度进行土地开垦。河西走廊水资源有限，只有适度地、循序渐进地、根据水量开发土地，才能保证开发后土地灌溉充分。清代河西走廊土地的盲目开发，导致植被破坏，水源枯竭，土壤沙化。河西地区生态环境脆弱，只有进行适度的土地开发，才能避免环境破坏并促进发展。同时，需要根据水源确定不同的土地管护方法，如对上游水源涵养林区，要不断减少该区域的耕地面积，退耕还牧还林。对绿洲农业区，应严格分水方法，建立健全分水制度。对下游地区在水源分配上要注意保证该区域的用水，并注意防护林的建设。土地开发要有对该地区水资源供给可能的充分认识，以水为准，采取稳步前进的方式开展土地垦灌。

农业发展要与环境保护相结合。河西走廊环境脆弱，不当的农业开

---

① 李并成：《河西走廊历史时期沙漠化研究》，第 182 页。

发会破坏环境。所以在开发农业的同时，要注意环境的保护与修复。首先，要严禁乱砍滥伐，保护森林植被。并且还要积极封山育林，不断扩大林地面积，在严重缺水地区还要因地制宜种植耐旱植物，如红柳、沙枣等树株。其次，要切实落实退耕还林、退耕还草政策，严格禁止任意垦荒，保护植被。牧场要搞好草地管护，改善牧草质量以缓解草场退化。再次，严格工业污水排放和有毒气体排放，对各种重型企业及化工厂等企业，要实施严格监管措施，定期排查，引进污水处理设备，缓解水质污染与大气污染。对于一些污染严重的小型企业，如造纸厂等需停业整顿，力保空气、水质不受污染。

以水为主、水利优先，改良水利使用技术，积极推进节水措施。在现代技术条件下，建设田间防渗渠道，增大水利利用率。大水漫灌溉浪费水资源，又会导致土地次生盐渍化。减少大水漫灌，可采用先进的喷灌、滴灌等技术，既可减少田间蒸发，又可达到深层渗透。石羊河流域缺水严重，更应限制大水漫灌。所以，应在河西地区广泛推广先进的水利灌溉技术与修治技术。同时需制定全面完善的水利分配方法，严格水利分配制度与管理。清代河西走廊水利管理中存在漏洞，使得上下游争水、交界处争水严重。只有建立更为完善合理的水规水法，才能更好地避免水案的发生。同时，在水利分配制度等实际的执行中，要严格执法，加强官员管理，务使水利均沾，并对各种抢水偷水行为严格处罚。

大力推广太阳能、风能、沼气能，减少对绿地植被的采伐量。河西走廊民众取暖、做饭等生活能源主要来自秸秆、树枝、枯草、小木等，既加重了空气污染，又增加了植被的采伐量。积极推进各种无污染节能能源的使用，就显得尤为重要。河西走廊光照充足，可充分利用太阳能。肃北、安西一带为我国重要风能集中地，可建立风力发电厂等产业，变风灾为风能。新能源的使用，可以大大缓解河西走廊植被的采伐量，并推动河西生态农业发展。

参考文献

一 史料

（明）李应魁（万历四十四年）：《肃镇华夷志》，高启安等点校，甘肃人民出版社 2006 年版。

（明）李时珍：《本草纲目》，《文渊阁四库全书》本。

（清）官修：《清实录》，中华书局 1985 年影印本。

（清）乾隆官修：《清朝文献通考》，浙江古籍出版社 2000 年版。

（清）刘锦藻：《清朝续文献通考》，浙江古籍出版社 2000 年版。

（清）昆冈等修，刘启端等纂：《钦定大清会典事例》，《续修四库全书》本。

（清）贺长龄：《皇朝经世文编》，上海焕文书局铅印本。

（清）穆彰阿、潘锡恩等：《大清一统志》，《续修四库全书》本。

（清）长庚（宣统元年）：《甘肃新通志》，《中国西北文献丛书》，兰州古籍书店 1990 年版。

（清）许容等（乾隆元年）：《甘肃通志》，《文渊阁四库全书》本。

（清）（顺治十四年）《凉镇志》，（台北）成文出版社有限公司 1990 年版。

（清）杨春茂：《重刊甘镇志》，张志纯等校点，甘肃文化出版社 1996 年版。

（清）高弥高、李德魁等（顺治十四年）：《肃镇志》，《中国方志丛书》，（台北）成文出版社有限公司 1970 年版。

（清）黄文炜：《重修肃州新志》，甘肃酒泉县博物馆翻印，1984 年。

（清）吴人寿、张鸿汀（光绪）：《肃州新志稿》，甘肃省博物馆据所藏《陇右方志录补·肃州新志稿》抄本传抄。

（清）张玿美修，曾钧等纂：《五凉全志》，乾隆十四年刊本，（台北）成文出版社有限公司1976年版。

（清）张澍辑：《凉州府志备考》，武威市市志编纂委员会办公室校印1986年。

（清）张玿美修，曾钧等纂：《武威县志》，（台北）成文出版社有限公司1976年版。

（清）张玿美修，曾钧等纂：《镇番县志》，（台北）成文出版社有限公司1976年版。

（清）许协、谢集成：《镇番县志》，《中国方志丛书》，（台北）成文出版社有限公司1970年版。

（清）（光绪）《镇番县乡土志》，殷梦霞编著《日本藏中国罕见地方志丛刊续编》第20册，北京图书馆出版社2003年版。

（清）（宣统三年）《镇番县志》，甘肃省图书馆藏书。

（清）（宣统年间）《镇番县志采访稿》，甘肃省图书馆藏书。

（清）张玿美修，曾钧等纂：《永昌县志》，（台北）成文出版社有限公司1976年版。

（清）李登瀛（乾隆五十年）：《永昌县志》，甘肃省图书馆藏书。

（清）南济汉（嘉庆二十一年）：《永昌县志》，甘肃省图书馆藏书。

（清）张玿美修，曾钧等纂：《古浪县志》，（台北）成文出版社有限公司1976年版。

（清）钟赓起：《甘州府志》，《中国方志丛书》，（台北）成文出版社有限公司1976年版。

（清）黄璟、朱逊志等：《山丹县志》，《中国方志丛书》，（台北）成文出版社有限公司1970年版。

（清）（光绪三十四年）《山丹县志》，甘肃省图书馆藏书。

（清）苏履吉、曾诚：《敦煌县志》，《中国方志丛书》，（台北）成文出版社有限公司1970年版。

（清）佚名（乾隆）：《敦煌县志》，《西北文献丛书》，兰州古籍书店1990年版。
（清）常钧：《敦煌杂钞》，《边疆丛书甲集之五》，1937年。
（清）常钧：《敦煌随笔》，《边疆丛书甲集之六》，1937年。
（清）佚名：《玉门县志》，《中国方志丛书》，（台北）成文出版社有限公司1970年版。
（清）姚钧（宣统元年）：《甘肃省甘州府抚彝厅地理调查表》，甘肃省图书馆藏书。
（清）冯卓英（宣统）：《甘肃省凉州府永昌县地理调查表》，甘肃省图书馆藏书。
（清）（宣统元年）《玉门县地理调查表》，甘肃省图书馆藏书。
（清）（宣统元年）李应寿：《高台县地理调查表》，甘肃省图书馆藏书。
（清）（宣统元年）《甘肃省安西州敦煌县地理调查表》，甘肃省图书馆藏书。
（清）张瀛学（宣统元年）：《甘肃省甘州府山丹县地理调查表》，甘肃省图书馆藏书。
（清）（宣统元年）《甘肃省肃州直隶州地理调查表》，甘肃省图书馆藏书。
（清）张秉倬（宣统元年）：《王子庄州同地理调查表》，甘肃省图书馆藏书。
（清）李九波（宣统）：《甘肃省凉州府古浪县地理调查表》，甘肃省图书馆藏书。
（清）祁韵士（嘉庆十年）：《万里行程记》，问影楼舆地丛书本。
（清）陶保廉（光绪二十三年）：《辛卯侍行记》，养树山房刊本。
（清）左宗棠：《左宗棠全集》，岳麓书社1996年版。
（清）寄湘渔父（光绪五年）：《救荒六十策》，甘肃省图书馆藏书。
（民国）赵尔巽：《清史稿》，中华书局1976年版。
（民国）朱元明：《甘肃省乡土志稿》，甘肃省图书馆藏书。
（民国）刘郁芬：《甘肃通志稿》，《中国西北文献丛书》，兰州古籍书店

1990 年版。

（民国）白眉：《甘肃省志》，《中国西北文献丛书》，兰州古籍书店 1990 年版。

（民国）慕寿祺：《甘宁青史略》，《中国西北文献丛书》，兰州古籍书店 1990 年版。

（民国）马步青、唐云海（民国二十八年）：《重修古浪县志》，《中国西北文献丛书》，兰州古籍书店 1990 年版。

（民国）樊得春：《创修民乐县志》，民乐县档案馆藏本。

（民国）徐传钧、张著常等：《东乐县志》，《中国西北文献丛书》，兰州古籍书店 1990 年版。

（民国）蔡廷孝（民国三十五年）：《鼎新县志草编》，金塔县人民委员会翻印，1957 年。

（民国）张应麒修，蔡廷孝纂：《鼎新县志》，《中国西北文献丛书》，兰州古籍书店 1990 年版。

（民国）周树清、卢殿元：《镇番县志》，甘肃省图书馆藏书。

（民国）《镇番县志采访录》，甘肃省图书馆藏书。

（民国）谢树森、谢广恩等编撰：《镇番遗事历鉴》，李玉寿校订，香港天马图书公司 2000 年版。

（民国）马福祥、王之臣等：《民勤县志》，《中国方志丛书》，（台北）成文出版社有限公司 1970 年版。

（民国）（民国三十三年）《民勤县水利规则》，甘肃省图书馆藏书。

（民国）吕钟：《重修敦煌县志》，敦煌市人民政府文献领导小组整理，甘肃人民出版社 2002 年版。

（民国）《敦煌县乡土志》，甘肃省图书馆藏书。

（民国）（民国三十二年）《创修临泽县志》张志纯等校点，甘肃文化出版社 2001 年。

（民国）《新修临泽县水利志》，甘肃省图书馆藏书。

（民国）冯周人（民国三十六年）：《高台县要览》，《高台县志辑校》张志纯等校点，甘肃人民出版社 1998 年版。

（民国）徐家瑞（民国十年）：《新纂高台县志》，《高台县志辑校》，张志纯等校点，甘肃人民出版社 1998 年版。
（民国）阎权、王裕基（民国六年）：《续修永昌县志》，甘肃省图书馆藏书。
（民国）余善卿：《新修张掖县志》，甘肃省图书馆藏书。
（民国）白册侯、余炳元：《新修张掖县志》，张掖市市志办公室校点整理，1997 年。
（民国）赵仁卿等（民国二十五年）：《金塔县志》，金塔县人民委员会翻印，1957 年。
（民国）（民国三十年）《金塔县采访录》，甘肃省图书馆藏书。
（民国）曹馥（民国十九年）：《安西县采访录》，甘肃省图书馆藏书。
（民国）《甘肃各县现在户口确数表》，甘肃省图书馆藏书。
（民国）《甘肃历代户口数目沿革表》，甘肃省图书馆藏书。
（民国）（民国二十九年）《甘肃省各县局乡镇保甲户口一览表》，甘肃省图书馆藏书。
（民国）《甘肃山川人口气候各种表》，甘肃省图书馆藏书。
（民国）《甘肃各县村里调查表》，甘肃省图书馆藏书。
（民国）《甘肃各县区村调查表》，甘肃省图书馆藏书。
（民国）尤声瑸（民国四年）：《安西县地理调查书》，甘肃省图书馆藏书。
（民国）安西县教育会：《安西县全邑水利表图》，甘肃省图书馆藏书。
（民国）《安西县各项调查表》，甘肃省图书馆藏书。
（民国）（民国十九年）《鼎新县各项调查表》，甘肃省图书馆藏书。
（民国）《东乐县各项调查表》，甘肃省图书馆藏书。
（民国）《敦煌县各项调查表》，甘肃省图书馆藏书。
（民国）《高台县河渠水利沿革及灌地亩数概况表》，甘肃省图书馆藏书。
（民国）（民国十九年）《高台县各项调查表》，甘肃省图书馆藏书。
（民国）《金塔县各项调查表》，甘肃省图书馆藏书。
（民国）《酒泉县各项调查表》，甘肃省图书馆藏书。

（民国）《临泽县各项调查表》，甘肃省图书馆藏书。
（民国）《武威县各项调查表》，甘肃省图书馆藏书。
（民国）《张掖县各项调查表》，甘肃省图书馆藏书。
（民国）《甘肃省二十七县社会调查纲要》，甘肃省图书馆藏书。
（民国）李廓清（民国二十五年）：《甘肃河西农村经济之研究》，（台北）成文出版社有限公司1977年版。
（民国）《甘肃河西荒地区域调查报告（酒泉、张掖、武威）》，《农林部垦务总局调查报告》第一号，农林部垦务总局编印，1942年。
（民国）何让：《甘肃田赋之研究》，（台北）成文出版社有限公司1977年版。
（民国）《甘州水利溯源》，甘肃省图书馆藏书。
（民国）何景：《河西祁连山植物群落记略》，《甘肃科学教育馆专刊》第二号，1943年5月。
（民国）何景：《祁连山之牧场草原》，《甘肃科学教育馆专刊》第二号，1943年5月。
（民国）《祁连山北麓调查报告》，甘肃省图书馆藏书。
（民国）江戎疆：《河西水系与水利建设》，《力行月刊》第八卷。
（民国）李式金：《甘肃省的蜂腰》，甘肃省图书馆藏书。
甘肃省文史研究馆辑：《甘肃历史自然灾害录》，1958年，甘肃省图书馆藏书。
中国第一历史档案馆：《雍正汉文朱批奏折汇编》，江苏古籍出版社1989年版。
中国第一历史档案馆：《乾隆朝上谕档》，中国档案出版社1991年版。
《山丹县志附录补遗》，甘肃省山丹县地方志编纂委员会办公室翻印，1993年。
甘肃省档案馆编：《甘肃历史人口资料汇编》，甘肃人民出版社1997年版。
中国第一历史档案馆译编：《雍正朝满文朱批奏折全译》，黄山书社1998年版。

中国第一历史档案馆：《乾隆朝甘肃屯垦史料》，《历史档案》2003 年第 3 期。
中国科学院地理科学与资源研究所、中国第一历史档案馆：《清代奏折汇编——农业·环境》，商务印书馆 2005 年版。

二　今人著作

曹树基：《中国人口史》第五卷，《清时期》，复旦大学出版社 2001 年版。
曹永忠：《中国古代自然灾异动态分析》，安徽教育出版社 2002 年版。
陈隆亨：《河西山地土壤及其利用》，海洋出版社 2003 年版。
甘肃省科学技术协会、金川有色金属公司、兰州大学等编：《甘肃省国土资源、生态环境与社会经济发展论文集》，兰州大学出版社 1999 年版。
郭厚安、陈守忠主编：《甘肃古代史》，甘肃人民出版社 1989 年版。
黄文弼：《西北史地论丛》，上海人民出版社 1981 年版。
李并成：《河西走廊历史地理》，甘肃人民出版社 1995 年版。
李并成：《河西走廊历史时期沙漠化研究》，科学出版社 2003 年版。
李清凌等主编：《甘肃经济史》，兰州大学出版社 1996 年版。
李清凌：《西北经济史》，人民出版社 1997 年版。
李清凌：《元明清治理甘青少数民族地区的思想和实践》，中国科学文化出版社 2008 年版。
梁方仲：《中国历代户口、田地、田赋统计》，上海人民出版社 1980 年版。
潘春辉：《开发与环境：西北水利史研究》，甘肃文化出版社 2015 年版。
彭雨新：《清代土地开垦史》，农业出版社 1990 年版。
齐陈骏：《河西史研究》，甘肃教育出版社 1989 年版。
［日］前田正名：《河西历史地理学研究》，陈俊谋译，中国藏学出版社 1993 年版。
任继周主编：《河西走廊山地—绿洲—荒漠复合系统及其耦合》，科学出版社 2007 年版。

田澍主编：《西北开发史研究》，中国社会科学出版社 2007 年版。
王福成、王震亚主编：《甘肃抗旱治沙史》，甘肃人民出版社 1995 年版。
王希隆：《清代西北屯田研究》，兰州大学出版社 1990 年版。
王元第主编：《黑河水系农田水利开发史》，甘肃民族出版社 2003 年版。
王致中、魏丽英：《明清西北社会经济史研究》，三秦出版社 1989 年版。
魏永理：《中国西北近代开发史》，甘肃人民出版社 1993 年版。
吴廷桢、郭厚安主编：《河西开发史研究》，甘肃教育出版社 1996 年版。
鲜肖微、陈莉君：《西北干旱区农业地理》，农业出版社 1986 年版。
萧正洪：《环境与技术选择——清代中国西部地区农业技术地理研究》，中国社会科学出版社 1998 年版。
袁林：《西北灾荒史》，甘肃人民出版社 1994 年版。
袁祖亮：《丝绸之路人口问题研究》，新疆人民出版社 1998 年版。
曾丽勋：《西北的水利》，1954 年 2 月于兰州大学地理系，甘肃省图书馆藏书。
张波：《西北农牧史》，陕西科学技术出版社 1989 年版。
张勃：《河西地区绿洲资源优化配置研究》，科学出版社 2004 年版。
张勃、石惠春：《河西地区绿洲资源优化配置研究》，科学出版社 2004 年版。
张景平等：《河西走廊水利史文献类编》（讨赖河卷、黑河卷），科学出版社 2016 年、2020 年版等。
张力仁：《文化交流与空间整合——河西走廊文化地理研究》，科学出版社 2006 年版。
赵冈、刘永成、吴慧等编著：《清代粮食亩产量研究》，中国农业出版社 1995 年版。
赵俪生主编：《古代西北屯田开发史》，甘肃文化出版社 1997 年版。
赵予征：《丝绸之路屯垦研究》，新疆人民出版社 1996 年版。
赵珍：《清代西北生态变迁研究》，人民出版社 2005 年版。
邓振镛：《河西气候与农业开发》，气象出版社 1993 年版。
周立三主编：《中国农业地理》，科学出版社 2000 年版。

三　论文

党瑜:《论历史时期西北地区农业经济的开发》,《陕西师范大学学报》2001 年第 2 期。

党瑜:《历史时期河西走廊农业开发及其对生态环境的影响》,《中国历史地理论丛》2001 年第 2 期。

杜思平、李永平:《考古所见河西走廊西部的农业发展》,《西北史地》1994 年第 1 期。

冯绳武:《民勤绿洲的水系演变》,《地理学报》1963 年第 3 期。

冯绳武:《祁连山及其周围历史气候资料》,《西北史地》1982 年第 1 期。

高荣:《古代开发河西的历史反思》,《开发研究》2003 年第 3 期。

高荣:《河西走廊农业的远古印记》,《甘肃日报》2020 年 11 月 23 日。

贡小虎:《甘肃河西内陆河流域水资源特征与农业生产发展的探讨》,《中国沙漠》1994 年第 3 期。

何凡能、葛全胜、戴君虎、林珊珊:《近 300 年来中国森林的变迁》,《地理学报》2007 年第 1 期。

侯春燕:《同治回民起义后西北地区人口迁移及影响》,《山西大学学报》1997 年第 3 期。

侯仁之:《敦煌县南湖绿洲沙漠化蠡测——河西走廊祁连山北麓绿洲的个案调查之一》,《侯仁之文集》,北京大学出版社 1998 年版。

胡智育:《甘肃河西走廊农垦与土地沙漠化问题》,《经济地理》1986 年第 1 期。

黄正林:《清至民国时期黄河上游农作物分布与种植结构变迁研究》,《古今农业》2007 年第 1 期。

惠富平:《明清时期西部经营与农业开发简论》,《古今农业》2003 年第 3 期。

江太新:《对顺康雍乾时期扶农政策的考察》,《中国经济史研究》2007 年第 3 期。

李并成:《石羊河下游绿洲明清时期的土地开发及其沙漠化过程》,《西北师范大学学报（自然科学版）》1989 年第 4 期。
李并成：《民勤县近 300 余年来的人口增长与沙漠化过程——人口因素在沙漠化中的作用个案考察之一》：《西北人口》1990 年第 2 期。
李并成：《河西地区历史上粮食亩产量的研究》，《西北师大学报》1992 年第 2 期。
李并成：《河西走廊历史时期气候干湿状况变迁考略》，《西北师范大学学报（自然科学版）》1996 年第 4 期。
李并成：《历史上祁连山区森林的破坏与变迁考》，《中国历史地理论丛》2000 年第 1 期。
李并成：《明清时期河西地区“水案”史料的梳理研究》，《西北师大学报》2002 年第 6 期。
李并成：《张掖“黑水国”古绿洲沙漠化之调查研究》，《中国历史地理论丛》2003 年第 2 期。
李并成：《河西走廊历史时期绿洲边缘荒漠植被破坏考》，《中国历史地理论丛》2003 年第 4 期。
李国仁、谢继忠：《明清时期武威水利开发略论》，《社科纵横》2005 年第 6 期。
李清凌：《元明清时期西北的经济开发》，《西北师大学报》2003 年第 6 期。
李万禄：《从谱牒记载看明清两代民勤县的移民屯田》：《档案》1987 年第 3 期。
梁新民：《民勤绿洲历史上农业的三次开发》，《开发研究》1993 年第 4 期。
刘光华：《历史上的河陇屯田》，《中国典籍与文化》1997 年第 3 期。
路伟东：《农坊制度与雍正敦煌移民》，《历史地理》第 22 辑，上海人民出版社 2007 年版。
路伟东：《宣统人口普查“地理调查表”甘肃分村户口数据分析》，《历史地理》2011 年第 2 期。
路伟东：《宣统甘肃 1000 人以上聚落分布与人口迁移的空间特征与规

律——一项基于宣统“地理调查表”的研究》,《历史地理》2017 年第 4 期。
路伟东:《宣统甘肃“地理调查表”里的城乡与晚清北方城乡人口结构》,《福建论坛》2019 年第 5 期。
吕卓民:《明清时期西北农牧业生产的发展与演变》,《中国历史地理论丛》2007 年第 2 期。
马啸:《左宗棠对西北水利开发与建设的贡献》,《求索》2003 年第 2 期。
马啸:《谁引春风度玉关——关于左宗棠植树造林、治理西北生态环境的若干考察与启示》,《江西教育学院学报》2003 年第 4 期。
马正林:《西北开发与水利》,《陕西师大学报》1987 年第 3 期。
马志荣:《论元、明、清时期回族对西北农业的开发》,《兰州大学学报》2000 年第 6 期。
聂红萍:《清代雍乾朝经营敦煌述论》,《敦煌学辑刊》2007 年第 4 期。
潘春辉:《清代河西走廊水利开发与环境变迁》,《中国农史》2009 年第 4 期。
潘春辉:《清代河西走廊水利开发积弊探析——以地方志资料为中心》,《中国地方志》2012 年第 3 期。
潘春辉:《清代河西走廊农作物种植技术考述》,《西北农林科技大学学报》2013 年第 3 期。
潘春辉:《从入迁到外流:清代镇番移民研究》,《历史档案》2013 年第 1 期。
潘春辉:《水官与清代河西走廊基层社会治理》,《社会科学战线》2014 年第 1 期。
潘春辉:《“十年之计在木”——清代河西走廊官民环境意识及行为》,《甘肃社会科学》2014 年第 1 期。
潘春辉:《水事纠纷与政府应对——以清代河西走廊为中心》,《西北师大学报》2015 年第 2 期。
潘春辉:《清代河西走廊水案中的官绅关系》,《历史教学》2017 年第 5 期。

潘春辉：《明清河西走廊水利社会特点》，《新华文摘》2020年第24期。
潘威、卢香：《清代以来祁连山前小流域“坝区社会”的形成与瓦解——以大靖为例》，《南京大学学报》2020年第6期。
潘威、刘迪：《民国时期甘肃民勤传统水利秩序的瓦解与“恢复”》，《中国历史地理论丛》2021年第1期。
潘威、蓝图：《西北干旱区小流域水利现代化过程的初步思考——基于甘（肃）新（疆）地区若干样本的考察》，《云南大学学报》2021年第3期。
裴庚辛、郭旭红：《民国时期甘肃河西地区的水利建设》，《西北民族大学学报》2008年第2期。
任重：《从大西北农牧历史演变思考其开发战略》，《农业考古》2000年第3期。
宋凤兰：《河西走廊绿洲生态系统及农业可持续发展问题研究》，《干旱区资源与环境》1999年第4期。
宋巧燕、谢继忠：《明清时期张掖的水利开发》，《河西学院学报》2005年第1期。
汤长平：《古代甘肃旱灾成因及治防措施》，《开发研究》1999年第6期。
唐景绅：《明清河西水利》，《敦煌学辑刊》1982年第3期。
田澍：《明代对河西走廊的开发》，《光明日报》2000年4月21日“历史周刊”。
王乃昂、赵强、胡刚、谌永生：《近2ka河西走廊及毗邻地区沙漠化的过程及原因》，《海南师范学院学报（自然科学版）》2002年第4期。
王培华：《清代河西走廊的水利纷争及其原因——黑河、石羊河流域水利纠纷的个案考察》，《清史研究》2004年第2期。
王培华：《清代河西走廊的水利纷争与水资源分配制度——黑河、石羊河流域的个案考察》，《古今农业》2004年第2期。
王培华：《清代河西走廊的水资源分配制度——黑河、石羊河流域水利制度的个案考察》，《北京师范大学学报》2004年第3期。
王社教：《历史时期我国沙尘天气时空分布特点及成因研究》，《陕西师范大学学报》2001 年第 3 期。
王社教：《清代西北地区地方官员的环境意识——对清代陕甘两省地方志的考察》，《中国历史地理论丛》2004 年第 1 期。
王社教：《明清时期西北地区环境变化与农业结构调整》，《陕西师范大学学报》2006 年第 1 期。
王社教：《清代西北地区的沙尘天气》，《地理研究》2008 年第 1 期。
王砚峰：《清代道光至宣统间粮价资料概述——以中国社科院经济所图书馆馆藏为中心》，《中国经济史研究》2007 年第 2 期。
王致中：《河西走廊古代水利研究》，《甘肃社会科学》1996 年第 4 期。
王忠静、张景平、郑航：《历史维度下河西走廊水资源利用管理探讨》，《南水北调与水利科技》2013 年第 1 期。
魏静：《浅析清代甘肃水利建设的若干特点》，《开发研究》1999 年第 4 期。
魏明孔：《历史上西部开发的高潮及经验教训》，《中国经济史研究》2000 年第 3 期。
吴晓军：《河西走廊内陆河流域生态环境的历史变迁》，《兰州大学学报》2000 年第 4 期。
肖生春、肖洪浪：《近百年来人类活动对黑河流域水环境的影响》，《干旱区资源与环境》2004 年第 3 期。
肖生春、肖洪浪：《额济纳地区历史时期的农牧业变迁与人地关系演进》，《中国沙漠》2004 年第 4 期。
谢继忠：《“金张掖”、“银武威”的由来考证——河西走廊水利社会史研究之三》，《安徽农业科学》2012 年第 15 期。
谢继忠：《明清时期石羊河流域的水利开发和水利管理——河西走廊水利社会史研究之六》，《边疆经济与文化》2014 年第 1 期。
谢继忠、令启瑞、韩增阳：《明清时期河西走廊水利开发对生态环境的影响——以石羊河流域为例》，《边疆经济与文化》2015 年第 4 期。
谢继忠：《民国时期石羊河流域水权交易的类型及其特点——以新发现的武威、永昌契约文书为中心》，《历史教学》2018 年第 9 期。

谢继忠：《清代至民国时期黑河流域的水权交易及其特点——以新发现的高台、金塔契约文书文中心》，《理论学刊》2019年第4期。

徐实：《清前期河西柳林湖的屯田开发》，《甘肃社会科学》1997年第5期。

杨志娟：《清同治年间陕甘人口骤减原因探析》，《民族研究》2003年第2期。

姚兆余：《清代西北地区农业开发与农牧业经济结构的变迁》，《南京农业大学学报》2004年第2期。

于光建、王晓晖、杨发鹏：《清代内陆河流域绿洲城镇规模初步研究——以河西走廊为中心》，《干旱区资源与环境》2008年第5期。

张景平、王忠静：《从龙王面到水管所——明清以来河西走廊灌溉活动中的国家与信仰》，《近代史研究》2016年第3期。

张景平、王忠静：《干旱区近代水利危机中的技术、制度与国家介入——以河西走廊讨赖河流域为个案的研究》，《中国经济史研究》2016年第6期。

张景平：《丝绸之路东段传统水利技术初探——以近世河西走廊讨赖河流域为中心的研究》，《中国农史》2017年第2期。

张景平、王忠静：《中国干旱区水资源管理中的政府角色演进——以河西走廊为中心的长时段考察》，《陕西师范大学学报》2020年第2期。

张景平：《河西走廊传统水资源开发中的人力成本下限管窥》，《云南大学学报》2021年第3期。

张力仁：《地名与河西的民族分布》，《中国历史地理论丛》1998年第1期。

张力仁：《历史时期河西走廊多民族文化的交流与整合》，《中国历史地理论丛》2006年第3期。

章一平：《河西历代人口》，《西北人口》1981年第2期。

张研：《18世纪前后清代农家生计收入的研究》，《古今农业》2006年第1期。

赵永复：《历史时期河西走廊的农牧业变迁》，《历史地理》第4辑，上海人民出版社 1986 年版。
赵珍：《近代西北开发的理论构想和实践反差评估》，《西北师大学报》2003 年第 1 期。
赵珍：《清代西北地区的农业垦殖政策与生态环境变迁》，《清史研究》2004 年第 1 期。
赵珍：《清代西北地区的人地矛盾与生态变迁》，《社会科学战线》2004 年第 5 期。
郑云波：《清代中期的人口发展》，《人口学刊》2004 年第 2 期。
朱宏斌、郭向平：《历史上西北地区农牧交互关系探析》，《内蒙古大学学报》2003 年第 1 期。
程弘毅：《河西地区历史时期沙漠化研究》，《历史时期河西地区人口综述》，兰州大学博士论文，2007 年。

后　　记

《水利·移民·环境：清代河西走廊灌溉农业研究》是在我的博士学位论文《清代河西走廊农业开发研究》的基础上修改而成。自2009年博士毕业之后，一直忙于教学、科研、家务等，博士论文的出版就一直搁置下来。在这期间，我开始考虑将传统农业开发的选题转向水利社会史的研究，并以博士论文中的一章《清代河西走廊水利开发》为底板，修改成数十篇相关学术论文并发表，并申请了两个国家社科基金项目，分别是“清至民国时期甘宁青地区农村用水与基层社会治理研究”（11XZS028）、“明清以来祁连山地区的用水机制与地方秩序研究”（19BZS095），一个教育部人文社科研究项目“水资源安全与西北基层社会控制：以清代河西走廊为中心”（10XJC770002），以及多个西北师范大学科研项目等，并于2015年晋升教授职称。可以说，这篇博士论文是我学术研究的起点，对我个人成长立下了汗马功劳。当然，很多的成果都已经不再是原来的研究视角了。

在书稿的修改过程中，不免回想起博士论文的写作过程。博士论文的选题是导师李并成先生帮我选定的。李老师在河西走廊沙漠化研究中深耕多年，是学界著名的西北史地研究专家。博士论文的写作得到了李老师的悉心指导，处处皆有导师的心血。人到中年，慢慢才明白人生得遇一良师是多么幸运！

此外，到现在仍记忆犹新的是，那时候我刚刚留校工作，一家人挤在三十平米的小房子里，孩子还在哺乳期，虽然条件艰苦，但是心里有劲，熬夜写论文并不觉得累。我的丈夫经常回忆说那时我一手抱着孩子，一手在键盘上敲写论文的情景。2007 年的寒冬，我爱人冒着大雪连续三十几天从学校跑到甘肃省图书馆帮我拍印方志与档案资料。这些年来我的研究，几乎都有他的帮衬。这些我都一直记在心里。

本来一直想要出版博士论文，但是随着时间的推移以及近些年相关学术研究的突飞猛进，自己越发觉得心里没底。直至今年学院要出版《简牍学与丝路文明研究丛书》，这才下定决心开始修改，总感觉需要给自己的博士论文一个交代吧。

书稿开始修改后，我认识到之前的一些表述、观点等需要进一步修订。所以就把博士论文的题目做了一些改动，并把这些年自己的一些研究成果也添加进去，尽量使书稿内容不要陈旧。博士论文原来的地图等是我手工绘制的，此次出版我特别请学院青年老师温鹏辉博士帮我作了修改，并多次叨扰，在此要感谢温老师的帮助。此外，中国社会科学出版社的老师用心编辑，深表谢意！

书稿刊行之前，心里越发忐忑，越发觉得读书太少，这些年浪费了不少时间，实在汗颜。总之，不要辜负了师友家人的期望才好。

潘春辉

2022 年 8 月 1 日